人文教育普及丛书

王苏光　主　编

王全法　胡　原　副主编

户外探险与野外生存

图书在版编目(CIP)数据

户外探险与野外生存 / 王苏光主编. -- 苏州 : 苏州大学出版社, 2023.9
(人文教育普及丛书)
ISBN 978-7-5672-4476-4

Ⅰ. ①户… Ⅱ. ①王… Ⅲ. ①探险②野外-生存 Ⅳ. ①N8②G895

中国国家版本馆 CIP 数据核字(2023)第 141898 号

户外探险与野外生存
HUWAI TANXIAN YU YEWAI SHENGCUN
王苏光 主编
责任编辑 刘 冉
助理编辑 朱雪斐

苏州大学出版社出版发行
(地址: 苏州市十梓街1号 邮编:215006)
苏州市深广印刷有限公司印装
(地址:苏州市高新区浒关工业园青花路6号2号厂房 邮编: 215151)

开本 700 mm×1 000 mm 1/16 印张 20 字数 308 千
2023 年 9 月第 1 版 2023 年 9 月第 1 次印刷
ISBN 978-7-5672-4476-4 定价:68.00 元

图书若有印装错误,本社负责调换
苏州大学出版社营销部 电话: 0512-67481020
苏州大学出版社网址 http://www.sudapress.com
苏州大学出版社邮箱 sdcbs@suda.edu.cn

前 言

当今,随着社会的发展和进步,人们开始希望远离都市的喧闹,投入大自然的怀抱,享受野外的生活。于是,户外探险运动逐步兴起,野外生存体验成为许多年轻人,尤其是大学生热衷的活动。然而,户外探险运动和野外生存体验并非一件谈及即可做的事情,只有当真正置身于野外恶劣的自然环境时,才能切身感受到各种困难和挑战。可以说,没有顽强的意志、丰富的经验、熟练的技能、持久的耐力和必胜的信心,很难成为一名合格的探险者和真正具备野外生存能力的人。也正是这个原因,近年来许多年轻人片面追求“茹毛饮血”的原始生活,感受“出生入死”的惊险刺激,盲目进行探险或野外生存体验,致使不少人受到了不必要的伤害,甚至付出了生命的代价。

为了使更多的人了解户外探险运动的基本常识和技能,提高野外生存的能力,我们根据户外探险运动的特点和发展趋势,结合野外生存训练的相关知识和经验,并参阅了大量的相关资料,精心编写了本书。书中把开展户外探险和野外生存训练的基本常识与基本技能结合起来进行介绍,由浅入深,循序渐进,重点突出,具有很强的实践指导性,使读者能较好地掌握户外探险和野外生存训练的基本知识与技能。

本书共分九章,分别阐述了户外探险运动的发展、意义及常识,户外探险运动和开展野外生存训练必须掌握的基本技能,开展此项活动的风险。其内容涉及运动学、地理学、植物学、动物学、天文学、生理学、心理学及其他相关学科的知识，集知识性、科学性和实用性于一体，具有一定的参考和使用价值。

本书在编写过程中，参考、引用了一些文献和图片资料，谨向各位作者深表谢意！由于部分作者无法取得联系，不能面谢，在此致歉！

编　者

2023 年 9 月

目 录

第一章　户外探险运动

第一节　户外探险运动的起源与发展

一、户外探险运动的起源

早在18世纪的欧洲，就已经出现了户外探险运动的雏形。在那之前，人们总是认为山区是如魔鬼一样的地方，不敢进入。直到18世纪，一些传教士为了传教，不得不翻山越岭，进入山区。随之有一些专业人员开始接触山区，接近大自然，开展有关自然生态的研究。欧洲工业革命后，出现了企业家和实业家等社会新阶层。他们经济实力雄厚，为了寻找和追求刺激，开始把登山当成一个时尚的休闲方式。

当时，能第一次登上某座山峰，便成了所有登山者追求的目标，当比较平缓、容易攀登的阿尔卑斯山区一座座山峰被征服后，人们又把目光盯上了有相当难度的山峰。面对常年积雪和有冰岩地形的山峰，人们开发出了一整套技术和装备，但都是十分简陋、比较原始的。

二、户外探险运动的发展

户外探险运动的发展可以分为三个时期。

第一个时期，从18世纪到20世纪初，是比较古老的原始性的户外探险发展时期。这一时期的特点是工具比较原始，活动的难度一般，规模较小,距离较近,持续的时间也较短,几乎没有多少后勤保障,全凭个人的力量进行。

第二个时期,从20世纪初期到20世纪中后期,即快速发展时期。在第二次世界大战期间,为了适应特种地形作战的需要,提高野外作战能力和团队合作能力,英军突击队利用自然障碍和绳网技术进行"越障训练",形成了攀岩和野营的雏形。这是人类第一次把户外运动系统地、有意识地运用到现实生活中去。第二次世界大战之后,随着全球经济的复苏和发展,户外运动(包括户外探险)开始摆脱军事和求生的特点,发展成为现今的户外探险运动。作为一项体育活动项目,户外探险运动发展更加迅猛,模式更加多样,功能也得到了实质性的升华。20世纪70年代以后,户外探险运动真正成为户外运动项目下的一大类别。1989年,新西兰举办了首届越野探险挑战赛,各种形式多样的户外探险项目的比赛在全世界如火如荼地开展起来。

第三个时期,从20世纪末到21世纪初,是户外探险运动发展的成熟期。1996年开始举办一年一届的七星越野挑战赛。如今欧洲每年都举行众多的大型挑战赛,各种大型越野挑战赛(也称探险越野赛)正在全世界蓬勃开展。新西兰是现代户外探险、越野运动的发源地,全国每年有三分之二的人口参加不同形式的户外运动。户外探险运动的历史虽然短暂,但发展十分迅猛。经过几十年的发展,户外探险运动已经是十分普及的一项体育运动项目,并已成为集娱乐、休闲、探索未知、挑战自我、挑战自然、提升生活质量于一体的一种全新的生活方式。

三、我国户外探险运动的发展及现状

(一)我国户外探险运动的发展

我国户外探险活动具有悠久的历史。我国是一个多山的国家,早在汉朝就有了登山探险的记载。在司马迁所著的《史记》中曾详细记述了人们通过天山、昆仑山、葱岭山区"葱岭通道"的经历;由汉武帝派遣出使西域的张骞打通了这条贯穿东西的山区要道,这是我国有文字记载的最早的登山探险活动。自西汉以后就有了九月九日重阳节登高的习俗。

唐代高僧玄奘为深入研究佛学，在去印度的途中途经的中外山川险阻不计其数。唐代著名诗人白居易曾在许多名山大川留下过笔墨。明代著名的旅行家、地理学家徐霞客，从 22 岁起开始了长达 30 多年的登山旅行生涯，写下了详尽的名山游记——《徐霞客游记》，为后人留下了宝贵的古代登山活动史料及高山科考资料。无论是以葱岭为中心的高山登山活动还是以内地“五岳”等秀丽山峰为主的一般性登山活动，在我国都曾经十分活跃。而欧洲人直到 18 世纪末才登上了海拔 4 000 米以上的高峰。与欧洲早期登山探险活动相比，在时间及高度上，我国都处于领先地位，但现代登山探险运动却起步较晚。1955 年初，中华全国总工会派四名优秀运动员赴苏联参加高加索登山营学习，并成功登上海拔 6 673 米的团结峰和海拔 6 780 米的十月峰。这是新中国运动员首次登上高山。1956 年 3 月，35 名优秀运动员成立了第一支“中华全国总工会登山队”。1957 年，中华全国总工会登山队成功首登海拔 7 556 米的贡嘎山，但有 4 名运动员不幸牺牲。以此为标志，中国现代登山探险运动进入蓬勃发展的新时期。1959 年 7 月 7 日，我国 8 名女运动员和 25 名男运动员一同登上了帕米尔高原上海拔 7 546 米的慕士塔格峰。1960 年 5 月 25 日，中国登山队经过 2 个月艰苦拼搏，首次从北坡成功登上了世界最高峰——珠穆朗玛峰。

尽管我国的户外探险作为一项运动来讲起步相对较晚，产业链的形成和发展相对滞后，但经过近几十年的发展，呈现出强劲的势头和巨大的潜力。户外探险运动发展的最初阶段，我国的户外探险运动产业以销售装备器材为主，主要代理国外户外探险运动品牌。随着户外探险运动的迅速发展，逐渐形成了装备制造、竞赛表演、培训服务等市场，有效地刺激了户外探险运动装备、服务、赛事、旅游等相关产业的发展，直接促进了国民经济的增长和发展。

（二）我国户外探险运动的组织管理情况

（1）目前，国家体育总局专门下设登山运动管理中心，负责登山运动的组织管理、普及和推广工作。中心下设许多部门，包括高山探险等部门，具体负责其在国内的有关工作。在部分省、自治区、直辖市也设有相关部门和组织，专门管辖本省户外探险运动，如青海、新疆、湖南等。我国的一部分户外运动俱乐部不属于体育行政组织管辖，而是归民政局、文化和旅游局、市场监督管理局等部门管辖。

（2）我国有事业单位性质的社会体育管理体系，在全国各省、自治区、市、县设置了社会体育管理中心（或社会体育指导中心）。它接受政府委托，发挥一定的社会体育管理职能，指导并举办各种户外探险运动。另外，各类学校也开设户外运动（包括探险运动）相关体育课程，由学校的体育教研室（部）具体负责。

（3）体育社团组织也在开展及负责管理有关户外探险运动，如北京大学的山鹰社等。

（三）我国户外探险运动的现状

户外探险运动是户外运动中的一个分支，是新兴、时髦的体育项目。因此，对参与者的经济水平、受教育程度、自我锻炼意识、兴趣爱好和性格都有较高的要求。它先在一些经济发达地区，如北京、上海、广州、深圳等地迅速发展。在一些山地资源丰富的省份，如福建、云南、贵州、四川等地参与人数也较多。

据《户外运动产业发展规划（2022—2025 年）》统计，近年来“各类户外运动协会组织、户外运动俱乐部等发展迅速，带动户外运动参与人数不断增加，截至 2021 年底，全国户外运动参与人数已超过 4 亿人”。20 世纪 40 年代中期，户外运动作为一门新兴体育课程进入高校课堂，大学生对此产生了极大的兴趣。目前，不少高校相继开设户外运动课程，学生社团也日渐增多，并为户外运动的普及、推广发挥了良好的舆论宣传作用。自 1989 年在云南成立我国第一个户外运动俱乐部以来，其数量每年保持了近翻一番的增长速度。据最近召开的户外俱乐部大会所作的报告，户外运动俱乐部在 2019 年之前超 3 万个，专业户外品牌达 490 个。但 2019 年之后由于受到政策及疫情等多方面因素影响，一大批小规模的俱乐部被淘汰。目前仅登山俱乐部有 700 多家；专业户外品牌有 200 多个，专卖店 1 100 多家，户外用品销售规模以每年 30% ~40% 的速度递增。据“天眼查专业版”数据显示：据不完全统计，经营范围涉及户外运动用品的企业有5.01万家,占相关企业总数的57.08%,部分企业也已走向国外市场。户外运动产业正以每年30%～40%的速度扩张。2020年户外运动产业规模达4 000亿元,2022年市场产业规模预期将达到9 000亿元。而且我国拥有14.11亿人口,青少年又占了很高的比例,可以想见,尽管户外探险运动只是户外运动的一小部分,但其发展潜力巨大,前景广阔。

(四) 户外探险运动的发展方向

我国户外探险运动与欧、美发达的资本主义国家相比尽管起步较晚,但发展速度较快,特别是经过改革开放后几十年的发展,已具有相当规模,其发展方向主要体现在以下几个方面:

(1) 大众化:全面健身运动的普及深入进一步促进了相关协会、社团及俱乐部积极运作,带动更多人群参与大众化户外运动项目。

(2) 社会化:表现为社会各界积极参与、业内与业外联手、公益与商业并举,形成丰富多彩的社会化户外运动形式。

(3) 产业化:面向市场需求,由现代化专业公司运作。一方面提供个人和团体的消费产品,有助于健身健心、修身养性;另一方面为企业定制事件营销、竞赛和运动;同时又为地方体育、旅游、文化事业发展和品牌打造提供支撑。

(4) 规范化:建立健全各种法律法规,为行业发展保驾护航,促进行业进一步健康稳定有序发展。

第二节 户外探险运动的分类、功能及意义

一、户外探险运动概念的界定

户外探险运动作为一项新兴的集运动、休闲、挑战自我为一体的户

外体育运动项目群，起初只是少数人寻求刺激、挑战自我极限的游戏。随着世界经济的日益繁荣，生存环境的日趋恶化，人际竞争的不断加剧，人们迫切要求亲近自然，放松紧张的心情，户外探险运动应运而生并得到普及。这项运动在欧美等发达国家已经十分盛行，并形成了较完整的经营模式。随着我国改革开放的深入发展、人们生活水平的不断提高，户外探险运动项目逐步引入国内。它很快进入了公司白领、行政职员、高校学生等群体的生活之中。户外探险运动这一新名词也逐步被广大群众所接受。

我们认为，户外探险运动是指有计划、有目的、有组织，在自然环境或人工非运动的场地以提高竞技水平，增强身体健康，探求未知，挑战极限、挑战自我、挑战自然为目的的一种体育运动项目群。它的显著特点是以自然环境为运动场地，具有不确定性、危险性和刺激性。

二、户外探险运动的分类

户外探险运动项目及内容比较繁多，但作为户外探险项目至少应包括以下三个基本要素：

（1）垂向运动（必须有垂向移动），如登山、攀岩等。

（2）水平运动（平面上的位移），如徒步、器械运动等。

（3）所需随机应变能力水平和克服障碍能力水平。户外探险运动的各种突发事件和困难障碍对这两种能力有着十分严格的要求。

户外探险运动由于形式内容丰富，其分类方法主要有：第一，按照户外探险开展的地形环境，户外探险运动可分为五大系列，即山地运动系列、峡谷运动系列、海岛运动系列、荒漠运动系列和空间运动系列（表 1-1）。

表 1-1　户外探险运动分类表

大项	系列	项目
山地运动	丛 林	穿越丛林、丛林宿营、觅食、急救等
	岩 壁	攀岩、岩降、攀冰等
	其 他	洞穴探索等

续表

大项	系列	项目
峡谷运动	谷 内	溯溪、漂流等
	谷 缘	搭索过涧、溜索等
海岛运动	荒岛生存	觅食、宿营、联络、求救等
	滩涂运动	滑沙、结绳负重等
	峭壁运动	海上攀岩等
	远、近水域运动	深、浅海潜水等
荒漠运动	沙漠运动	沙漠穿越、沙漠生存等
	戈壁运动	戈壁穿越、戈壁生存等
	荒原运动	穿越、生存等
空间运动	外太空运动	登月、太空行走等
	近地运动	热气球等

第二，按照户外探险开展的目的，户外探险运动可分为一般性和特殊性两大系列（表 1-2）。

表 1-2　户外探险运动分类表

系列	项目
一般性	穿越丛林、登山、攀岩、攀冰、漂流等
特殊性	南极科学考察等

一般性户外探险运动主要是以休闲、娱乐、挑战自我、挑战大自然为目的，特殊性户外探险运动主要是带有科学目的或象征意义。

第三、按照户外探险运动开展的方式，户外探险运动可分为享受自然类、路行类、攀登类、船桨类、拓展类五大系列（表 1-3）。

表 1-3 户外探险运动分类表

系列	项目
享受自然	露营、野生动物考察等
路行	徒步穿越、定向越野等
攀登	高山探险、攀岩、攀冰等
船桨	漂流、皮划艇等
拓展	野外生存、真人户外竞技(真人 CS)等

第四、按照户外探险运动的专业程度、活动强度,可分为大众休闲、常规性、非常规性三大系列(表 1-4)。

表 1-4 户外探险运动分类表

系列	项目要求
大众休闲	行程短、一般不野营,以休闲为主
常规性	野外环境下开展,登 3 500 米以上高山
非常规性	环境恶劣、疲劳度高,如雪山攀登

2005 年 4 月,国家体育总局将山地户外运动列为我国正式开展的体育项目,明确规定了户外运动的具体内容。目前,我国开展的户外运动是登山运动下属的二级户外运动项目,界定为“山地户外运动”。山地户外运动比赛项目的设置采取“3 + X”制,“3”是指 3 个必须进行的项目,即登山(包括攀岩、岩降等)、水上竞渡和地理位置变化的定向穿越;“X”是指根据比赛场地实际情况设置的项目,大致有山地自行车、山间跑、负重穿越、溯溪、溜索、划筏渡湖、漂流、野外生存等项目。

三、户外探险运动的地位与功能

(一) 户外探险运动的地位

随着现代经济的快速发展和生活水平的不断提高,人们开始走出城市拥抱自然,探寻未知与挑战自我的呼声越来越高,越来越多的人利用节假日走向户外，自觉参与体育健身，形成了声势浩大的“户外运动热潮”。作为一种新颖、健康、时尚、刺激的活动方式，户外运动体现着现代人对“磨炼意志，超越自我”的渴望。以复杂的山地自然环境为主要场地的户外探险运动自20世纪中期传入我国后，发展十分迅速，深受大众的欢迎。2022年7月南都民调中心发布的《户外运动消费调查报告(2022)》显示，2022年公众户外运动参与度较高，69.32%的受访者平时经常参与户外运动，27.12%的受访者偶尔参与；超五成半受访者表示2022年参与户外运动次数有所增加，超六成半受访者每周至少玩一次户外运动，超四成半受访者表示会养成户外运动的爱好。

户外探险运动在全面提高人们的身体素质、思想道德、心理素质和团队精神，促进全民健身运动的发展，促进人与自然的和谐发展上有着不可替代的作用。

（二）户外探险运动的功能

户外探险运动，作为一项新兴、时尚、刺激的体育项目，在我国的发展只有近40年的时间，但已受到广大爱好者的青睐，已经在人们的心目中占据了重要的地位。尤其是经过认识、产生兴趣到熟知的过程，越来越多的年轻人开始关注并加入到这一运动行列中去。户外探险作为户外运动体育项目的重要组成部分，既有体育运动的普遍性，也有其自身的特殊性。

1. 促进身心健康是户外探险运动的基本功能之一

现代社会的发展需要大批优秀人才，人才不仅仅要掌握现代科学技术，更需要具有全面的能力、强健的体魄、健全的人格和健康的心理素质。一个人的身心健康决定了思想品德和综合素质的水平，以及创新意识、竞争能力、自主人格、适应能力的培养和发展。而户外探险运动是在空气清新、自然环境优美的野外进行攀爬、跳跃、行走等锻炼，能最有效地增强人体的心肺功能和肌肉强度，达到提高人体的力量、速度、耐力、灵敏性和柔韧性等综合素质的目的。同时，户外探险运动的强度也不是很大，平均心率在110次/分，大多属于有氧运动。

户外探险运动对个体心理健康也有很大的帮助，它能培养自我激励、坚韧不拔、处变不惊、拼搏向上的优秀品质。户外探险都是在艰苦的野外自然环境中进行的，地形复杂、气候多变、条件艰苦，甚至充满危险，还要背负行囊，跋山涉水，披荆斩棘，不仅要与险恶的自然环境作斗争，而且还要时刻与内心的犹豫、妥协、惧怕作斗争。当人们在紧张的学习、工作之余投入到这些户外探险运动之中时，能真正拥抱大自然，尽情享受大自然的清新空气和明媚的阳光，在发泄中感受精神的放松，在团队中体验团结的力量，在能量的释放中获得满足，更能在自我挑战的进步与升华中感受成功的喜悦。

2. 培养团队协作精神、促进和谐的人际关系是户外探险运动的特有功能

人是组成社会的基本单位，人不能脱离社会，和谐的人际关系是和谐社会的重要组成部分，只有当人完全融入到社会之中，才能不断发展和完善，才能成为真正意义上的人。然而，市场经济飞速发展的现代社会，人际关系并没有随之获得明显的进步。发达的交通工具使世界变成了"地球村"，钢筋水泥构筑的城市阻碍了人们的交往和沟通，日新月异的信息技术改变了人际原先的交往方式，使人与人之间的直接接触和交流渐趋减少，人们的功利心日益膨胀，人与人之间的情感友谊逐渐淡化，甚至被利己主义所湮没。

户外探险是强调集体进行的项目（不提倡个人进行），它的开展自始至终强调团队精神。人是一种有情感的动物，需要感情的交流和沟通。在野外，自然为参与者提供了畅所欲言、相互帮助，同生死、共患难的空间和平台，空旷、美丽、宁静的大自然引发的舒畅心情将激发人们交流的欲望和思维。当你筋疲力尽时，会得到同伴的一声亲切的问候；当你面临艰难险阻而恐惧胆战、徘徊不前时，同伴会送来温馨的掌声，伸出关爱的双手；当你因疲倦心生退意时，会得到同伴的耐心鼓励……平日里微不足道的一句关怀、一声鼓励，在此时此刻会给你勇气和信心，同伴之间的感情随之加深。在野外不仅要注意个人的安危，更要为集体和他人着想，克服现代青年盲目强调以个人为中心的意识，同望一片蓝天，同宿一顶帐篷，同吃一锅饭菜，同饮一壶清水……大家从素不相识到相识相知，在探险过程中挑战自然、挑战自我，大家相互配合、协作帮助，对提高人

与人之间的相互信任，形成乐于助人的良好习惯和团队精神，锻炼吃苦耐劳精神，具有十分显著的功效。

3. 增强环保意识，构建人与自然的和谐是户外探险运动的附加功能

和谐社会就是人与人之间、人与自然之间和睦相处、稳定有序的社会。在世界经济高速发展和现代文明高度发达的今天，美丽、洁净的大自然却时刻受到环境污染的严重威胁。为了子孙后代的长远利益，环保成了当务之急。环保理念也是户外探险运动强调的最重要的理念之一（“不留痕迹”），即留下脚印，带走垃圾，切实做到还天空以蔚蓝，还江河以清澈，还山川以秀美，还鸟兽以自由，珍爱自然，善待自然。

4. 户外探险运动的教育价值体现为它在学校教育中的地位和作用

随着学校体育教学的改革，其教学内容、方法和目标都将随社会的进步、时代的变迁发生深刻的变化。体育教学内容由“以运动技术为中心”向“以体育方法、动机、活动、经验为中心”转移。教材内容强调可接受性、科学性，突出健身性、娱乐性、趣味性、终身性和实用性。在教学方法上强调素质教育，尊重学生人格，承认学生的个体差异，重视学生的个性发展。“快乐体育，健康体育，终身体育”思想已是高标准体育工作的核心。户外探险作为一门符合现代“以人为本”教育观的新型体育课程，得到了教育界的一致认可和推崇。据不完全统计，目前国内开设与野外生存、攀岩、拓展、定向越野等相关内容课程的高校已达百余所，甚至有些高校还成立了登山队，像北京大学登山队 12 名队员为庆祝北大校庆 120 周年，于 2018 年 5 月 15 日 10 时 23 分成功登顶珠穆朗玛峰。

5. 户外探险运动的经济价值逐渐凸显

随着经济全球化的迅速发展和户外运动在世界各国的日益普及，户外运动产业正在逐渐成为 21 世纪最具前景的产业之一。目前，欧美经济发达国家的户外运动产业已成为不可或缺的支柱性产业。据经济观察家预测，在 21 世纪，7 个最佳投资方向其中之一是休闲运动。户外运动牵动一条产业链的发展，包括装备、服务等多个产业类别。就全球范围讲，户外运动市场潜力巨大，无法估量。特别是欧、美地区的户外运动市场规模较大，民众对于户外运动用品有着稳定和持续的需

求。根据《2022 年全球体育用品行业报告》,2022 年全球户外用品行业营收规模达 2 002.05 亿美元,同比增长 10.46%,预计到 2025 年将达到 2 363.4 亿美元,2021—2025 年复合增长率预计将达到 6.86%。我国户外用品市场也逐步成长为全球主要户外运动用品市场之一,2022 年我国的户外用品行业营收规模达 1 693.27 亿元,同比增长 6.43%,预计到 2025 年将达到 2 409.6 亿元,2021—2025 年复合增长率预计为 7.1%。

户外探险运动作为户外运动的一个重要组成部分,其装备随处可见,除专业商店外,就连大型商场都有专柜供应这些商品,而且商品的适用性广而又时尚,吸引了消费能力较强的中年及青少年人群。由此可见,其潜在的经济价值多么巨大。

第三节 开展户外探险运动必须具备的条件

由于户外探险运动有特殊性,均在室外或无人区进行,整个活动过程中有时会充满危险,甚至困难重重,要想安全地、顺利地完成某项户外活动,每个参与者都必须具备以下基本条件。

一、身体条件

这是完成户外探险运动最重要的基本条件之一,良好的身体可避免疾病和因身体原因而陷入求生的困境,避免因自己身体不好而使他人冒着生命危险来营救自己。没有强健的体魄和良好的身体,想要去挑战危险地带,在户外进行探险活动,那将是危险而愚蠢的。

身体条件包括速度、力量、耐力、柔韧性或伸展性、平衡性、专项素质等方面。

开展户外探险运动前,首先要进行健康检查,在身体机能状况良好时才能开展户外运动,如平均心率为 70 ~ 80 次/分,当达到 90 ~ 100 次/分时表明健康状况不佳;心率为 60 次/分时为正常;部分运动员或长期从事体力劳动者心率可达 40 ~ 50 次/分。

另外,可根据户外探险运动的目的,挑选有一定运动量的项目进行训练,如跑步、划船、骑自行车、游泳等。

二、心理条件

在户外探险运动中,由于环境特殊,意想不到的问题,甚至各种危险随时随地都可能发生,但不管发生什么情况,参与者的求生欲望和坚强的意志是至关重要的。探险运动中各种各样的生存压力,都会严重影响参与者的情绪,造成恐惧、焦虑、不安、紧张、疼痛、沮丧、麻木、冷淡、厌烦、寂寞、隔绝、孤独。不身临其境,不可能体会。其间,要想办法克服压力,适应环境,理智地求生。面对困难和危险,要有大无畏的精神,冷静思考,想各种有效的办法来解决问题;要有坚韧不拔的毅力,不能"怕"字当头;同时要有坚定的决心和信心,相信自己一定能战胜困难,走出困境,调动自身的积极性和创造性为战胜困难铺平道路。

2008 年 5 月 12 日的汶川大地震中,北川县陈家坝樱桃沟的一位 56 岁的农民陈仁平,被埋 7 天。在极度饥饿、绝望,甚至死亡的召唤中,他靠着机智、坚强和强烈的求生欲望,以两个鸡蛋和喝尿维持生命,在熬了 7 天 7 夜后,终于等来了救援,创造了一个生命奇迹。

三、团队精神

在户外探险运动中,存在着无数的艰难险阻,单凭一个人的力量常常是无法与大自然抗衡的。此时,发扬团队精神,利用集体的智慧和力量就显得尤为重要。它不仅关系到任务的完成,还关系到个人的生命安全。

一般认为,大局意识、服务精神、协作精神的集中体现就是团队精神,它反映的是个人利益与整体利益的统一。从古至今,一个国家、民族、单位、部门的生存发展与兴衰,都和由个人组成的集体、团队的努力分不开。“团结就是力量,团结就是胜利”“人心齐,泰山移”“一个篱笆三个桩,一个好汉三个帮”“万众一心,众志成城”等充分说明了团队精神的可贵。

有一则寓言:在非洲大草原上,如果见到羚羊在奔逃,那一定是狮子来了;如果见到狮子在逃避,那一定是象群发怒了;如果见到成百上千的狮子和大象集体逃命的景象,那一定是军团蚁来了。可见,蚂蚁虽小,但作为团队的力量是多么巨大。

四、相关知识的准备

知识就是力量,知识就是胜利。在探险运动中,可以说处处潜伏着危险,要时时小心,处处留意,避免陷入危险境地;一旦遇到危险,必须沉着冷静,逼迫自己想办法,利用有关知识来避免伤亡事故出现。

例如,2004 年 12 月 26 日,印度尼西亚发生的强烈地震引发了印度洋特大海啸。当时年仅 10 岁的英国女孩蒂莉 · 史密斯(Tilly Smith)于 2004 年圣诞节期间与家人前往泰国普吉岛度假。突然,她发现海水有些不对劲,马上想到在地理课上学到的有关海啸的知识,“我在沙滩上,海水变得有些古怪,冒着气泡,就像啤酒表面一样。潮水突然退下去,我知道正在发生什么,并且有一种感觉,将会是海啸”。她随即告诉了妈妈,妈妈起初不相信,最后看到小蒂莉认真和快要哭的样子,马上想法通知了周围的人,并发出海啸就要来临的警告,从而挽救了近 100 名正在海滩上游玩的游客。2005 年 9 月 9 日,她获得英国海事学会颁发的奖状。2005 年 11 月 3 日,她又应邀访问了位于美国纽约的联合国总部,并受到联合国海啸特使的接见。

人们在被蒂莉的英雄事迹深深感动的同时,也从中得到很多有益的启迪,如果她没有海啸的常识,如果她没有及时反应过来,如果她没有将这个知识转变为智慧,如果她不向妈妈坚持自己的观点,那近百名游客的生命就会随海啸巨浪的来临而逝去。这次印度洋海啸造成的损失是巨大的,让世界为之震惊,但又是可以最大程度地减少海啸造成的损失的。如果具有海啸预警系统,人们就可以预先得知,从而把损失减小到最低程度。即使海啸有它的特殊性,可供预报的时间短、难度大,但它还是有征兆的。由此可见,具有野外生存的相关知识和经验是多么重要。在户外探险、野外活动时,重视现象,充分注意各种现象和苗头,不能熟视无睹、麻木不仁,否则危险就会在茫然不知中产生。一旦遇到危险和困难,应该充分利用学过的知识、技术和技能,利用周边环境和现有条件应对危险或困难。

五、生态环保意识

人类是自然环境发展到一定阶段的产物,环境是人类生存与发展的物质基础。在原始社会,人类活动对环境的影响较小。随着动植物的驯化,人类改造环境的能力逐步增强,相应的环境问题就出现了,如森林被砍伐,草原沙漠化,水土流失等;工业化之后,环境问题日趋严重,如大气、土壤污染加剧,许多原始生态被破坏。我们必须认识到良好的生态环境条件能促进社会生产和保障人们的身体健康,能促进人类与自然界的和谐共存;反之,人类就会受到大自然的惩罚。近年来,沙尘暴不断并有越刮越猛的势头,全球干旱和洪水等灾害已严重威胁着人类的生存和发展。自20世纪20年代以来,一些国家和组织签订了上百个国际保护公约及协议。

我国作为一个负责任的大国,在第七十五届联合国大会一般性辩论上,习近平主席指出:“中国将提高国家自主贡献力度,采取更加有力的政策和措施,二氧化碳排放力争于2030年前达到峰值,努力争取2060年前实现碳中和。”

六、户外探险运动的装备

(一)一般户外探险运动的装备

(1)文件类:各种有效的证件(身份证、工作证、学生证)。

(2)工具类用品:相机、手电筒、哨子、指甲钳、蜡烛、多功能刀、手表、针线包、水壶、记事本、笔、绳子、饭盒、背包、指南针、塑料袋、卫生纸、常用药物。

（3）穿戴类：换洗衣物、帽子、鞋子、袜子、手套、雨披等。

户外探险除了携带以上有关物品外，还必须带上望远镜、放大镜、风镜或墨镜、地形图、海拔仪、全球定位仪（GPS）、罗盘仪、太空被、户外活动的鞋、绑腿、遮阳帽、手机、食物、帐篷、睡袋、防潮垫、充气垫、头灯、火柴、洗漱用品、牙膏、牙刷、防晒霜、别针等，户外穿长袖长裤、高帮及防水的登山鞋最好。

（二）特殊装备

（1）救生装置：防水火柴、鱼钩、细金属线、钢锯、多功能小刀、小医疗急救包、手电筒、固体燃料块、防风打火机、微型照明弹等。

（2）山地或雪山装备：冰镐、冰爪、冰靴、结绳、滑雪杖、羽绒衣等防寒衣物、兜帽、登山绳、吊索、钩环、岩石锥、岩石钉、安全带、手钻、砍刀、锹、地形图、高山眼镜、燃气罐、油炉等。

（3）洞穴装备：探险服、长筒胶鞋、登山鞋、安全帽、备用手电筒、电池、灯泡、护腕、护膝、护踝、标签、蜡烛和火柴、纸和笔、缆索、软梯、铝梯、地质锤、罗盘仪、放大镜、探洞专用下降器、胸式安全带、胸式上升器、探洞安全带、铁锁、牛尾绳、电石罐、探洞包、手柄式上升器、脚踏带、急救包等。

（4）沙漠和草原装备：长袖衣物、有透气孔的宽檐帽、太阳镜两副（一副平时用，另一副防风沙用）、保暖防寒夹克衫、厚鞋、备用水、防潮被、铲子、车辆备件、备用燃料、卫星电话、带水用具、纱网帐篷、防身用具等。

（5）热带丛林、雨林地区装备：长袖衣物、松紧裤、网眼斗篷、驱虫剂、治疟疾等药、可防蚊虫和吸血蝙蝠的网眼细密的大蚊帐、雨靴、医疗包、砍刀等。

（6）航海装备：无线电装备、照明灯、求救信号灯、保暖防水夹克、救生衣、频闪灯、救生筏、照明弹、防水容器（放个人财物、应急食物、防水火柴、地图等）、浮锚、鱼钩线、鱼叉、渔网、粗绳、燃料、淡水等。

在不同类型的户外探险运动中，可以根据不同的目的、路线、时间等适当调整用具，必要时还可以自制工具、用具等，总体原则是够用、安全、经济、舒适。

第四节 户外探险运动的强度与分级

由于户外探险运动具有许多不确定因素，如不同的地理环境，不同的强度、技术难度和危险度。对参与者来说，也要具有相应的身体素质、心理素质及技术装备。世界上许多国家对不同项目的探险运动的分级与定级不完全相同。在此主要从以下几个方面进行分析。

一、户外探险运动的环境

（1）常规山地：指海拔低于3 500米的山地、丘陵、平原，对参与者的要求较低。适宜一般的登山、野营。

（2）高山高原：指海拔高于3 500米的山地、高原，对参与者的体能、技术有较高要求。

（3）丛林雨林：指植被茂盛、动植物种类丰富的热带、亚热带的丛林和雨林区，对参与者的野外生存能力、经验、心理素质要求较高。

（4）沙漠戈壁：指视野开阔、地形起伏小、气候干燥、水源缺乏的沙漠、沙漠化草原区、戈壁等，对参与者的生存能力、体能耐力要求高。

（5）冰雪环境：指常规山地在冬季降雪封冻后的冰雪地貌，对参与者的体能、装备、经验要求高。

（6）常规水域：指江河、湖泊、近海。

（7）空中水下：指借助于飞行器和潜水设备进行的空中和水下活动，对参与者的相关技术、心理素质要求高。

（8）极限环境：指具有高度危险性的上述各类环境。如攀登雪山、洞穴探险、穿越无人区等。

二、危险度

户外探险运动危险度如表 1-5 所示。

表 1-5 户外探险运动危险度表

危险性	危险度	内　　容
无危险	0	一般的休闲活动，安全有充分保障的短期野外旅游、线路明了的短期常规山地攀登。无意外发生，行程短，强度低，对参与者没有什么特殊要求。
低度危险	1	多数常规活动，如登山、攀岩、游泳等。可能会有意外情况发生，行程中等，强度低，一般有 1 ~ 3 次野营。参与者要有一般的生活常识和较好的心理素质。
中度危险	2	难度较大的常规或非常规的活动，如对未知领域的大强度穿越活动，需要特殊技能的活动环境。可能有意外情况发生，行程长，强度大，一般有多次野营。需要参与者有良好的心理素质和团队精神，以及一定的户外活动技能和活动经验。
高度危险	3	非常规山地活动，需要特殊户外技能的活动环境。不可预测和控制的因素多，经常有意外发生，行程长，强度大，自然条件艰苦，多次野营，需要参与者具有良好的心理素质、丰富的户外活动经验、较全面的户外技能和优良的团队精神。

三、强度

户外探险运动强度如表 1-6 所示。

表 1-6 户外探险运动强度表

性质	强度	内　　容
休闲运动	D	一般的休闲游。行程短，一般不野营。不对参与者体能提出要求，一般穿旅游鞋，背小双肩包，带水和食物即可。

续表

性质	强度	内　　容
中等强度	C	数日的常规山地活动，日行程短（一般少于 1.5 万米山路），1～2 次野营。对参与者要求身体健康，装备要求一般，背负重量 15 千克以下（男性）。
高强度	B	多日的常规或非常规的山地活动，日行程山路 2 万米以上，攀升高度大。对参与者要求较强的体能和较多技术装备，背负重量 15 千克以上（男性）。
极高强度	A	极限环境下的连续活动，非常规山地活动。环境条件恶劣，疲劳度高，恢复期短，多日平均行程 2 万米以上，背负重量 15 千克以上，如雪山攀登活动，连续多日在冰雪环境下的探险穿越活动等。

同一级别下的活动，其强度也有差别，分别用“＋”或“－”号表示。如 C^{+} 表示中等偏高强度的活动，B^{-} 表示高强度偏下等的活动。

四、户外技能（技术）难度

（1）登山野营：包括行走技巧的掌握，路线的寻找和确定，定向，行程控制，使用帐篷和不使用帐篷的简单露营，各种常用装备的熟练使用。

（2）攀岩：包括掌握基本的攀岩技术，了解各类攀岩器材的使用，熟练使用绳索和打各种常用绳结。

（3）游泳：徒手一次游进 200 米以上。

（4）急救：懂得如何进行检查，确定伤势，了解各类常见伤病的急救方法，熟悉常用药品的使用。

（5）其他技能：如滑雪、骑马、划船、滑翔、滑冰技术等。

五、分级

基于上述四个原则，户外探险运动分成 4 个级别：

活动环境和技术难度不表现在分级中，但每次运动中将明确说明环境类型和专项技能技术要求（表 1-7）。

表 1-7　户外探险运动分级表

类型	强度	危险度
D 类	休闲级	0 无危险
C 类	中等强度级	1 低度危险
B 类	高强度级	2 中度危险
A 类	极高强度级	3 高度危险

第五节　户外探险运动的有关常识

一、基本装备

(1) 行李清单：收拾行李时，应列一张清单，否则极易遗忘一些重要的东西，同时可以把要带的东西减少到最少，以便轻装上阵，减轻不必要的负担；如果是开车上路，可以适当多带一些，但一定要和这项探险活动相匹配。

(2) 背包：背包要结实、实用。背包的大小可以根据不同情况选择，如果是短途的可以选 35 升左右的小背包；如果时间较长且天气炎热，可以选 50 ~ 60 升的中背包；如果时间较长且天气寒冷，可以选择 100 升及以上的大背包。

(3) 睡袋：户外探险时，睡袋是必不可少的用品。合成纤维睡袋在湿润环境下保暖效果较好，价格较便宜；羽绒睡袋很轻，包扎起来体积小，易于携带，只是潮湿后一般不容易干，价格较高。睡袋不用时，应将其放置于防水袋或塑料袋里。

(4) 睡垫：户外探险时，用睡袋必须配套使用睡垫，它可以隔离潮湿，防止患关节炎，也可以防止人的体温传导给地面，减少人体热量的损耗。如果没有睡垫、油布或塑料布,也可利用较干燥的树枝、树叶或干草作为睡垫。

(5) 指南针、地图和全球定位仪:户外探险主要是在复杂的不熟悉的地理环境中进行的,往往险象环生,指南针可以帮助你辨别方位,找到正确的路线和方向。有了地图,尤其是将预先有准备的路线图和地图进行对照,可以及时了解自身的位置,计算到达目的地的距离等。如果有全球定位仪,可以及时了解自己的方位,一旦遇到危险或需求救时,可以让他人知道你的位置,便于施救,但一定要携带足够的电池。

(6) 炉具:如果在背得动很多设备或驾驶汽车的情况下,根据不同类型的探险活动,可以携带炉具。例如,用乌洛托品做的固体燃料片做燃料的汤米炉,用甲基化酒精做燃料的特兰吉亚炉或压缩汽油炉。但一定要注意用火安全,避免发生火灾事故,保护大自然。

(7) 水壶:旅游时都应带上水壶。但在户外探险时,尤其是在沙漠探险时必须带上足够的水,才能保证探险活动的顺利进行,这时的水就是生命的基础,没有水就意味着死亡。有 1 升、2 升的水壶,也有 4 升、5 升的可折叠的水囊等。

(8) 饭盒:在进行户外探险时应带上饭盒,可以带塑料的,但多数人会带上不锈钢的金属杯。它既可以盛饭、水,还可以作为锅来烧饭、煮茶水。饭盒包装时,可往饭盒里装一些小东西以节省空间。

(9) 雨披:在户外探险活动中,常常会遇到下雨天气,一旦衣物淋湿,不但衣服不易干,而且很容易使人生病,一件雨披是必不可少的,它可以遮风挡雨、御寒。但雨披必须是质量好、重量轻、耐用的。

(10) 衣服:衣服不宜带得过少,否则有时会危及生命安全。尤其是在山区、高原地带探险,天气多变,昼夜温差很大,有时一天中就能经历一年四季的气候变化,要注意保暖。在一些山难中,经常出现失温而导致死亡的情况。好的衣服透气、防晒,可以保证野外行走时不致因过热、流汗过多而中暑或脱水。

(11) 医药包及医药装备:由于户外探险途中条件很差,一旦发生意外或生理上的问题,必须自救或互救,因此带一些简单的医药用具或药品是十分必要的。

应携带心肺复苏术相关器具如口袋面罩、面膜、镊子、夹板、毒液提取器、蛇药片、抗蛇毒素、净水药片、针、放大镜、小剪刀、安全别针等。同时在药包里带一些常用药品,如抗菌药、解热镇痛药、感冒用药、防晕药、避暑药、抗过敏药、外用药、蛇药等。

(12) 装包顺序:装包时一定要合理利用空间。先放大的物件,重物放在下面。常用的东西放在易取的侧包或腰包内,易碎的东西用衣物或毛巾包裹好。

二、着装的有关常识

着装要宽松、实用、舒适耐用、美观大方,有时还要有伪装性。穿长裤,可防皮肤晒伤,防蚊虫叮咬,防被藤条或树枝、棘刺刮伤或刺伤;带有檐的遮阳帽可防暴晒,防枝条或棘刺刮伤或刺伤眼睛;在寒冷地区或晚上,可穿上套头衫;戴上太阳镜,可防强光对眼睛的伤害,在雪地可防雪盲。

鞋袜大小要适宜。鞋太紧会妨碍脚部的血液循环,如果是大冷天,还会令双足发冷和冻伤。一般情况下,应根据外出时间的长短,多带几双袜子,以便替换。徒步探险时,要用绑腿,可以防止小腿肚酸痛;又可以防蛇虫钻入裤腿,还有一定的防水功能,在紧急情况下还可以当绳索用。

三、户外探险的注意事项

(1) 要有缜密的计划:包括时间、路线、食宿的具体计划,要做好一切准备工作,不打无准备之仗,准备工作要仔细再仔细,该带的东西一定要带上。

(2) 要注意沿途的安全:整个探险过程中要始终贯彻安全第一的原则,探险不是冒险,更不能用生命去冒险。要坚决杜绝不顾一切、不顾后果的个人冒险主义,探险是去探知未来、享受生活和体验生活,安全比什么都重要。要尽量结伴而行,不要单独行动,可借用当地组织或政府的力量，最大限度地保证安全，同时还要提高警惕，谨防上当受骗。

（3）注意交往礼节：一般情况下，对人要礼貌，事事谦虚忍让，不要惹是生非。

（4）爱护大自然：野外的环境需要大家来保护，大自然是我们赖以生存的环境，是人类的家园。爱护大自然，爱护野外的一草一木，就是爱护人类自己。

（5）注意卫生与健康：户外探险活动是很累的，常常会流很多汗，人体机能反应增强，再加上不适应自然环境，在起居饮食和生活习惯上一定要注意卫生，保证身体健康，才能保证活动的顺利进行。

（6）入乡随俗：不同国家、不同民族、不同地方都有自己独特的文化习俗、宗教信仰、饮食习惯，一定要尊重当地的习俗，适应当地的一切，以减少不必要的麻烦。

四、户外探险运动出行的方式

1. 自驾车探险

随着经济的发展，购车已不仅仅是为了代步，更多人开始购买大排量的越野车或运动型多用途汽车（SUV），走出都市，甚至跋涉上万千米，进行探险活动，享受生活，享受人生。尽管驾车探险费用较高，但活动的范围更广，速度更快，可以到达很远的、偏僻的、人迹稀少的地方，越是这种地方，自然风光就越美，这是用其他方式无法到达的。

例如，苏州大学的“东吴越野车友俱乐部”曾在 2005 年 7 月 28 日驾驶 15 辆吉普车，历时 21 天，行程 1.2 万千米，考察了西藏，途经可可西里无人区，并同当地的藏羚羊保护组织进行了互动，为拉萨将景希望小学举行了捐赠活动，一路穿越沙漠、戈壁、高原雪山，从最危险、美丽的川藏线返回苏州。俱乐部又于 2007 年 7 月 28 日出发，历时 24 天，行程 1.5 万千米，考察了美丽的新疆。从南疆楼兰到北疆喀纳斯湖，翻越雄伟的天山，从最西面的喀什、霍尔果斯到东面的天山天池、乌鲁木齐、吐鲁番、火焰山，几乎走遍了整个新疆。2009 年 7 月东北之行，2010 年 7 月内蒙古之行，2011 年 7 月贵州、广西之行，2019 年 7 月第一次组织车队走出国门，进行历时 26 天，行程 1.22 万千米的俄罗斯—贝加尔湖—东北之行。欣赏了美丽的大好河山，陶冶了情操，享受了生活。

2．骑自行车探险

这种活动方式是比较经济合算的，目前年轻人占多数，既能达到探险的目的，又能锻炼人的意志、毅力和体能，丰富了人生。随行行李要求轻便，带好必需用品；车况一定要好，座位要柔软，把握好行车速度，注意安全。

3．徒步探险

这种方式较原始，但更简便实用，背上简单的背包，就可以徒步远足，进行探险。它和骑自行车一样可以锻炼人的意志、毅力、勇气和体能，挑战自我。但徒步探险一定不要单独进行，最好找志同道合的伙伴一同前往，可以相互有个照应，减少许多危险。

4．混合型探险

混合型探险是指用几种方式混合起来进行的一种探险活动，它比单一的自驾车或骑自行车探险内容更丰富，适用的范围更广。例如，有些路线只有羊肠小道、汽车无法翻越的崇山峻岭、偏远的深山峡谷、原始森林，这些路线只能先驾驶或乘其他交通工具，到达目的地的外围，再徒步穿越或乘船前行，然后想办法回到停车点乘车返回。

五、户外探险运动的主要组织管理机构

1．国际登山联合会（UIAA）

该组织于 1932 年成立，现有 60 多个国家的 80 个协会会员。1997 年 3 月其总部设在瑞士（中国登山协会于 1985 年 10 月成为其正式会员）。它将全世界的专家集中在一起，研究和帮助登山者解决在登山方面遇到的各种问题，下设 8 个委员会和 1 个临时工作组。它每年召开一次协会代表参加的会议，讨论国际登山的重要事宜；每两年召开一次规模更大的会议来检查各协会的进展情况。

联系方式：

Add：Monbijoustrasse 61 Postfach CH－3000 Bern 14 Switzerland

Tel：+41(0)313701828

Fax：+41(0)313701828

2. 国际攀登运动联盟(国际攀岩联合会)(IFSC)

该组织成立于2007年1月27日，其前身为1977年成立的国际攀登竞赛委员会。它也是国际体育联合会总会成员，并被国际奥林匹克委员会所认可。

联系方式：

http：//www.ifsc-climbing.org/

E-mail：office@ifsc-climbing.org

Tel：+390113853995

Fax：+390114121773

Add：Corso Vinzaglio 12，10121，Torino，Italy

3. 中国登山协会(CMA)

该组织成立于1958年，是我国组织、管理、普及和推广登山运动的唯一的全国性机构。几十年来，中国登山协会组织过数十次在国内外具有重大影响的高山探险活动。

联系方式：

http：//cmasports.sport.org.cn/

Tel：010-67143177

Fax：010-67144859

第二章 户外探险运动的基本技能

第一节 徒步穿越

一、基本知识

(一) 徒步穿越的含义

徒步穿越是指在一定区域内主要依靠徒步行走,完成由起点到终点路程,其间可能会经历山岭、丛林、沙漠、雪原、溪流、峡谷、极地等地貌的一种户外探险活动。徒步穿越对参与者的野外综合素质技能要求较高,它集登山、攀岩、漂流、溯溪、野外生存于一体,参与者应具有良好的体能、稳定的心理素质和道德水准以及乐于助人的团队精神。

(二) 常用装备

徒步穿越由于地点区域不同,难度和强度不同,时间和路程的长短不同,季节气候的瞬息万变,在选择使用装备器材时差异也很大。有时因选择不当会使徒步穿越负荷过重,透支人员的体力;有时又因为装备不全,令人感到非常棘手,甚至危及人员的生命。因此,出行前必须对该地区进行全面、仔细的了解,最后决定选择什么样的装备。

1. 公用装备

包括帐篷、炊事用品(炉具、燃料、饮具等)、绳索(视情况选择携带）、专用工具（砍刀、手斧、行军铲等）、公用药品（通用药、紧急救命药）、胶带、营地灯及其他集体专用器材（攀岩器材、登雪山器材等）、公用食品营养品、海拔表、指北针、温度计、地图。

2. 个人装备

包括背包、睡袋、防潮垫子、手套、帽子、换洗衣物、墨镜、头灯、水壶、个人的卫生用品、防晒霜、润唇膏、摄影器材、望远镜、笔记本、个人药品、打火机、火柴、餐具、干湿纸巾、便鞋或拖鞋、个人食品、其他杂品。

（三）基本要求及注意事项

1. 团队精神

两人或两人以上的集体穿越是考验团队合作的好机会，只有集体中的每个成员都能朝着相同的方向努力，才能取得成功，愉快、顺利地完成穿越。

（1）集体穿越时，应该对团队成员的职责进行明确分工，如探路、断后、生火、扎营等。

（2）集体穿越应推举一名队长，并赋予其相当权力，有民主也有集中。

（3）集体穿越人员较多时，一定要保持行进队形，以免走失或不能及时发现意外。

（4）徒步装备和给养的背负任务，应根据成员的体能和性别科学分配，以保证行进速度的一致性。

（5）一旦发生严重意外事故，应根据情况调整穿越计划，切忌鲁莽前行。

2. 体力分配

徒步穿越体力分配很重要，最好保持匀速行进速度，避免兴奋时过快行进，疲劳时拖拉行进。一般而言，上坡路段每隔半小时休息 5 ~ 10 分钟，下坡路段每隔 1 小时休息 10 ~ 15 分钟，可以根据成员的体能随时调整计划，宁可延长时间，也不要过分透支体力。

3. 方向判定

出行前要尽可能多地搜集活动地区的地图资料，初步了解途中道路、方位及明显的标志物，最好借助等高线地图，对预定路线和方向进行分析。

（1）可携带较准确的指北针和海拔表。

（2）携带并保存好地图和资料。

（3）携带信号笔、扑克牌，以备迷路时做路标记号。

（4）如穿越地区地质、地形条件复杂，自己又缺少了解时，最好请一位有经验的向导带路。

4. 防潮防水

在雨季或多雨地区徒步穿越时，应特别注意做好防潮防水工作，衣物、相机、取火设备、电池、通信设备、食物等都应该密封好，妥善保存。

（1）帐篷应选三季或四季帐（不能用专用高山帐）。

（2）用背包罩或塑料布遮盖背包，即使背包有防水功能也应如此。

（3）填装物品时，先用塑料袋或密封袋包裹，既防水又便于物品分类。

（4）有条件的徒步者可准备防水冲锋衣裤和登山鞋。

5. 火源

徒步穿越时，一定要携带一种以上火源，如打火机、火柴、火镰等，有条件者可携带野营气炉、气罐。生火时要留意是否在禁火区，生火前应先将干燥的细柴放在用石头堆好的灶底，再往上架粗柴，点燃细柴时用力吹火；若遇下雨或柴火较湿，可劈开粗木取中间的干木砍细后做引火柴。

（1）生火时要注意风向，不要把火堆放在帐篷的上风处，并保持一定的间隔距离。

（2）离开时一定要检查火种是否熄灭。

6. 饮水

短途徒步穿越时，按每人每天 2 升的标准携带水，长途徒步穿越时可在江河、溪瀑、湖塘取水，但应注意水域附近有无人畜活动，有无动物尸体，有无粪便或其他污染物等，含有大量泥沙的水质要沉淀 10 分钟以上才可饮用。蚂蟥多的地区，要用透明容器，以便及时发现水中是否有蚂蟥。

（1）缺水地区要按计划分配饮水，除特殊情况外，在找到水源前绝不可把水饮尽。

（2）野外取水后，如有条件，务必使水煮沸约 5 分钟后再饮用；如无条件，可用过滤器或净水药片替代。

（3）如在缺水区域长时间活动，应掌握更多的野外取水办法。

7. 露营

在观察周围环境后，应选择安全、避风、平整的高处扎营；尽量不要把营地扎在河畔，除非确定是枯水期。

（1）营地附近最好有水源，方便取水。

（2）如需生火，则要考虑附近是否有柴火。

（3）下雨或雨季，应视地形情况在帐篷四周挖排水沟。

（4）大风时应注意帐篷的抗风固定，确定安全后才休息。

（5）最好把贵重物品、衣物、食品等放入帐篷内。

8. 野外药物与野生动物遭遇

出行前要准备清凉油、风油精、红花油等药物，蚊虫较多地区，可携带杀虫剂，打绑腿可以有效防止蚂蟥、蛇或其他动物对腿部的攻击，毒蛇出没的地方应准备蛇药。

（1）遭遇大型野生动物（如熊、豹、犀牛等），切忌大声叫喊或乱跑，镇定是唯一法宝。

（2）只有少数毒蛇会主动攻击人，一般是不小心踩到了蛇，蛇才会咬人。

（3）如不幸被蛇咬伤，应紧急按照毒蛇类处理，保持平静心态能将生存可能提高数倍。

9. 营养补充

进行较长时间的徒步穿越，体能消耗大、排汗多，人体容易出现盐分缺失、电解质失调、营养不足等现象，应及时补充营养。

（1）携带一些牛肉干、巧克力、花生米等高能量的营养食品。

（2）携带维生素片，每日补充一些。

（3）每天补充盐分，可从榨菜等食物中摄取。

（4）果珍是不错的电解质平衡饮料，可随时补充。

10. 保暖

在沙漠、高原、山区等地区，昼夜温差很大，应注意保暖，尤其是在大量出汗后和睡眠时。

（1）对所到地区的最低温度做好充分估计，准备好保暖衣物和睡袋。

（2）衣物打湿后要尽快换上干内衣，有条件的可穿一些快干面料的服装。

（3）寒冷地区要注意备用电池的保暖。

（4）高寒地区要有专业的装备和户外探险知识。

11. 其他

（1）攀爬和下降：除非迫不得已，宁可绕行，也不要尝试危险的攀爬和下降，特别是独自一人负重时。如果必须攀爬和下降，应先卸下背负，空身攀降，再用绳子把装备吊上来或降下来。

（2）平衡：路经独木桥、涉水、崖边等危险境地时，应把背包的胸带和腰带松开，以便及时卸载，保护自身。

（3）夜路：一般不轻易走夜路，若走夜路时应准备头灯、手电筒等照明工具。

（4）涉水：在不明水情时不要贸然涉水，一定要涉水时应尽量探明水情，并对水速作充分估计。应穿鞋涉水，光脚涉水极易滑倒或被扎伤。

（5）环保：短途穿越应将遗留的可见垃圾全部带走，远途穿越时应至少将不可降解的垃圾带走，以保证野外环境的清洁。

在进行徒步穿越中，还要注意尽量防止疲劳，防止脚上出疱，还可以经常用热水泡脚，以消除疲劳，恢复体力。另外，穿的鞋和袜子一定要合适，不能太大或太小，尽可能穿旧不穿新。

二、基本技术

（一）山地行走

在山地行走，容易迷失方向。为避免迷失方向，节省体力，提高行进速度，应本着有道路不穿林翻山、不走小路走大道的宗旨。山地行进不要过高估计自己的体力，疲劳时就应适时休息；不要走到快累垮了才休息，那样不容易恢复体力。正确的方法是大步走一段，再放松缓步，慢行一段，或停下来休息一会，调整呼吸。站着休息时，不要卸掉装备、背包，可在背包下支撑一根木棍，以减轻身体负重。若天气寒冷，不要坐在石头上休息，因为石头会将身体的热量迅速吸走。

1. 无道路可走

若无道路可走，可以选择在纵向的山梁、山脊、山腰、河流小溪边缘，以及树高、林稀、空隙大、草丛低疏的地形上行进。一般不要走纵深大的深沟峡谷和草丛茂盛、藤竹交织的地方，力求走梁不走沟、走纵不走横。

行进应遵循大步走的原则。如果将步幅加大，三步并作两步走，几十千米下来，就可以少迈许多步，节省许多体力。

俗话说："不怕慢就怕站。"当疲劳时，应用放松的慢行来休息，而不要停下来，但在比较累的时候，还是要休息一小会儿，时间不要过长，否则就会产生不想走的念头。

2. 碰到岩石和陡坡壁

攀登岩石是登山的主要技能，首先应对岩石进行细致的观察，慎重地识别岩石的质量和风化程度，然后再确定方向和通过的路线。

攀登岩石的最基本方法是"三点固定法"（两脚两手共四点），当三点固定后再移动第四点，手脚协调配合，使身体重心逐渐上升，要防止蹿跳和猛进，并避免两点同时移动，而且一定要稳、轻、快，根据自己的情况，选择最合适的距离和最稳固的支点，不要跨大步和抓过远的点。

3. 遇到草坡和碎石坡

草坡和碎石坡是山间分布最广的一种地形。攀登30°以上的山坡时，一般均采用"之"字形上升法横上斜进。当通过草坡时，注意不要乱抓树木和攀引草蔓，以免断裂后使人摔倒。

在碎石坡上行进，特别要注意脚要踏实，抬脚要轻，以免碎石滚动。在行进中不小心滑倒时，应立即面向山坡，张开两臂（千万不能面朝外坐），伸直双腿，脚尖翘起，使身体重心尽量上移，以降低滑行速度。

4. 山地雨季行进

在雨季山地徒步行进,应尽量避开低洼地,如沟谷、河溪,以防山洪和塌方。如遇雷雨,应立即到地势较低的或稠密的灌木丛去,不要躲在高大的树下,大树常会引来雷电。避雷雨时,尽量不要撑金属的雨伞,或随身携带金属器械。如遇风尘、浓雾、强风等恶劣天气时,应停止行进,躲避在山崖下或山洞里,待天气好转后再走。

(二) 沙漠行走

沙漠是广阔地覆盖着沙子或砾石的一种地貌,它的特点是降水少,烈日酷暑,昼夜温差大,植物稀少,有些地方甚至没有植物,地表的矿物质含量高,经常发生沙尘暴,甚至出现海市蜃楼的现象。因此,在沙漠中行走是十分困难的,在大漠的荒凉和美丽之中蕴含着无处不在的威胁,这就要求探险者必须有相当的体力、勇气及丰富的野外生存经验。

(1) 穿着合适的鞋子及防沙套:首先应选择一双合适的鞋子,要求鞋子穿着很舒服,还要加上防沙套(或鞋套),一旦鞋子进沙,不一会儿脚就会被磨破。

(2) 学会用双杖走路:负重在沙漠中行走,翻越松软的沙丘,对膝盖构成很大压力,用双杖行走时可以减轻膝盖的压力,也可节省体力。

(3) 不要怕走弯路:在一望无际的大漠,并不是一马平川。在沙漠中会遇到许多大的沙丘或沙山,一定要绕过去,切忌直接走陡坡,要避开背风面松软的沙地,尽量在迎风面和沙脊上行走,因为迎风面受风蚀作用,沙被压得很结实,比较硬,在上面行走容易,也省力。如果有驼队的话,踏着骆驼的蹄印走,可以节省很多体力。行走要慢,每小时休息10分钟,一般一天行走直线距离不要超过2万米。

(4) 昼伏夜出避高温:白天沙漠在太阳光的直射下,表面温度很高,甚至可以把鸡蛋烤熟,人在沙漠中即使不动所消耗的能量也很大。但到了晚上,沙漠表面的温度就会骤然下降,适应于动物的活动。另外,在炎热、缺水、干渴、焦虑的情况下,千万不要被海市蜃楼的假象所迷惑。

（三）穿越丛林

在丛林中穿越，应该寻找最安全、阻碍最小的路线。在选择路线时，环境、天气、地形是需要考虑的主要因素。

（1）阻碍最小的路线常常是水路。如果可能，要尽量避免越野穿行，找一条溪流，沿着往下游走，走到较大水域时扎营。

（2）沿着溪流行进可能要涉水、绕路、穿过稠密的植物等。即使在陌生的野外，沿着溪流行进，就是一条明确的路线，很可能通向人的居住地，能获得水、食物，还可以乘小船或木筏在溪流上行进。

（3）当遇到危险的蛇，一定要迅速走开。应避开多数昆虫，昆虫大多有特殊的防卫系统，与它们和平共处比首先发难要聪明得多。

（4）热带丛林中藤蔓竹草交织，使人无法通行，须经常用砍刀开路行进。当横竹挡道，应“两刀三段，去掉中间”；对直竹应“一刀两断，拨开就算”。竹竿较硬，砍时用力要均匀干脆，力求一刀一棵；对于小竹子，应采用分、压、拨、钻的方法通过。穿过茅草地时，也可用砍刀开路法：不过头，分两边，从中走；不见天，砍个洞，往里钻。用的刀把要长，开路的要点是“刀磨快，把握好，三砍两拨就成道”。在丛林中行走，最好是踩着大型野兽踩出的路走，这样还可以避免深入毒虫区或陷入沼泽地。

（5）在丛林中行进，为防止虫咬等，必须穿靴子，要扎紧裤腿和袖口，并戴上手套；为了防止毒蛇等不可用“打草惊蛇法”，还要观察树上有无毒蛇；坐下休息时也应先仔细观察后方可坐下。当遇到毒蜂时不要惊慌，应就地蹲下，用雨衣遮住皮肤暴露部位，也可燃烟驱赶或跳入水中。在丛林中行进时，脸部保护很重要，尤其是眼睛。

（6）在丛林中行进，要计划好每天的行程，要留下足够的时间和精力去搭建一个安全、舒适的营地，要保证必要的休息和充足的睡眠。在丛林中行进只能在白天，除非情况不允许。

第二节 登山与攀岩

一、登山探险

登山是指在特定的要求下,从低海拔地形向高海拔山峰进行攀登的一项活动。登山运动可分为登山探险(也称高山探险)、竞技攀登(包括攀岩、攀冰等)和健身性登山。这里主要介绍登山探险。

(一)基本知识

1. 登山探险的含义

登山探险运动面对的山峰一般为海拔 3 000 ~ 4 000 米并终年覆盖积雪的山峰。它的竞技性,不是表现为运动员(成队)之间在同一时空、同一条件下的比赛和对抗,而是表现为运动员(成队)与恶劣的大自然环境的抗争,是人的生命力同严酷的生存条件之间的较量。在登山探险活动中,运动员面对的是高山缺氧、强风低温、陡峭地形以及随之而来的各种困难和危险。对一次成功的登山探险活动的评价,不是从一般意义上的时间、速度、力量和技巧等方面的判定,而是强调所选山峰的高度、难度和组织运用战术的独特性及其科学程度。

2. 装备器材

(1) 穿衣的原则。

① 贴身内衣:应选择排汗性佳的或能保持皮肤干燥的内衣。

② 保暖层:能包住周身的温暖空气,包住的空气越多,身体就越暖和。

③ 外衣:应能防风、防雨、防晒。

④ 头套:头部是一个很重要的部位,要注意保暖,一般要带上几种不同的帽子,以备使用。

⑤ 手套：可根据不同的需要和不同的场合，使用分指或并指手套。

⑥ 登山鞋：必须兼顾几方面的特质，牢固、坚硬、舒适。典型的皮制登山鞋如图 2-1 所示，半皮靴如图 2-2 所示。

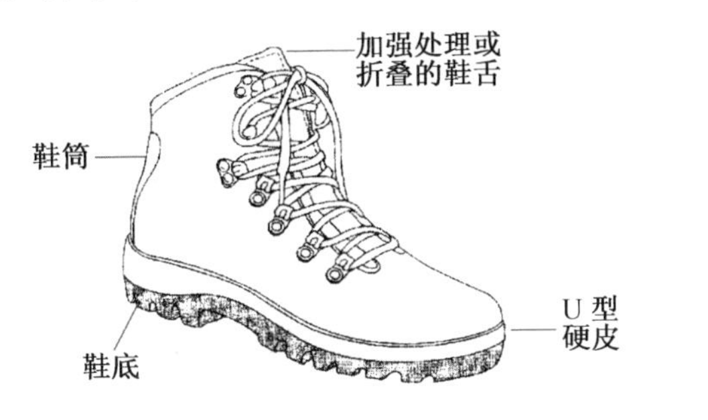

图 2-1　登山皮靴

图 2-2　半皮靴

双重靴如图 2-3 所示。

a. 防水外层　b. 保暖内层

图 2-3　双重靴

⑦ 袜子：一定要吸汗、柔软。

⑧ 绑腿：可以封住裤管和鞋子间的缝隙。（图 2-4）

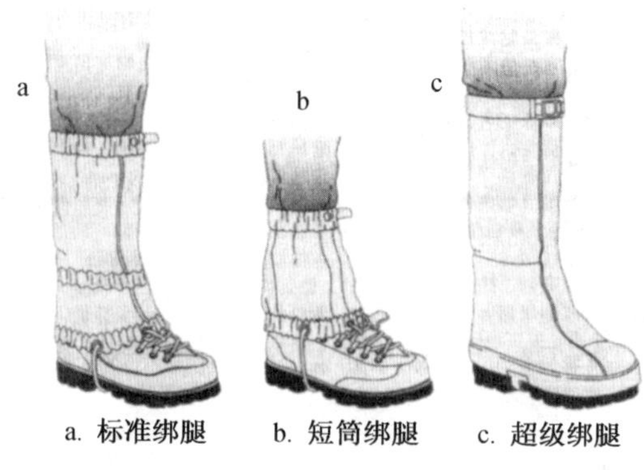

a. 标准绑腿　b. 短筒绑腿　c. 超级绑腿

图 2-4　绑腿

（2）其他装备。

① 背包：登山者一般有两个背包，一个是单日用小背包，里面装一天来回所需的物品；另一个是大背包，可以容纳野外露营过夜的装备。（图 2-5a、图 2-5b）

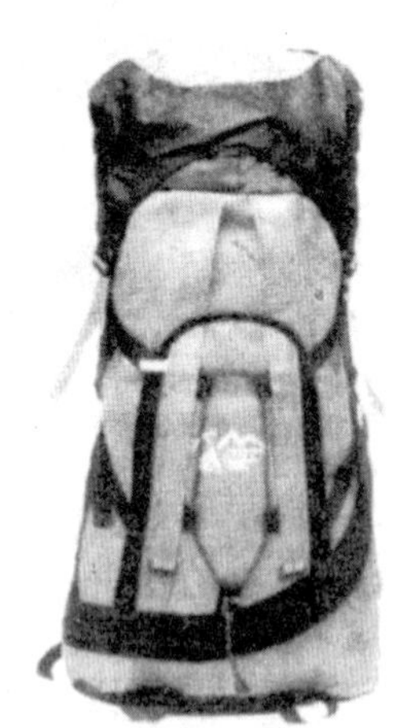

a. 登山小背包　b. 登山大背包

图 2-5　背包

② 登山帐篷：要求轻便、容易搭建，要根据实际情况选择适合自己的帐篷，以防风、雨、雪、沙子。（图 2-6）

a. 圆顶形帐篷

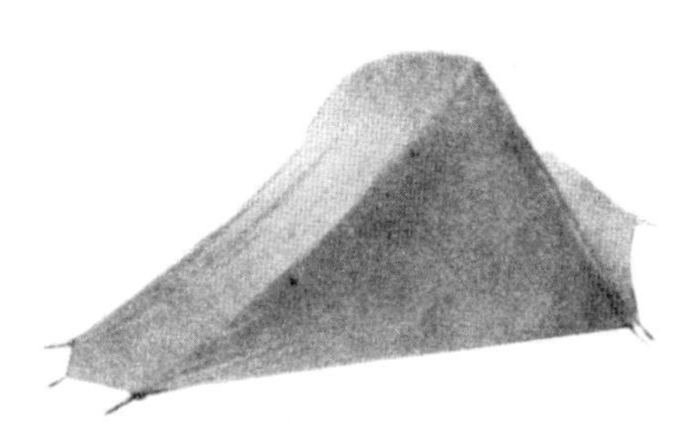

b. 单环式帐篷

c. 大本营帐篷

d. 高山式帐篷

图 2-6　帐篷

③ 睡袋：在野营中主要起保暖作用。如果与防潮垫子一起使用，效果更好。（图 2-7）

a. 木乃伊式睡袋

b. 信封式睡袋

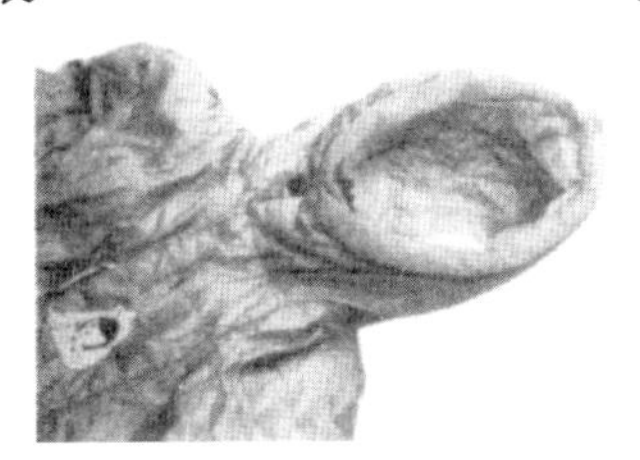

c. 混合型小方帽式睡袋

图 2-7　睡袋

④ 炉具：重量要轻，安装简单、方便。

⑤ 蓄水器：对登山者非常重要，不然容易造成脱水。

3. 技术装备

在登山运动中，大自然中的各种不利因素都构成了对登山者的威胁。从这项运动产生之日起，人们就开始不断地研究生产各种为攀登者提供安全保障和便于运动开展的装备和器械。

（1）登山绳：这是在登山进程中必须携带的常用工具，分为弹性绳、静力绳。

（2）安全带：这主要是为攀登者和保护者提供一种舒适、安全的装备，分为可调式和不可调式。（图 2-8）

（3）保护器：在保护和下降过程中，通过它与保护绳之间产生的摩擦力来减少操作者所需要的握力。常见的比较好的保护器有 8 字环、管状保护器和自动保护器。（图 2-9）

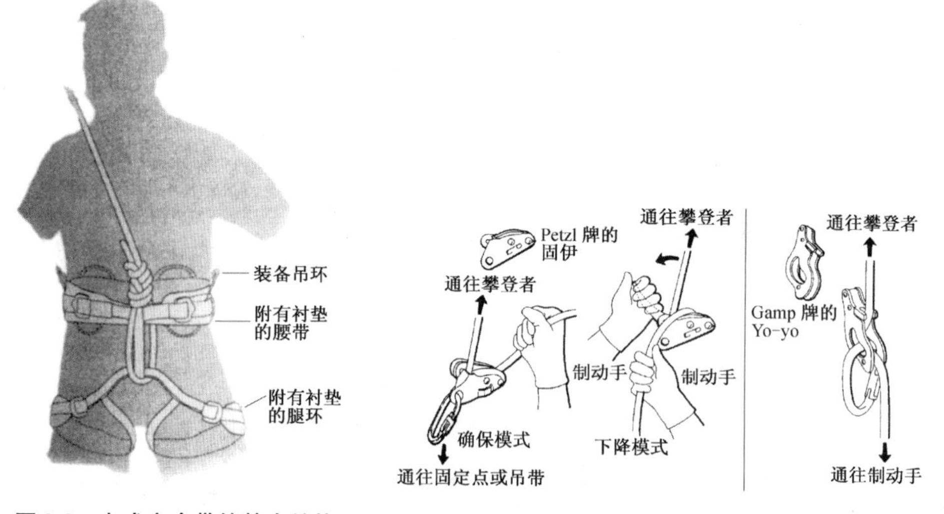

图 2-8　坐式安全带的基本结构　　图 2-9　自锁型确保器

（4）铁锁：它用途广泛，可用来连接各种攀岩安全带的扣环或在保护系统中做刚性连接。铁锁的种类较多，有 a. O 型钩环；b. 标准 D 型钩环;c. 改良 D 型钩环;d. 弯口钩环;e. 两种标准的钩环开口形式;f. 铁线闸口钩环;g. 标准有锁钩环;h. 梨形有锁钩环。(图 2-10)

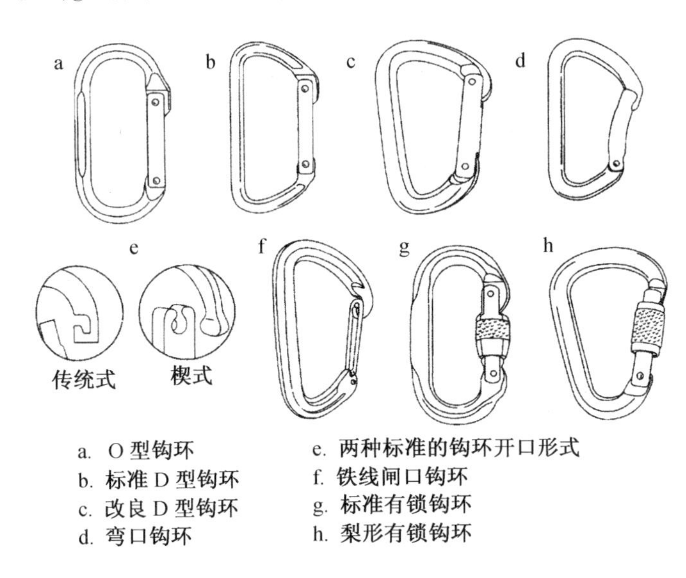

图 2-10　钩环

(5) 快挂:竞技攀岩不需要太多的铁锁,但一套好的快挂却非常关键。最好是专门厂家生产的,不能使用自己缝制的。标准快挂的长度为 10 ~ 16 厘米,多用于卡住螺栓。(图 2-11)

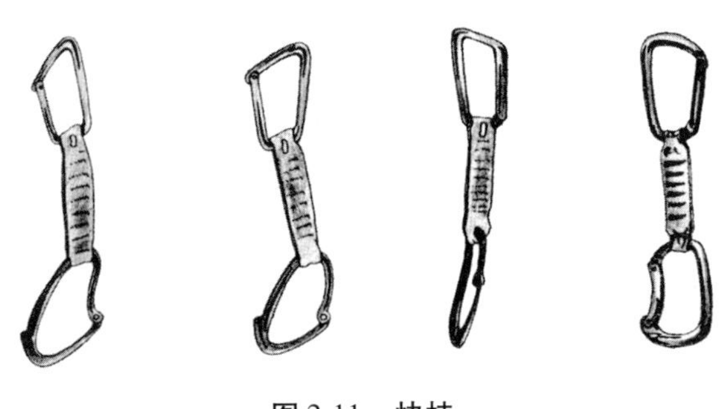

图 2-11　快挂

(6) 镁粉及粉袋:这主要是用以防止手出汗导致手滑或吸收岩壁表

面的水分,以增加摩擦力。

(7)螺栓:现代竞技攀岩一般用直径为 3/8 ~ 1/2 英寸(1 英寸 = 2.54 厘米)的膨胀螺栓。这是一种拉起式螺栓,也是现有最好的岩石作业用的螺栓之一,用工具对螺栓头加力时,能将螺栓拧进螺套中。螺栓有足够的承受力。

(8)挂片:随着竞技攀岩的迅速流行,出现了大量新式螺栓挂片,从初级的、手工制作的到专用挂片,但应根据不同用途选择不同的挂片。

(9)带环:由伞带细绳打成的绳圈,称为带环。

(10)岩盔:主要起到保护头部、避免砸伤或撞伤的头盔。(图 2-12)

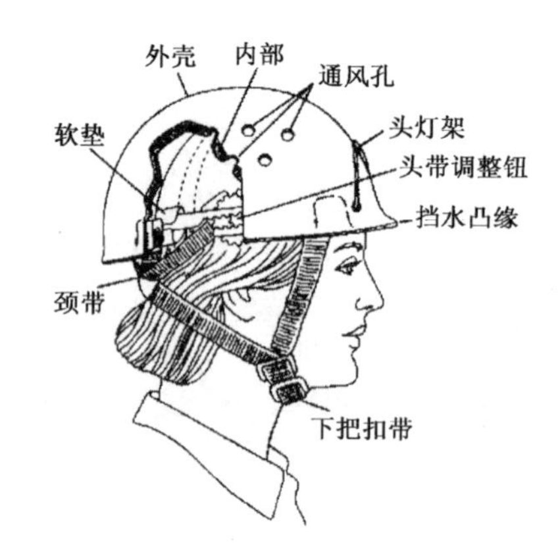

图 2-12　岩盔

(11)岩锥:由金属做成的钉子,它可以敲进岩缝做成一个固定点。(图 2-13)

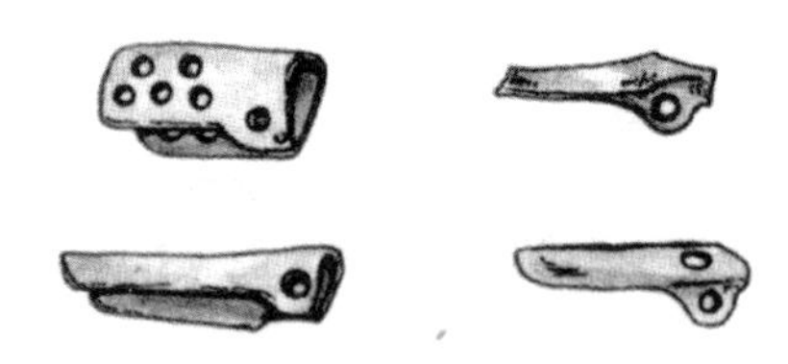

图 2-13　岩锥

(12)上升器:主要是在单绳技术中解决向上运动的装备。分左右手握两种方式,适应于不同用手习惯的攀登者。(图 2-14)

(13)刷子:大多数镁粉袋的边缘都有缝制在一起的小套管,以便连接一把小尼龙毛刷,用来刷干净被镁粉裹住的支点。

(14)绷带:这种一卷 1 英寸宽的运动型绷带是攀岩者必备的护具。

(15)保护垫:一般是由一块厚泡沫塑料制成的,在下降或脱落时可起减震和保护作用。

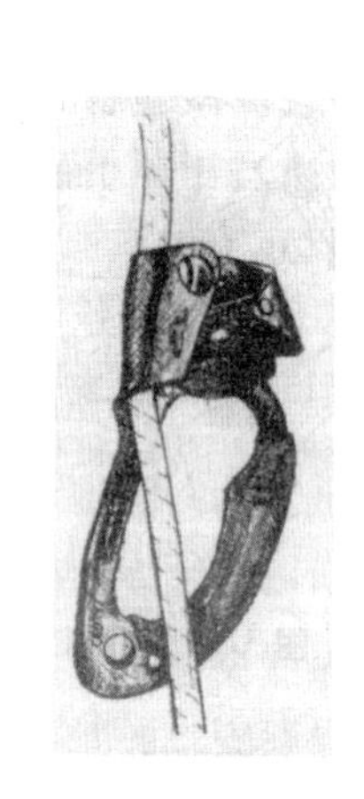

图 2-14　上升器

4. 特殊技术装备

在登山过程中,经常会在海拔较高的山峰上攀登,对于这种冰雪地段必须要有特定的装备,如冰斧、冰爪、冰镐等。

(1) 冰斧:这是一种简单、用途广泛的工具。在雪线以下,冰斧可以当登山杖用,也可以在下坡时帮助制动。不过它最主要的功能还是在冰雪地上行走时,使登山者维持平衡,或提供安全点,以防跌倒,并在滑落时阻止继续下滑。(图 2-15)

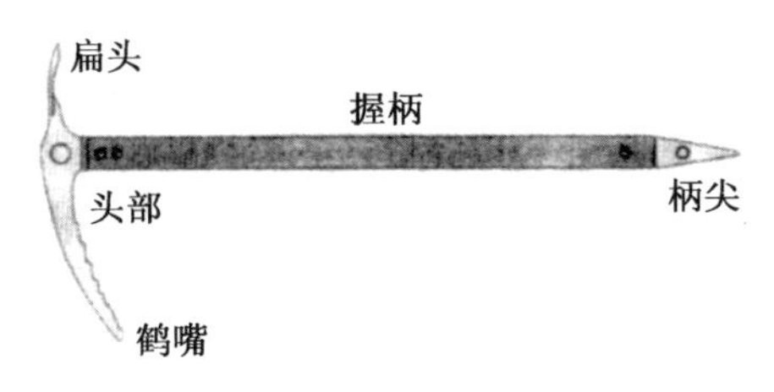

图 2-15　冰斧的组件

(2) 冰爪:这是一些金属鞋钉的组合,绑或套在登山鞋底,可以顺利刺入硬雪或冰面。光凭登山鞋无法在这些地面上产生足够的摩擦力,因此要考虑一般登山用途和技术冰攀用途而选择不同的冰爪。(图 2-16)

冰爪的使用方式分为 a. 苏格兰式;b. 四条束带;c. 两条束带;d. 快扣式;e. 混合式。(图 2-17)

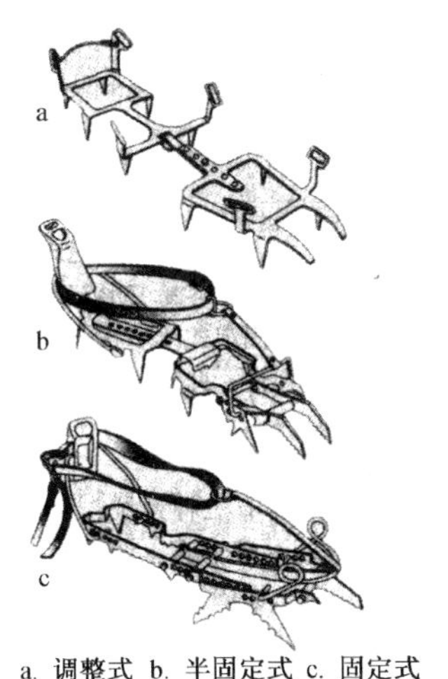

a. 调整式 b. 半固定式 c. 固定式

图 2-16　冰爪的种类

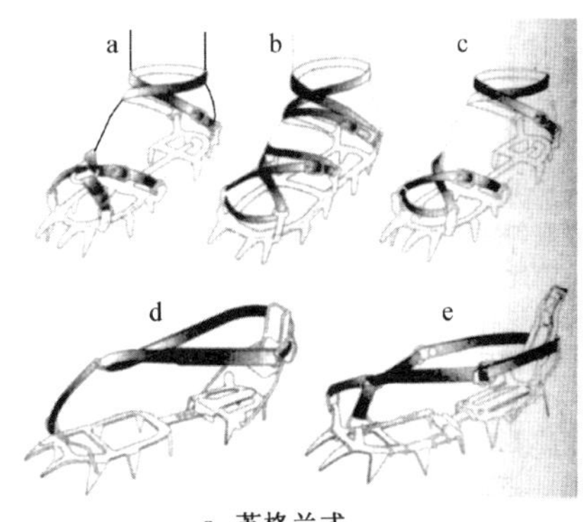

a. 苏格兰式
b. 四条束带
c. 两条束带
d. 快扣式
e. 混合式

图 2-17　冰爪的穿着方式

（3）标志杆：在天气恶劣，能见度低，地形危险、复杂的情况下，登山者通常会在路径上插上标志杆作为记号，以便回程时辨识；同时标志杆也可用来标示潜在的危险，或在无绳索行进的安全边界做掩埋补给品的标志等。

（4）滑雪杖：它的用途不只限于滑雪时使用，徒步行进穿熊掌鞋，或使用滑雪板时，都可以用滑雪杖和登山杖，有些还可以调节长短，使用范围更广。

（5）熊掌鞋：它是主要用于雪地行进的传统辅助工具，目前已演变为更小、更轻巧的样式。现代熊掌鞋不但更稳固，更易使用，而且还能增加摩擦力，减少滑落的可能。

（6）滑雪板：在雪地行进时，用滑雪板是很方便的，而且可以让登山者到达某些难以到达的地区，包括通过冰桥、冰河裂隙地带。救难时也很有用，可以变成临时担架或雪橇。

（7）雪铲：对雪地登山者而言，一把宽面的铲子是工具，也是安全设备。如有人在雪崩时被埋住，这是唯一可以把人挖出来的实用工具。雪铲还可以用来挖掘雪地避难所，建造搭帐篷的平台，甚至可以在雪特别厚的路线上作为登山工具，铲出一条路来。

（8）冰螺栓、冰钩：是在攀冰进程中经常用到的一种固定装置。（图2-18）

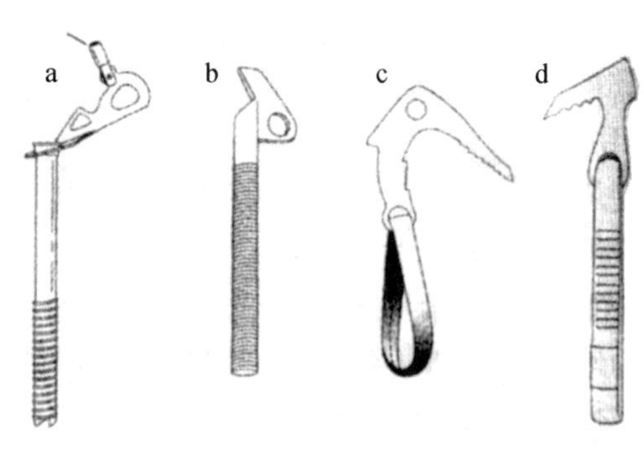

a. 附有圆头的管状冰螺栓
b. 敲入／旋出的管状冰螺栓
c. 冰钩
d. 冰钩

图2-18　冰螺栓、冰钩

（9）其他一些必不可少的物品。

① 通信与导航定位工具：这是现代登山和野外探险必须具备的现代化的工具。正确使用这些装备，可以与外界及时沟通，使外界及时了解探险人员

的基本情况，这是非常重要的工具。

② 防晒用品：这是在高原地带或高山探险中必须携带的物品。可以防止人员被强烈的阳光或紫外线伤害，包括太阳镜、防晒油、防晒唇膏以及防晒服装。

③ 照明工具：包括电池、灯泡、手电筒等。

④ 急救物品或药品：包括一些常用药及急救用的工具，如夹板、绷带、纱布等。

⑤ 火种：进行野外探险活动，一定要带上火种，如火柴、打火机、蜡烛、化学热力带、点火器等。

⑥ 水及营养物品：在户外进行探险，常常会遇到一些突发事件而耽误了整个计划的完成，因此一定要多带点饮用水或食品，以防不测。

（二）基本技术

登山活动是户外探险运动中常见的、基本的活动，其技术要领很复杂，要求也很高。

1. 结绳技术

绳结能帮助登山者发挥绳子的许多特殊用途。例如，将攀登者连接到绳子上，连接山壁上的固定点，连接两条绳子以供长距离垂降使用，利用绳环攀登而上，等等。

登山爱好者要会使用多种基本的绳结与套结，必须经常练习，熟能生巧。

有些守则和技巧适用于所有的绳结。不常使用的那一端称为静止端，另一端称为活动端。将绳子反折180°形成一小圈，称作绳耳；套结是指必须绕在一个物体上才能发挥功能的绳结。双绳结是由两条绳子或同一条绳子的两个绳段所结成。绳结必须打紧、正确，保持绳子的平顺，最后在活动端打个单结固定好，还要养成经常检查绳结的习惯，尤其是在开始上攀式垂降前。

（1）单结：常用于打完绳结后固定活动端。打法是将活动端绳头穿过绳圈。（图2-19）

（2）双单结：常用于结冰状况下的垂降，或是垂降收绳时，绳结可能会卡住。抓住两条绳子的活动端,打出一个基本单结,便可用于双绳垂降(图 2-20)。

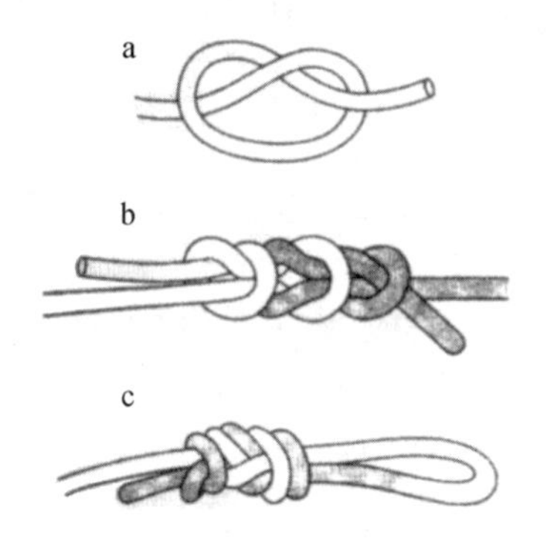

a. 打一个单结
b. 在平结的两端各打上一个单结做固定
c. 编式 8 字结最后打上单结做固定

图 2-19 单结

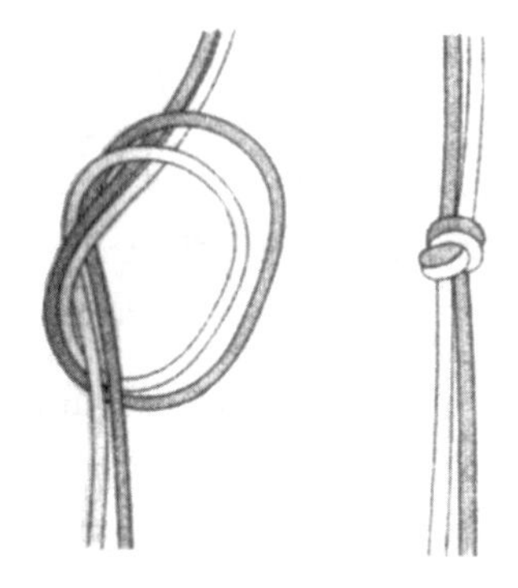

a. 用两绳段打出单结 b.拉紧绳结

图 2-20 双单结

(3) 单结绳环:常用于普鲁士绳环上打出腿环,在双绳或一段伞带上打出一个绳环。抓住绳圈打出一个基本单绳,而不是使用活动端绳头打结。(图 2-21)

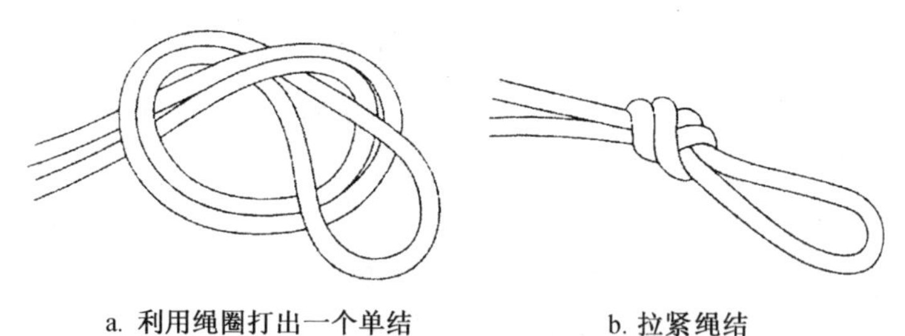

a. 利用绳圈打出一个单结 b. 拉紧绳结

图 2-21 单结绳环

(4) 水结:常用于把一段管状伞带打成带环。但它会随时间的延长而变松,因此务必拉紧,常检查。(图 2-22)

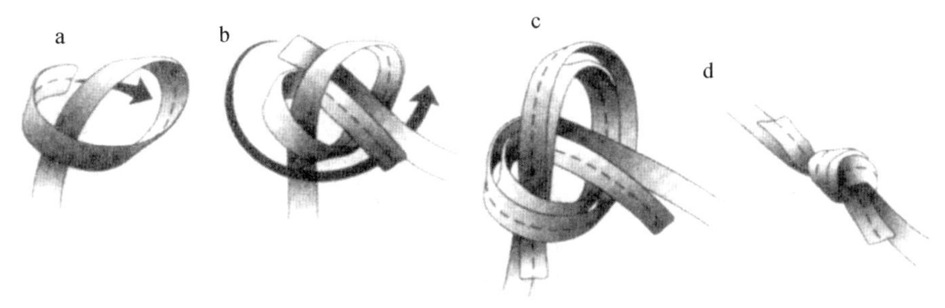

a. 伞带反折成绳圈，并将绳头穿过去
b. 抓住另一条绳子穿过此绳圈，并顺势回绕
c. 调整两端绳头，留下 5~7.5 厘米的绳段
d. 拉紧绳结

图 2-22　水结

（5）平结：常用于绳子盘妥后的收束，也可用于垂降绳结。（图 2-23）

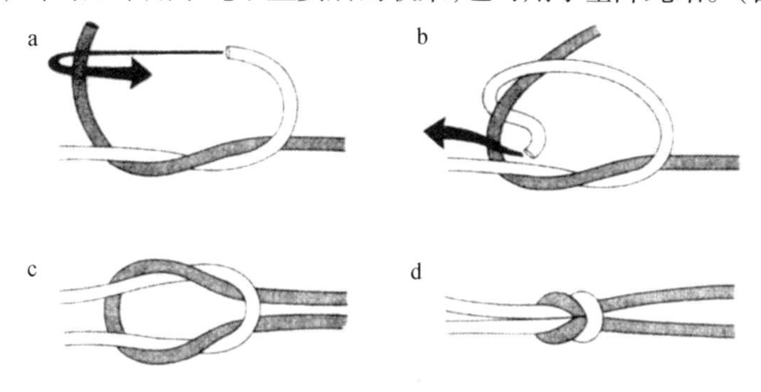

a. 将两绳段交叠，拉起一绳端，而另一绳端绕过去
b. 将此绳端穿过形成的绳圈
c. 将两对绳头往反方向拉，形成一个“正方形”
d. 拉紧绳结

图 2-23　平结

（6）渔人结：常用于连接两条绳子。交叠两条绳子的活动端绳头，各自以绳头在另一条绳子的固定端上打出单结。（图 2-24）

（7）双渔人结：这是把两条绳子的绳端绑在一起做垂降时非常安全的绳结，又称葡萄藤结。它比编式 8 字结更受欢迎。（图 2-25）

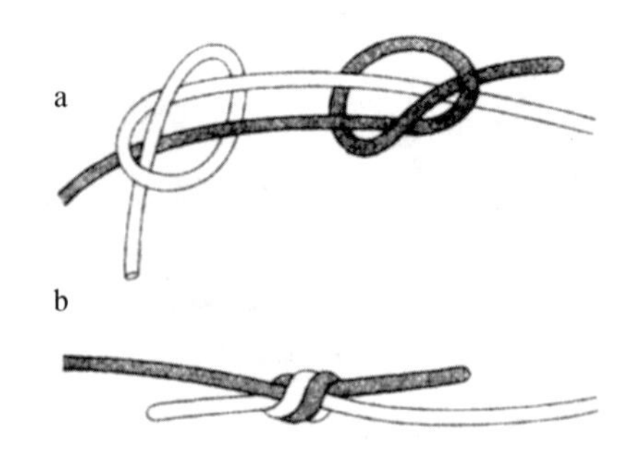

a. 将两条绳端并列，各自绕过另一条绳子打出一个单结
b. 拉紧绳结

图 2-24　渔人结

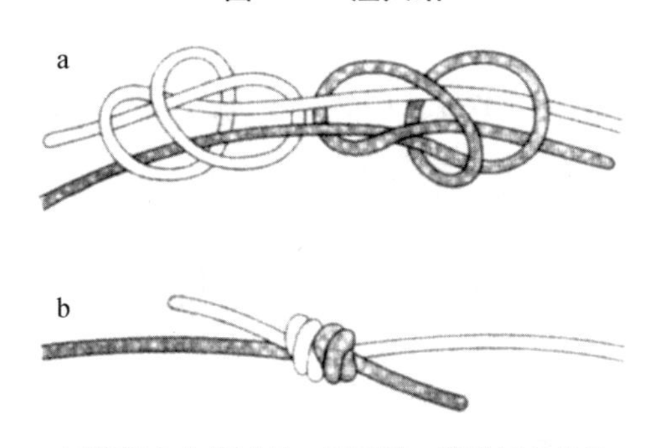

a. 两绳端各自绕过另一绳两圈，然后打个单结
b. 拉紧绳结

图 2-25　双渔人结

（8）8 字结：是一种很强韧的绳结，受力之后也很容易解开。（图 2-26）

（9）编式 8 字结：非常适合用来连接绳子与吊带，可在绳子尾端打上一个单结，也可用来将绳子连接到固定点上。（图 2-27）

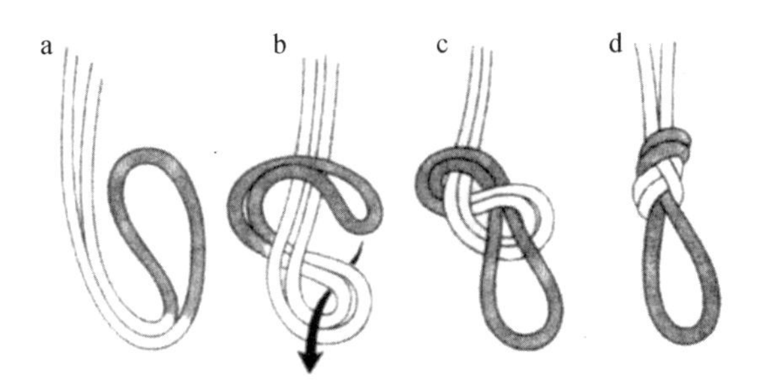

a. 把绳圈反折与主绳段平行
b. 抓住绳圈绕过主绳段下方，再绕过主绳段上方，形成一个8字，再将绳圈拉下穿过8字下部的圈
c. 拉紧各绳段
d. 完成、理好绳结

图 2-26 8 字结

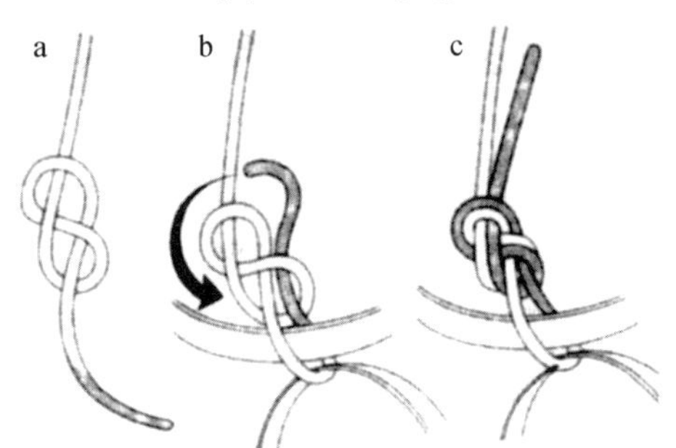

a. 打出一个 8 字结
b. 将绳端反折，循着 8 字平行绕回主绳段
c. 拉紧各绳段

图 2-27 编式 8 字结

（10）单称人结：在登山绳的尾端打出一个不会滑动的绳圈，可以用来绕过树干或其他固定点作为确保。绳尾应穿过绳圈自内侧拉出，若自绳圈外侧拉出，绳结较不牢固。最后打个单结收尾。

（11）双称人结：位于三人绳队中间位置的攀登者用于连接绳子与吊带，末端的绳圈用单结或附保险的钩环固定，用铁锁更好。（图 2-28）

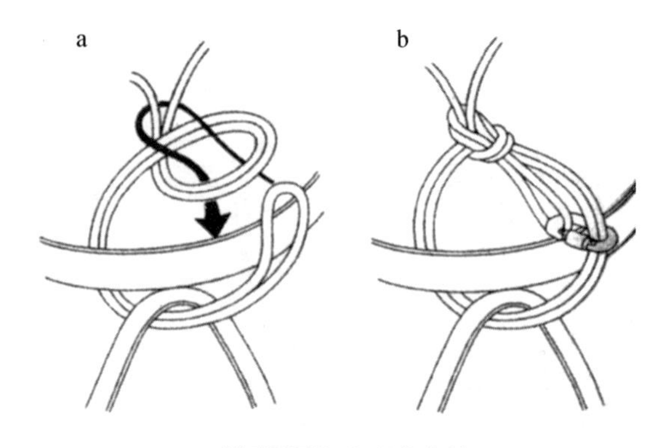

a. 利用绳圈打出双称人结
b. 以锁钩环固定绳圈尾端

图 2-28　双称人结

（12）单称人结加优胜美地收尾结：和单称人结大致相同，但绳尾重回绳索缠绕，直到与主绳段平行为止。该结受力之后极易解开，适合上方确保式攀登使用。（图 2-29）

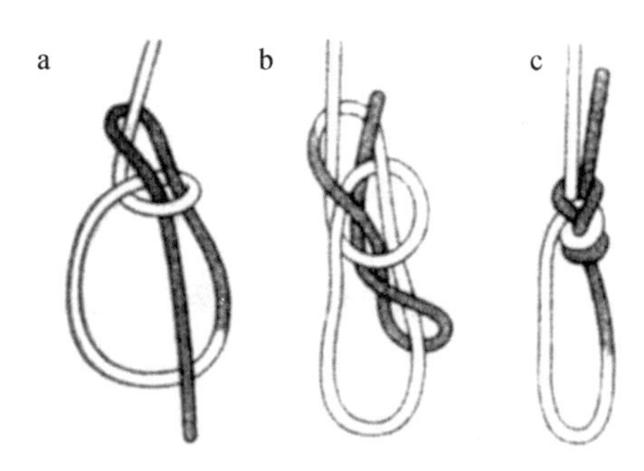

a. 松松地打出一个单称人结
b. 将活动端绳头从整个绳结的后方往上拉，而后穿过单称人结最上方的绳圈
c. 拉紧绳结

图 2-29　单称人结加优胜美地收尾结

（13）蝴蝶结：它可承受两端绳头或绳圈端的拉力，却不会松开，可用有锁钩环穿过绳圈与他物连接。（图 2-30）

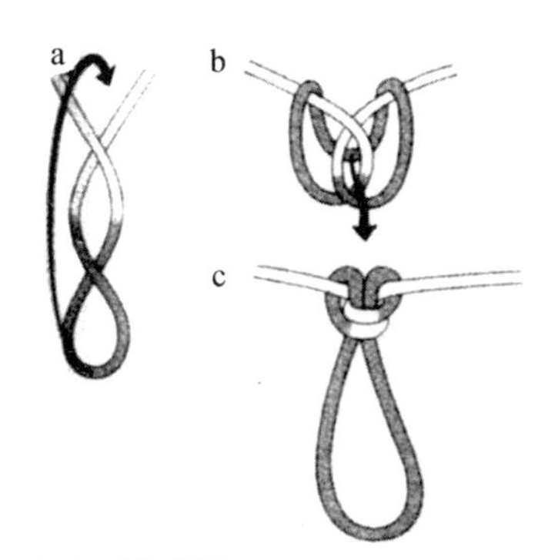

a. 打出两个绳圈
b. 将下方绳圈向上拉到后面穿过上方绳圈
c. 拉紧绳结

图 2-30　蝴蝶结

（14）单套结：可用来绑定物品的简单绳结。（图 2-31）

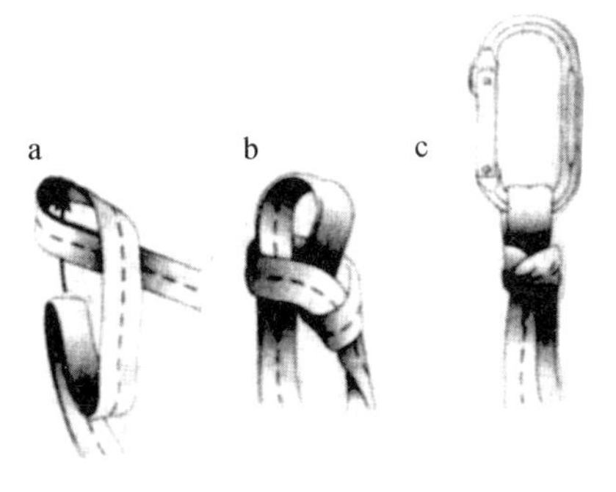

a. 做出一个绳圈，然后把绳子弯曲向上拉，穿过绳圈
b. 把绳圈拉紧以绑住这个绳耳
c. 把绳耳扣住钩环，然后将绳头拉紧

图 2-31　单套结

（15）双套结：是一个可以绑住半钉入岩面的岩钉的简单绳结。用这种绳结，可以很容易地把绳子扣入铁锁，而与固定点连接。（图 2-32）

（16）系带结：是一个有多种用途的简单绳结。（图 2-33）

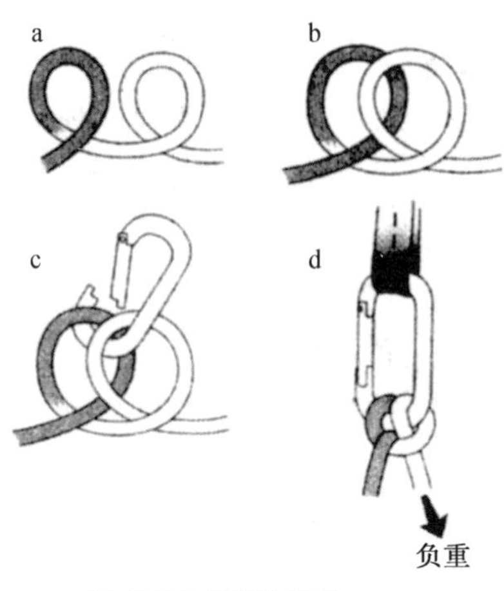

a. 打出两个并列的绳圈
b. 将左方绳圈拉到另一个绳圈后头
c. 以钩环扣住两个绳圈
d. 把绳子拉紧

图 2-32　双套结

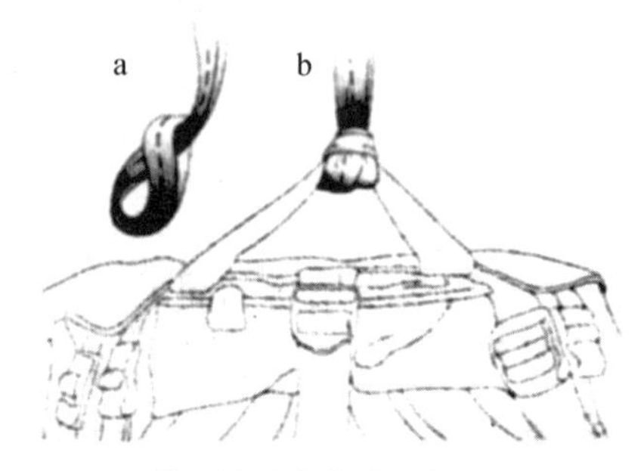

a. 将两端绳头穿过一个绳圈
b. 一个绑住背包提环的系带结

图 2-33　系带结

（17）普鲁士结：先打一个系带结，并将辅助绳在登山主绳上缠绕几圈。当绳子结冰或负重时需多绕几圈。（图 2-34）

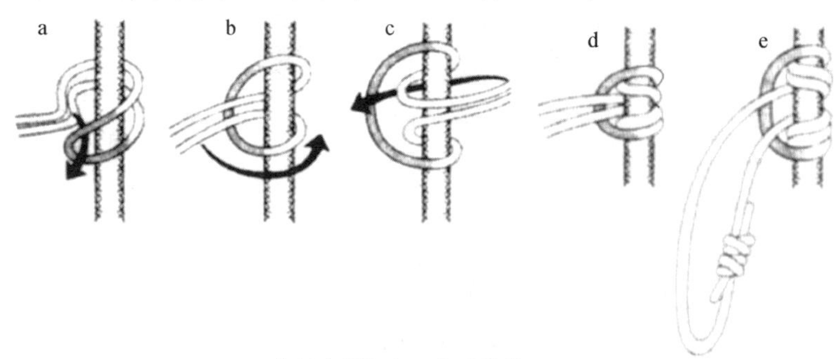

a. 绕过主绳打出一个系带结
b. 把绳端拉到绳结与主绳下方
c. 把绳结转 80°，并将绳端再次缠绕主绳
d. 缠绕两圈的普鲁士结
e. 缠绕三圈的普鲁士结

图 2-34　普鲁士结

（18）克氏结：当手边有很多伞带但辅助绳不够用时，可以打这种结，也可代替普鲁士结。（图 2-35）

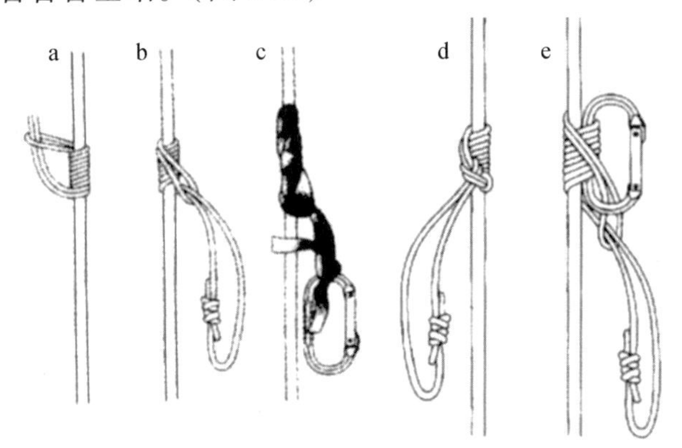

a. 将一绳环缠绕主绳 5 次，将活动端绳头穿过绳环尾端的圈圈
b. 将活动端绳头往下拉
c. 利用伞带打出的克氏结，并以钩环扣住
d. 系紧的克氏结——将活动端绳头往上拉绕过绳环的圈圈，形成一个新的绳圈并穿过去，将各绳段拉紧
e. 绑住钩环的克氏结

图 2-35 克氏结

2. 保护技术

保护技术是保护登山者生命安全的重要技术，也是登山专业技术之一。在攀登、下降、渡河、救护等技术操作中，为了保证登山者的安全，需要各种保护技术同时配合，消除恐惧心理。由于保护技术使用的场合及范围不同，一般分为固定、行进和自我保护三种。

（1）固定保护技术。

这种保护技术主要用于危险性大的岩石峭壁、冰壁等路段。它是为攀登者预设的专门保护。

① 交替固定保护：在通过危险地段时，一个结组内只能有一个人攀登，其他人保护。保护者应首先将钢锥或冰镐打入斜坡或冰面，作为固定支点；然后将主绳在钢锥或冰镐的上面按特定的要求进行缠绕，攀登者走完主绳间隙的那一段距离后，停下来做保护者。依次反复行进。

② 下方固定保护：当第一个人开始攀登时，因上方无人，保护者在攀登者下方，方法是将主绳的一端在保护者附近固定，另一端与攀登者连接在一起。

③ 上方固定保护：当保护者在攀登者上方时使用。保护者在顶部利用打入的钢锥或自然物体，将主绳牢牢固定，然后把自己的身体也固定于主绳的相应位置，以防攀登者失误脱落时被带动，最后把主绳的另一端与攀登者连接在一起。

在固定式保护时，根据保护者的姿势不同也可分为：坐式保护法、站立式保护法、器械保护法。

（2）行进保护：这是指行进中不预设专人保护，在出现险情后攀登者只依靠保护装置的一种应急保护。

（3）自我保护：不管是行进保护还是固定保护，攀登者一旦失误，都不能消极地仰赖别人的保护，而是要尽量使用各种器材设备进行自救。

（4）在实施保护技术的同时应注意以下几点。

① 保护前应对使用的工具进行认真检查。

② 选择的保护地点要安全可靠，不能在雪崩、冰崩或滚石区进行保护。

③ 尽可能避免绳索与岩石的摩擦。

④ 保护者首先要做好自我保护装置，戴上手套和安全帽。

⑤ 任何时候都应冷静、沉着。

3. 下降技术

当下降者在坡度45°以下的山坡、峭壁、雪坡上时，因危险小，一般不需特殊的保护技术，可在冰镐的辅助下自行下降，当下降者在坡度45°以上时，通常采用以下方法进行。

（1）三点固定下降法。

这是主要用于岩石作业下降技术的基本方法。这个方法是利用下降者的双手、双脚固定3个支点后，再移动第4个支点，同时一定要有上方固定保护。

（2）利用器械下降法。

这也是最常见的下降方法，一般有以下几种下降法。

① 利用下降器下降。将主绳一端在峭壁顶部用牵引结固定，另一端抛至下方，下降者在腰部系好安全带，腹前挂好铁锁，然后主绳按 8 字形缠绕于下降器上，再将下降器和铁锁连接在一起，左手握住主绳上端，右手在胯后紧紧握住从下降器穿绕出来的主绳，下降者面向岩壁，两腿分开约成 80°角，蹬住崖棱，身体后坐，使躯干与下肢约成 100°角，将上方主绳搭于岩棱上，便可开始下降。

为了尽快掌握下降动作，可增加抓结装置，即用辅助绳一端在主绳上（左手握端）打抓结，另一端固定于腹前安全吊带上，这两端间的距离约等于壁长。在下降时，左手下移的同时也将抓结捋下，从而起到保护作用，防止身体滑坠。

② 单环结下降。在没有下降器的情况下，可用铁锁和单环结连接，替代下降器，其动作要领与利用下降器下降相同。

③ 坐绳下降。首先要做准备动作，面向固定绳端，两腿夹住上方固定好的主绳，将身后主绳沿右腿外侧绕至前面，经腹、胸、左肩至背后，拉至右侧，用右手在膀后将其握住，虎口朝上。动作要领基本与用下降器下降相同。此方法适宜在只有主绳的情况下使用。初学者可用胸绳在上端（右手握绳处）打抓结更安全。

④ 缘绳下降。它主要适用于坡度近 90°角时，方法简单，将主绳在陡壁上方固定，余下的扔至崖下，下降者在主绳上打好抓结，另一端与腰部安全带上的铁锁连接，沿主绳依次向下倒手，在倒手时一手先将抓结捋下，脚也同时向下倒步，两腿稍分开，保持身体平衡。

无论使用哪一种下降法，都应注意以下几点：

- 下降时要有充分的心理准备，消除恐惧，动作准确敏捷。
- 下降要找好路线，以坡缓、支点多为好，路线越短越好。
- 下降时要戴上手套防止擦伤。

绳索回收。下降到达目的地后应收回绳索，能否收回，主要看在上方固定的技巧。

● 活牵引结固定法：将主绳绕突出岩石或树木一圈后，做活牵引结固定。长端扔至崖下，短的一头与辅助绳连并也扔至崖下，下降后只要拉动辅助绳即可收回主绳。

● 双主绳法：在上方凸出的岩石上做一人工支点，用绳套做固定。将双主绳对折挂在绳套上，下降后，拉动有结的一根主绳，便可收回主绳。

4. 渡河技术

在登山过程中，常常会遇到各种各样的河流，由于地形复杂，加上天气多变，河水的流速、水位也变化不定。山地河流通常水急，水温低，河床坎坷不平。因此要仔细观察选好路线，可选择水浅、平缓的地方。过河时最好穿鞋防止伤脚。如河底是淤泥，可赤脚过河。如水深水急，则必须进行有保护的涉水过河，一般有以下几种渡河方法。

（1）徒步、涉水渡河。

① 单人渡河。可用一根长棍，撑着河底过河，木棍的支点应在上游一侧。与两脚成三点支撑。过河移动动作要慢，幅度要小。如水急时，可在腰上系保护绳，防止被水流冲走。

② 双人渡河。两人对面站立，双手相互搭在肩上，做侧跨步前进，但两人要步调一致。

③ 多人渡河。可 3 ~5 人一组，站成一列横队，互搭肩膀面向对岸前进，也可几个人围成一圈，互搭肩膀朝着水流方向像车轮一样转动前进。

（2）木筏子、竹筏子渡河。当遇到水面较宽、水深流急的河流时，可就地取材，制作筏子过河。

（3）架设独木桥渡河。当遇到河面不宽而水深流急时，可选用较粗的木材做桥过河。架设独木桥后，选一个技术较好的队员先过去，做好保护之后，再逐个过桥。

（4）牵引渡河法。当在登山途中遇到水流湍急，河底多碎石，水温低、水深、不宽的河流，可先将绳的一端固定在河岸的大树上，由一人绕道或涉水过河，将绳的另一端固定在对岸的固定物上，使牵引绳在两岸的固定点之间有一定的高度差，其他人可用滑车或铁锁在牵引绳上滑行渡河。

水性好的登山者在夏天可游渡;在冬季,应将棉衣、裤、鞋脱下,过河后立即穿上,防止穿着潮湿冰冷的服装而冻伤。另外,最好在早上通过,因随着气温的升高,河水会上涨。

5. 上升技术

当遇到陡险的山坡、碎石坡、冰雪坡时,为了减少直线上攀产生的难度或危险,可采用一些其他方法。

(1)"之"字形攀登法。就是通过折蛇形路线以降低坡度,安全上攀。

(2)三拍法。这是攀登陡峭雪坡时的基本方法。如在较硬的坡上攀登时,可按以下方法行进:

① 双手横握冰斧的两边,将斧底钉插进斜坡雪内。

② 随即以脚尖用力踢破雪的表层,构成一个支点。

③ 再将另一只脚提上前,踢破另一部分雪的表层,再构成一个支点。

二、攀岩

(一)基本知识

攀岩运动是目前比较普遍的一项运动,是攀岩者在没有外力的帮助下,靠自身的力量利用手和脚向上攀登的过程(松弛的绳子仅仅作为一种保护手段)。现在许多高校都开设了攀岩课程。攀岩运动技术掌握得好坏与否是十分重要的,它是攀登好坏的依据,是提高攀岩能力和水平的关键。攀岩除了要学会每个动作之外,还应综合运用。

攀岩的基本原则如下:

(1)手脚协调统一,平稳移动。

(2)平衡性、灵活性、柔韧性比蛮劲更重要。

(3)保持身体重心平衡。

(4)耐力比肌肉能力更重要。

(5)保存自己的能量,将重力作用在脚上而不是靠手臂的支撑去攀登。

(6)合理运用耐力,减少不必要的能量消耗。

(7)掌握放松的技巧。

（二）基本技术

1. 脚的动作

除非攀登的岩面大于90°角，一般情况下攀岩者主要是靠脚的动作，手只是帮助从一个立足点到下一个立足点时平衡身体。下面主要介绍一些比较实用的方法。

（1）正踩、侧踩。在一般小的脚点上主要有三种踩法：外侧踩、内侧踩、正踩。在踩点时注意踩点的面积，并不是越大越好，应尽可能寻找可发力的部位。

（2）摩擦点。用鞋底的大部分压在岩面上，尽可能产生摩擦力，主要用大脚趾头发力。初学者应有意识地将力量放在踩点的脚趾上，这个动作尤其是在身体悬空时特别有用。

（3）脚后跟钩。这是用脚钩住支点，在有仰角线路的攀登中用得较多，在钩的过程中，伸腿、屈胸，向上直到脚能钩到支点，以保持身体平衡。

（4）交换脚。在移动脚之前选定所要的脚点，应低于手点，以便减少上体紧张。站立和移动时保持脚的绝对平稳，移动时以脚踝为中心，减少上体的运动。

2. 手的动作

手的动作远比脚的动作复杂，根据不同的着手点和攀登要求有不同的握法，不管是什么角度的岩壁，在攀登的过程中都不要握得太紧，应适当放松，让手灵活些，用最小的抓握力保持身体平衡并移动身体。手的动作一般有三种方法。（图2-36）

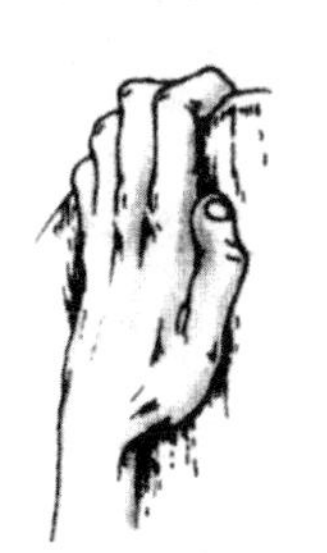
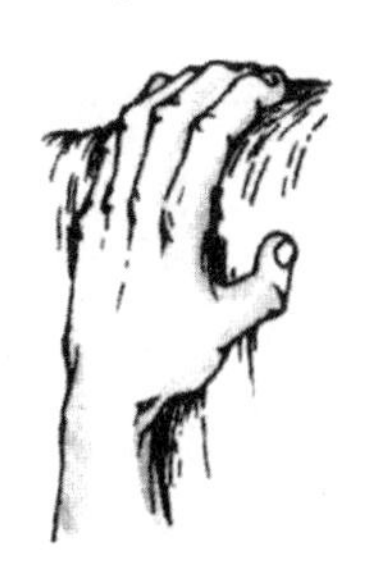
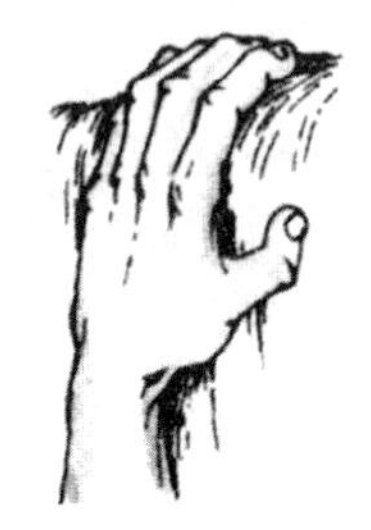

图2-36 手的动作

3. 裂缝攀登

裂缝攀登多数运用在自然岩壁的攀登过程中，它的技术运用是否合理、正确，直接影响到攀登的效果。其最主要的基本手法有抓、挂、捏、拉、挤、撑等。（图 2-37）

基本的脚法有蹬、钩、挂、塞、挤等。在裂缝攀登过程中，应根据不同的情况采用不同的手法和脚法，灵活运用。

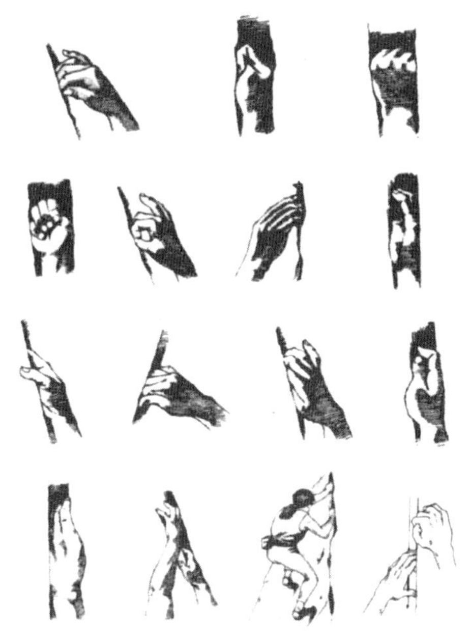

图 2-37　裂缝攀登手法

4. 平衡攀登技术

攀岩的最终目的是将各种各样的攀岩动作组合起来，将它们转化为平衡地向上攀登的运动。

（1）基本要点：

① 找到脚点后应依据技巧平稳地站住，切忌因姿势改变而任意变动。

② 手一般使用推压方式比上拉方式更省力。

③ 不可在一个费力姿势上停留过久，应保持攀登的连续性。

④ 能用脚站立，就不要用手去拉。

（2）在平衡攀登过程中还要掌握两个原则：每次向上移动时，应利用脚来支撑体重，不要用手像拉单杠一样用力，手仅用来维持平衡。因此，攀登时不要一味往上寻找着手点，而是让自己的眼光下移，好的脚点是成功的一半。三点固定：当要移动手或脚时，应先将重心移至其余三点，保持平衡后才可移动。

（3）平衡技术：

① 斜板攀登。身体重心离开岩面，保持身体直立是攀登最基本的姿

势。在高难度的斜板上，如果抓不住上方的点，有时垫高脚就能抓到。为了抬高脚完成动作，这时柔韧性就显得尤为重要。

② 岩面攀登。

- 首先观察路线。
- 当脚移动至下一个脚点时，同时手用力（维持平衡）。
- 然后是锁住。
- 最后把手移至下一个着手点。

在接近垂直的岩面，转动身体，让身体靠向岩壁，这种典型的姿势可减小手心、巴掌向外的拉力，增加往岩壁靠的力量。脚的位置对向上攀登有很大的影响。

③ 仰角攀登。即使是平缓的室内攀岩，有些线路上也有部分区域向外伸，带有一定的仰角，有的整个岩壁都向外伸。在攀岩过程中，虽然不能直接使身体重心落在脚上，但这时脚底功夫就显得比其他因素更重要，因为即使是最薄弱的脚点都会承担许多本是手臂承担的力量。在攀登时，尽可能地伸直手臂，因为手臂弯曲时更容易疲劳。从理论上讲，当腿向上抬时，手仅仅起到平衡身体的作用，它使身体尽可能靠在岩壁上，但这很难做到。同时，最好避免大距离的伸展，因为在整个攀爬过程中，要求有一只手紧紧握住支点，但在头上方向外突出的岩面上很难紧紧地握住支点，因此尽量使手靠近肩膀，肘关节紧靠身体一侧。

当角度很陡，而又需跨越大距离时，上体斜靠岩壁，用一只脚的外侧和另一只脚的内侧紧贴岩壁而站，转髋用两脚蹬住岩壁。向上移动左手，左脚做向下、向里的动作，这就使左脚与紧握点的右手达到稳定，随后右手也可以向上移动。

④ 动态攀登。它是指攀岩者支撑越过一个点到达另一个点的又一种方法。动态攀登范围是 15 厘米，攀岩者完全离开岩壁，跳到所要达到的高度并迅速抓住着手点。动态攀登是许多较大难度的室内攀岩的必备技能。正确地运用动态攀登是攀岩技术的表现，需要身体各部位良好的协调和精确的时间控制。通常情况下，动态攀登是在悬垂区域内进行的，它可以实现两个支点之间的长距离的跨越。

5. 器械攀登技术

当一些岩壁无法用正常的方法攀登时,可以考虑用器械进行攀登。利用器械攀登的方法很多,现介绍以下两种最常用的方法。

(1) 上升器攀登。

将主绳的一端在上方固定好,另一端扔于岩壁下方,将上升器扣入主绳,然后将保护绳套、铁锁、下降器与安全带连接。检查安全后即可攀登。

(2) 抓结攀登。

抓结是指一种绳结,是在没有上升器的情况下采用的。用两根辅助绳在主绳上打成抓结(手握端),另一端打成双套结(连脚端),不断向上攀登。其攀登方法及要领与用上升器的方法一样,都是抬腿提膝使拉紧了的辅助绳松弛,将上升器沿主绳向上推进到不能再推为止,脚随之下蹬,身体重心一侧上移,另一侧也如此动作,反复进行,直至到达目的地。操作时要注意保持身体平衡,始终保持面向岩壁的姿势,动作要协调。

6. 下降

(1) 器械下降。

利用器械下降是最常用的一种方法,它主要是利用主绳与连接于身体上的一定器械之间的摩擦,从而减缓并控制下滑速度达到下降的目的。

① 利用下降器下降。将主绳一端固定在岩壁顶部,将另一端抛到下方,下降者系好安全带,将主绳按 8 字形缠绕于下降器上,然后用铁锁将下降器与安全带连接,左手握住主绳的上端,右手从胯后紧握从下降器穿绕出来的主绳。面向岩壁,两腿分开约 80°角,蹬住岩角,身体向后坐,使躯干与下肢约成 100°角,将上方主绳搭于岩角之上后,便可开始下降。下降时,两脚分开约同肩宽,手拉紧主绳,并将左手上方的绳子搭在岩角上,左右脚上下支撑,用前脚掌蹬住岩壁,开始下降。先臀部后坐,同时右手松绳,两脚随着身体的下降而迅速地向下移步,始终保持身体平衡。

② 单环结下降。是一种在没有下降器的情况下,以铁锁和单环结的连接代替下降器下降的方法。这种下降方法与下降器下降方法相同。

（2）绳索下降。

利用主绳与身体的直接摩擦而下降时，首先面向固定绳端，将身后主绳沿右腿外侧绕到前面，经腹、胸、左肩到背后，拉到右侧，然后用右手在胯后将绳子握住，握绳时虎口朝上。方法与动作要领基本上与用下降器相同。

三、雪地攀登技巧

雪地攀登的最重要的守则是预防滑倒或滑落，万一在雪地上滑落，必须知道如何在最短的时间内控制自己身体的平衡。行走在陡峭的高山雪地里，必须学会一定的方法来保护自己的生命。

（一）冰斧的使用方法

1. 正确携带

携带冰斧一定要小心谨慎，因其利刃和边缘会对你和同伴造成伤害。应在不用时插入背包的冰斧环中，柄尖朝上，束紧在背包上，再用保护套套住鹤嘴、扁头和柄尖。

2. 握法

一是滑落制动握法：大拇指放置在扁头下方，手掌和其余四指在柄头部握住鹤嘴。（图 2-38a）

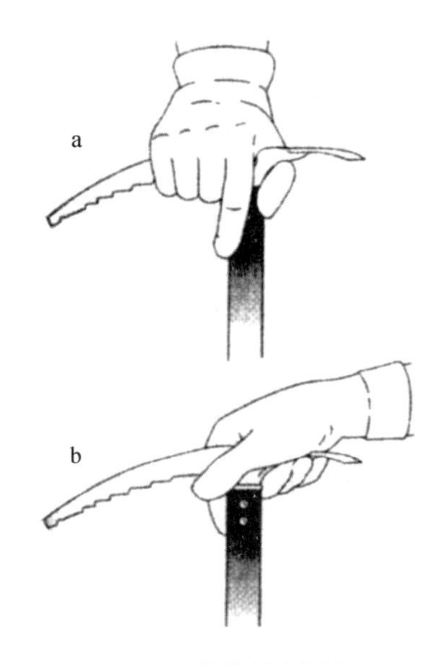

a. 滑落制动握法
b. 自我确保握法

图 2-38　冰斧的握法

二是自我确保握法：手掌撑在扁头上方，大拇指和食指垂在鹤嘴下面。（图 2-38b）当使用自我确保握法时，一旦跌倒，必须要有能力迅速更换成滑落制动握法。

（二）自我确保动作

自我确保动作可以防止没踩稳或小滑落转变成严重的跌落。这时

a. 行进时 b. 跌倒时 c. 重新稳住

图 2-39　自我确保动作

双脚站稳，然后将冰斧的柄尖和握柄直直地压入雪地。

在行进时，持续用上坡手握住冰斧的头部，插一次走一两步。当滑倒时，一手抓紧冰斧的头部，另一手要握住露出雪面的握柄。如果自我确保失败，必须立即进行滑落制动。（图 2-39）

（三）滑落制动

一旦跌倒滑落，生命安全就全靠制动技巧保障。制动可以阻止坠落，其动作要领如下。

（1）脸部朝下向着雪面，把冰斧压在身下。

（2）一手以滑落制动手法握住冰斧，另一手握住柄尖处。

（3）将鹤嘴用力压入雪地，使扁头靠近颈部和一边肩膀所形成的角。

（4）握柄斜越过胸前，在接近另一侧臀部处握住。

（5）把胸部和一边的肩膀用力压在冰斧的握柄上。

（6）头部朝雪面，不要向上望，让安全头盔的边缘接触坡面。

（7）脸部几乎贴在雪面上。

（8）背脊要稍微拱离雪坡。

（9）两膝抵住雪面，减缓下滑速度。

（10）双腿伸直往外张开，脚尖插入雪地。

（11）滑落制动方式的选择，取决于坠落时的身体姿势。可分为四种：头上脚下，头下脚上，脸部朝下，背部着地。

① 头上脚下，面向雪地：这是最理想的姿势，只要把鹤嘴插入雪地即可。

② 头上脚下，背向雪地：首先要翻转身体后才能制动。（图 2-40）

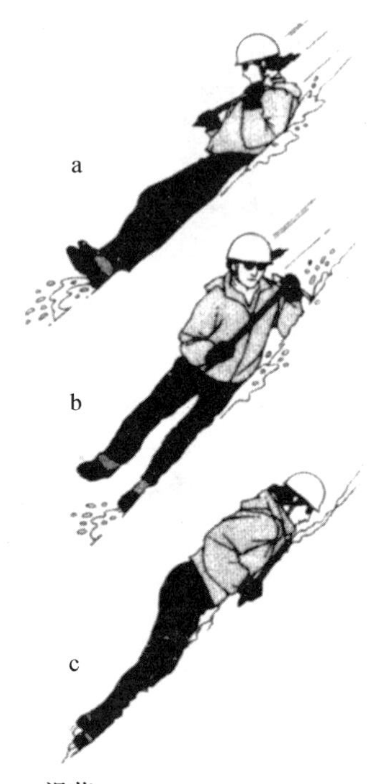

a. 滑落
b. 冰斧鹤嘴插入雪地，以其为轴翻身
c. 完成滑落制动

图 2-40 头上脚下、背向雪地滑落时，正确的滑落制动步骤

③ 头下脚上，面向雪地：首先将双手伸出握住冰斧头部，将鹤嘴插入雪地，充当身体反转的轴心，接着摆荡双腿，使身体成第一种姿势后制动。（图 2-41）

④ 头下脚上，背向雪地：将冰斧握紧横在躯干上，猛力翻身，同时将鹤嘴插入雪地，然后用第三种方式制动即可。（图 2-42）

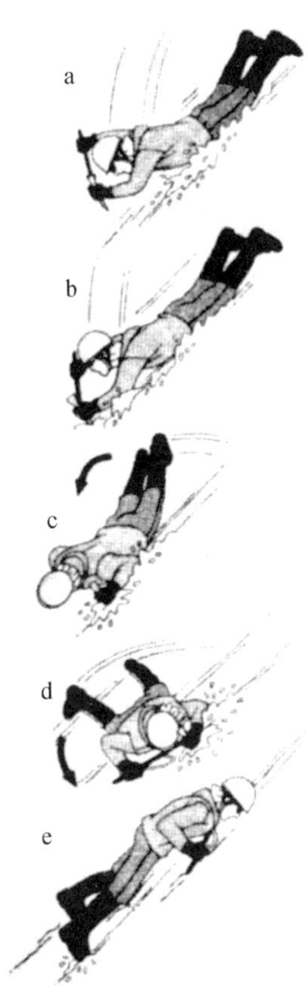

a. 抓稳冰斧
b. 把冰斧鹤嘴插入雪地
c. 以鹤嘴为轴转动身体
d. 摆荡双腿，让双腿朝下
e. 完成滑落制动

图 2-41 头下脚上、面向雪地滑落时，正确的滑落制动步骤

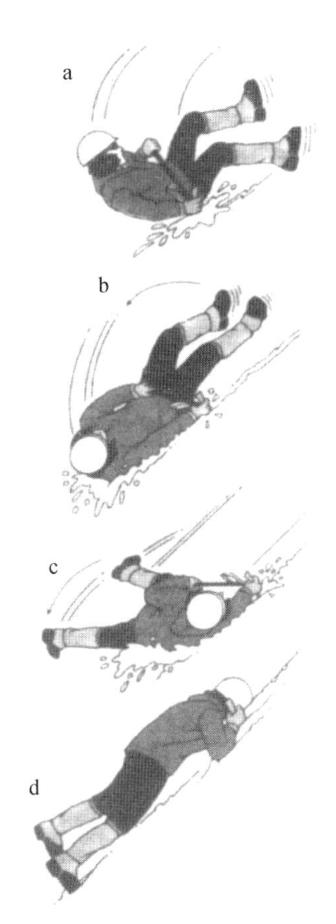

a. 把冰斧鹤嘴插入雪地
b. 以鹤嘴为轴，转动并翻身
c. 摆荡双腿，让双脚朝下，并且将胸膛拉近鹤嘴
d. 完成滑落制动

图 2-42 头下脚上、背向雪地滑落时，正确的滑落制动步骤

（四）攀登雪坡

攀登雪坡时,需要一套特殊的技巧,而且技巧会因雪坡的软硬和陡缓而异。攀登的方向可以是正面向上或斜行向上。

（1）平衡攀登：在攀登时保持平衡可以避免滑落。平衡攀登是指每个移动都是由一个平衡的姿势转移到另一个平衡姿势的过程。（图2-43）

a. 保持一个平衡的姿势插入冰斧
b. 跨出一步，就成不平衡的姿势
c. 再向前跨出另一步，回到平衡姿势

图2-43　在雪中斜行上坡并保持平衡

（2）休息步法：这是一种保持体力的技巧，可以长时间维持适当的步速前行。

（3）踢踏步：这是开出一条往上路径时用力最少的方法。跨出一条腿，以自己的重量和冲力来踢出步阶。

（4）直线上坡：在长程雪坡攀登中，速度是必须考虑的重点，直线上坡有三种方法。

① 持杖姿势：适用于坡度平缓或中等雪坡。（图2-44）

② 双手持把姿势：当雪坡愈爬愈陡时可用这种方法。（图2-45）

③ 水平姿势：适用于坡陡、较硬，但表面有一层软雪覆盖的雪坡。行进时，一只手用制动握法，另一手抓住斧柄（垂直于身体），双手把冰斧插入雪地。（图2-46）

④ 斜行上坡：在时间和天气状况许可时，可以采取距离较长的斜行上坡，以“之”字形的方式攀爬中等坡度的雪坡。

图 2-44　**持杖姿势**

图 2-45　**双手持把姿势**

图 2-46　**水平姿势**

（五）雪坡下降

面对下坡时的陡峭、暴露感大的雪沟，许多原本胆大的登山者也会感到恐惧。这时的下降技术和信心十分重要。

1. 踏跟步

下坡时采用何种技巧，和上坡时一样取决于雪地的软硬度和角度。如果是坡度低缓的软雪地，只要面向外走下去即可。如果雪地较硬、较陡，不妨利用踏跟步的方法。即单手握住冰斧（滑落制动）并插入雪地，踏出的脚以脚跟着地并打直，移动时两膝弯曲，不僵硬，身体稍微前倾以保持平衡。（图 2-47）

a. 在中等坡度踏跟步

b. 在较陡的坡上自我确保

图 2-47　**雪坡下降**

2. 滑降

滑降是一种最快速、简单、有趣的下山方式,适合于能掌握速度的雪坡上。但不要在有裂隙或雪檐地形上滑降,只能在下坡尽头安全且距离较近的地方施展,即使失控也不会受伤。

(1)滑降的动作要领是:首先调整装备,脱掉冰爪,连同其他坚硬的东西一起放进背包。穿好雨裤防止裤子弄湿,或戴上手套。其次要掌握好冰斧。最后可以混用几种技巧来提高滑降效率。

(2)滑降的主要方法有三种。(图 2-48)

a. 坐式　　b. 站式　　c. 半蹲式

图 2-48 滑降

① 坐式滑降:它适用于软雪坡。要求坐姿挺直,双膝弯曲,鞋底贴着雪地表面,以滑落制动握法握住冰斧,可把柄尖插入雪中来控制速度。

② 站式滑降:它是最具机动性的滑落技术,也是最能避免弄湿衣服和磨破衣服的方式。它的技术和滑雪下坡颇为相似。要求两腿半蹲,膝盖弯曲,两手向外张开,双脚并拢或分开都可以,其中一脚稍前不但更稳,也可以防止身体头上脚下地往前栽落。

③ 半蹲式滑降:它比站式滑降速度慢,也较好学。要求在站式的基础上身体向后弯下来,以滑落制动方式握住冰斧于身体一侧,并将柄尖插入雪地。

(3)爬坡下山:当觉得滑降或踏跟步都不够安全时,可以面对雪坡、背部向外往下爬,直接向雪坡踢出步阶,此时要用双手把持冰斧来自我确保。

（六）绳攀技巧

1. 团队制动

在冰河攀登时通常会系上绳索，以防止跌落冰隙。但危险也不小，当一人跌倒时会产生连锁反应，影响其他成员，成员之间的间距不得小于9米。当要穿越一小块必须被跨越的冰地时，绳子的两端分别拴牢在固定点上，能使行走保持稳定。

通常把最弱的队员放在绳队最后，即上坡时为最后一个，下山坡时最前头一个。这样可以使这位队员的跌落造成的伤害最小。

2. 行进确保法

行进确保法能提供中等程度的防护功能，它介于团队制动和固定式确保法之间。领队视需要在雪地上埋设确保装置，用钩环将绳索扣在每个设置好的确保装置上，中间队员行抵每个固定点时，将他们前方绳子上的钩环解开，改扣在他们后方的绳子上，绳队最后一名队员要负责拆除所有装置。（图2-49）

图2-49　行进确保法固定点的连接方式

3. 混合式防护技巧

在攀登长距离的雪坡路线时，都要快速行进以求攻顶。攀登者通常会结绳或不结绳行进，在较陡、较硬的雪坡上使用行进确保法。要注意，折返永远是值得考虑的选择。

四、高山冰攀技巧

在许多崇山峻岭的山顶或周围以及高海拔的地区都会出现冰的踪迹，而培养冰攀技巧可以增加探索它们的机会。凭借适当的技巧，也可以让冰变成另外一条通往高山的道路。攀登者除了要利用很多在攀岩和雪地里学到的技巧外，还要掌握在冰上使用的特殊工具和技巧。

（一）冰攀工具

冰攀工具的握柄比冰斧要短。通常为50厘米长，重量在680～907克之间，不像冰斧，其鹤嘴相对边也可以是锤头，而非只是扁头，其头部还可以互换组合。（图2-50）

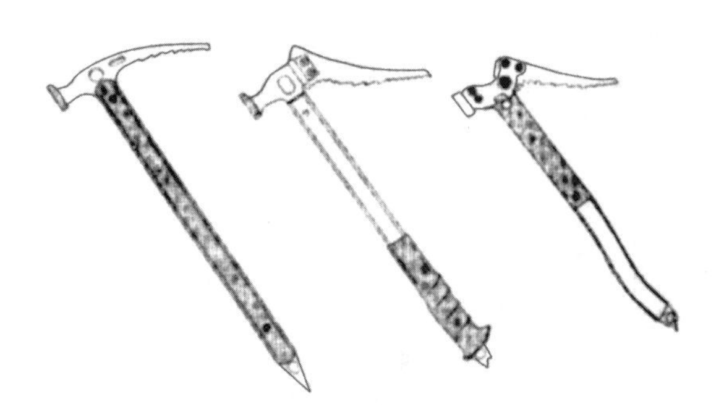

a. 北壁冰锤　b. 半组装式冰锤　c. 组装式冰锤

图2-50　冰攀工具

（二）冰攀技巧

（1）不穿冰爪攀登：它适用于较平缓且短距离的冰地或冰坡，而在较陡的坡度上，则需要砍出步阶才能顺利通过。

（2）冰爪攀登：一般适合于坡度陡、安全系数低、较困难的冰攀过程，目前有以下几种攀登方法。

① 法式冰攀：也称为脚掌贴地，这是攀登平缓到陡峭的冰面或硬雪面时最容易、有效的方法。

② 德式冰攀：也称为前爪攀登，是将冰爪的前爪齿钉踢入冰面，然后直接依靠它站立。这一方法不但需要平衡感和韵律感，而且还要把身体重量平衡地放在冰爪上。一般的攀登者可以利用它克服法式冰攀技巧无法克服的路段。有经验者可以利用它登上最陡峭、险峻的冰峰。

③ 美式技巧：俗称混合技巧。

无论采用哪种技巧，最重要的是在使用冰爪时要快速而有自信。这些技巧的任何一种都不限于在特定状况下使用，而且各种技巧在许多冰地与雪地上都很有用。当在垂直冰壁上攀登时，要在前爪攀登中结合使用两个冰攀工具的曳引姿势。

（三）下降技巧

一般来说，上山容易下山难，其方式也有多种，如法式、德式，其动作顺序与攀登方式相反。

（四）绳攀技巧

冰攀者通常会结绳攀登，可以使用一条标准的单绳，也可以使用两条绳索。

1. 冰地固定点

在冰壁上设置固定点是攀登中安全的重要环节。有天然固定点和利用冰螺栓固定点两种。

（1）天然固定点：在冰天雪地的高山峻岭中，很难找到现成的天然固定点。好的天然固定点往往是路线旁的岩石或突出的岩块或树木等。

（2）冰螺栓：其设置方式有多种变化，必须考虑多种情况，如冰的性质如何，深度如何，能承受多大力量，施力方向如何等。因此冰螺栓的固定也是比较复杂和费力的事。

2. 设置冰地固定点

冰攀者在进行确保或垂降时，有几种固定点装置可供选择，包括V字线、冰栓等。

（1）V字线固定点：这是一种很受欢迎的确保装置，它既简单又容易架设，它是由苏联登山专家维塔利·阿巴拉克夫于1930年发明的。它就是钻入冰里的一个V字形通道，加上一条辅助绳或伞带穿入通道后打结所形成的绳环。

（2）冰栓：这是冰攀的固定点装置中用途最广的一种。如果把一个拉力向上、另一个拉力向下的冰栓连在一起，就会形成一个多方位的确保点，但冰栓的唯一缺点是设置相当花费时间。

3. 冰地确保

冰地确保和其他攀登形式一样，可以采用行进确保法和固定确保法。此外，冰攀者也可以选择靴子与冰螺栓并用确保法。无论是冰攀、雪攀、攀岩，它们的确保方式大同小异。

（五）垂降

在陡峭的冰壁下降时，垂降是最常用的方式，冰地的垂降和攀岩时的垂降一样，只是在固定点的选择上有很大差异。攀岩时多半可以利用天然固定点，但在冰攀时往往需自行设置固定点，使用最广泛的垂降固定点是V字线固定点和冰螺栓。冰螺栓通常用作冰地固定点的后备。

冰攀的技巧和信心来自长时间的练习，评估与判断状况的能力来自多年的经验。如果条件允许，最好有个固定的攀登伙伴可以一起练习，合理、熟练地掌握技巧，提高安全性。

第三节 漂流、溯溪、溪降

在崇山峻岭、高山峡谷中，人们能看到许多水流湍急的江河和地形十分复杂、行走十分困难或无路可走的溪谷，甚至许多地方还是地球上的处女地。漂流、溯溪和溪降就成为人们探索自然奥秘的探险活动。

一、漂流

（一）基本知识

1. 漂流探险的含义

漂流曾是人类一种原始的涉水方式，它是一种冒险，但绝对不是玩命。漂流又是一种体能与胆量的挑战，在你寻找刺激、享受快乐的同时，更要注意安全，并需要掌握一定的技巧。驾着无动力的小舟，利用船桨控制方向，在时而湍急、时而平缓的水流中顺流而下，在与大自然的抗争中演绎精彩的瞬间，这就是漂流——一项勇敢者的运动。漂流又分为大家都可以参与的危险性很低的旅游地的漂流娱乐和野外充满危险甚至有死亡风险的探险漂流。这里主要谈探险漂流。

漂流运动自20世纪50年代起在我国兴起，作为探险运动，则要到80年代中期才开始受到关注，并在短时间内取得了很大进步。随着社会的发展、生活水平的提高，回归自然、挑战自然成为现代人追求的时尚，探险漂流运动以其特有的运动形式成为人们融入自然、挑战自然的新兴运动。

2. 基本装备

选择一套适合于自己的漂流探险装备，对于进行这项探险运动是十分重要的。由于漂流的方法、用具很多，这里只介绍部分单人漂流用具。

（1）防水服。在漂流探险过程中，如遇到又湿又冷的情况，一般的运动服是不起作用的。有一件好的防水服装就不怕冷水和潮湿，这种服装主要是用粗纤维和坚固的胶乳帆布来御寒防水。

（2）手套。除了在炎热的夏天外，手套通常很受漂流者的欢迎，一副好的手套能让手保暖，不致起水疱，同时使划桨更省力。

（3）背包。必须选购一套既能保持干燥，又能肩背和手提的背包。

（4）水上运动头盔。对于漂流探险者来说，高质量的头盔非常必要，可以保证人身安全。

（5）收口包。对于短程漂流探险来说，此包可装大量物品而不占地方，而且能使包内物品不被水弄湿。

（6）漂流靴。3 毫米厚的氯丁橡胶靴垫让脚即使在冰冻的水中也能充分保暖，同时耐磨的靴底能使脚在岩石上得到保护。

（7）救生衣。救生衣是必须带的，以防不测，它对于落水的人来说是生命的保护神。市场上救生衣的功能基本相同，但在舒适性这一重要指标上却各有差异。要挑选肩部、腰部和两侧都可调整，腋部开口宽松的救生衣，其中萨波救生衣穿着较舒适。

（8）沃纳交叉桨。这是一种易于储藏的拆装式船桨，无论在波涛惊险的急流中还是在风平浪静的水面上，都能提供足够的动力，而且价格实惠，对初学者也很适合。

（9）橡皮筏。橡皮筏的适应性很强，即使遇到较大落差的瀑布或是险峻的河谷，也总能化险为夷。因为橡皮筏的柔韧性很好，又有充气囊可以以柔克刚，一般的礁石奈何它不得。橡皮筏上一般都配有桨板。目前比较好的有艾尔公司制造的爱斯基摩式可充气筏子，艾尔是一位世界著名的充气式筏子的漂流高手。经过改进的漂流筏，从船尾到船头渐渐变窄的构造有助于克服空气阻力、加快船速及增强破浪感。这种筏子一般可乘 6 ~ 8 人，有些大的筏子可乘 10 多人。

3. 探险漂流的注意事项

（1）漂流的时间一般选择 4 月至 10 月。

（2）漂流前的准备工作要充分、仔细，包括学会游泳等。

（3）出发时最好携带一套干的衣服，以备上岸时更换。

（4）漂流过程中尽量少带东西，尤其是一些贵重的、需要防水的物品，只带上必需的满足探险考察之用的物品。

（5）上船的第一件事情就是穿好救生衣，找到安全绳。

（6）在漂流探险过程中，要密切注意观察河床的情况（斜度）、河床的平整度、河床的构造（宽窄度）和水的流量。

（二）应急技术

1. 游过急流

尽管游过急流被认为是危险的，却往往很有效。

（1）冷静面对：应冷静面对急流，用脚避开前面的岩石，向后轻轻斜靠,让桨为自己把握方向。

(2) 屏住呼吸:在大的波浪中深呼吸,然后屏住呼吸面对浪尖的泡沫,一直等到急流进入岩边旋涡或退回船上。

(3) 远离船只:最可怕的是挤在船只和岩石之间。因此要远离船只,特别是在顺流的一侧。必要时举起桨求救,竖直举起的桨标志着告知别的船只,此处仍有一人困在船上。

(4) 防止体温过低:冰冷的水在不到 10 分钟的时间就可耗尽人的体力,应特别小心。应对远程游泳,应实施针对预防体温过低和受到冲击的保护。

2. 与岩石相撞

如果发现不能避开岩石(这种情况经常出现)时,可以在碰撞前调转船头或让船头撞上岩石。

(1) 掉转船头:掉转船头,轻轻旋转船,绕开岩石。

(2) 船头撞上岩石:船头撞上岩石应立即让船停下,但仍可通过一些旋转来调整航线。

如果船侧有岩石,全体乘员最好在撞上之前,立即跳到离岩石最近的船侧。乘员的重量将会让顺流而下的船绕开岩石。否则,水将升起抵挡逆流,吸下船只,在岩石旁平整地包住船。没有被包住的船通常能摆脱困境。

3. 发生沉陷

如果像上面所说与岩石相撞发生沉陷,就应用绳子从岩石上寻求帮助。一条这样的船常常被几吨的力量缠绕,但通常有一处没有这么严重。具体措施如下:

(1) 用一根粗绳绕成 D 形状,穿过水道(必要时可在前端打个孔)或船后侧的船架。

(2) 可以用一个拉力系统(由蝴蝶状的环或卡宾轮组成)帮助提升。

(3) 尽力拉起船,离开水域,用船头或船尾的绳帮助拉向岸边。

(4) 如果以上所有努力均失败,则让人和物品在岸边排成一条线,等水位变化。在急流探险中避免让船沉陷时是最危险的,应牢记每个人的生命比让船远离岩石更重要。

4. 船陷入旋涡

除非船凭借着很大的惯性冲过旋涡,否则卷曲的波浪会撞回到船上而使其停下来,水也会立即灌进舱内,从而让船猛烈地旋转乃至倾斜。一些旋涡甚至会掀翻船。当然这并非很常见,因为船会因浸泡而加重。

这时应用桨或橹划动顺流的水以从旋涡中脱身而出,尽管旋涡表面的水通常都是逆流,但其实在其下层及旋涡的旁侧都有顺流。万不得已,用岸上的绳子也可把船从旋涡中拖出来。

5. 倾覆

倾覆主要是由诸如大的旋涡、波浪、单侧的波涛及障碍物(如石头或倒下的树木)所引发的。

(1) 首先试着跳开以避免撞击到障碍物上。

(2) 如果确定不会陷入船与石头之间的逆流中,应尽量浮在水面上。

(3) 可上岸避开这一段急流水域。

(4) 尽量保持与同伴一起行动,如果有人失踪,应检查船下以确定其是否被绳索或衣物缠住(这就是为什么必须确保没有松散的绳套)。不要担心装备,首要的是确保每个人员的安全。

(5) 由于从倾覆的船内游向岸边很困难,通常需要其他船只的帮助,且应在远离急流的平静水面操作。救援船逆水接近,捞起倾覆船只的一条缆绳,再将之牵往岸边。其余船只也应沿途搭救落水者,并尽可能快速清点人数。

6. 靠岸

(1) 在漂流探险中,急流与瀑布是不可避免的,在无人的急流区应系上救生绳以帮助船驶过。

(2) 在岸上对船保持监控,切记不可把绳索套在自己身上,在绳上打个结或将绳绕在树上都有助于控制船。

(3) 靠岸时务必带上所有物品。

二、溯溪

（一）基本知识

1. 溯溪的含义

所谓溯溪，是由峡谷溪流的下游向上游行进，克服地形上的各处障碍，溯水之源而登山之巅的一项户外探险活动。这原是流行在欧洲阿尔卑斯山脉一带的登山方式，后演变为相对独立的户外探险运动。20世纪60、70年代在日本盛行，70年代后传入我国。在溯溪过程中，溯行者必须借助一定的装备，具备一定技术，去克服诸如急流险滩、深潭飞瀑等许多艰难险阻，充满了挑战性。也正是由于地形复杂，不同的地方须以不同的装备和方式前行，因而这项活动富于变化而魅力无穷。溯溪活动需要同伴的密切配合，发扬团队精神，去完成艰难的攀登，对于溯行者是一种考验，同时又令人得到一种信任和满足感，是一种克服困难后的自信与成就感。一处壮美的瀑布在溯溪人眼里便是悬崖。在潮湿而又长满青苔的瀑布里攀岩是一种新的挑战。奔腾的急流和艰难的攀岩在此相伴相依，非常刺激而又充满活力。当然，在刺激生命的冒险来临时，溯溪者应永远保有对一切困难的主动权。所有困难都是未知和难以预料的，但都是促使溯溪者思考和向上的动力，这就是溯溪的魅力。

溯溪是集登山攀岩、露营和野外生存等综合技能于一身的一项全身心的活动，其危险性较其他活动相对要高。因此，溪流的选择，队伍的组成，溯溪季节的考虑，资料的收集，路线的决定，交通问题的解决，装备的整理，粮食的计划与采购，药品的准备，溯溪人员的职务分配，这些都是参与者和策划者不得不慎重考虑的事项。

2. 溯溪的分级

（1）初级：1 000米以下，一天或半天可以往返，流程起伏不大，适合于新手建立信心和培养兴趣，强度和危险程度较低。

（2）中级：两天至三天的行程，具有相当程度的瀑布，深潭峡谷地形，颇具难度且需露宿的行程。可进一步让新手了解溯溪的实质意义，强度及危险程度较高。需经验丰富且有一定技能的专业人士参与方能进行。

（3）高级：2 000 米以上，需 4 ~ 5 天行程，有高大瀑布、深潭峡谷地形，具有难度且须紧急露宿的行程的溪谷。需技术熟练和体能良好的从业人士才能进行探险体验，挑战性极强，当然刺激、收获也是最多的。

3. 溯溪的装备

由于溯溪潜在性的危险，需要有一些专用装备来保护身体和物品，尽量减少外来的伤害。原则上其装备是攀岩和登山的器材、水上设备，再予以防湿处理。初学者最好跟随溯溪专业人士一起溯溪，可以减少许多麻烦，但一些基本装备是必不可少的。

（1）溯溪鞋：这是一种潜水质布料的鞋，既可阻滑，又可保暖，选择抓地力较强的为佳。

（2）护腿：这是一种潜水质布料，除了防寒外，还可防杂木、石头碰伤、割伤，分为长筒和短筒两种，长筒还可护膝。

（3）头盔：可用轻便的攀岩用岩盔或国内的工程帽替代，以保护溯溪者滑落或落石袭击。

（4）直式背包：以能容纳溯溪装备及基本登山必备用品，大小适合为宜。

（5）防水内袋：溯溪有时得在深潭峡谷泳渡，背包下水是经常之事，为达到防水防湿的效果，在背包内需加装一个防水内袋。

（6）排汗内衣：在溯溪过程中，其衣服要求快干保温，切忌穿牛仔裤，适宜穿伸缩性较大的服装。

4. 溯溪种类的划分

溯溪的种类可以简单地分为完全溯溪、段落溯溪。

（1）完全溯溪就是沿着溪流的下游直溯而上，直至顶峰，难度最大，但是成就感和收获也不是一般运动可以比拟的，不少顶峰都拥有绝色风景，而且人迹罕至，犹如人间仙境。

（2）段落溯溪可以说是完全溯溪的普及版，就是选择一段溪流溯行，可上可下，主要还是享受露营的乐趣，顺便欣赏飞瀑峭壁等美景。

专业的溯溪要用到许多不同的技术来完成移动的目标，譬如背着行囊横跨溪流,游进较深的水潭,在岩石间跳跃前行,通过绳索攀爬瀑布或峭壁,而暗流和峭壁、山洪暴发都可能让溯溪者吃尽苦头,甚至危及生命。溯溪整合了登山、攀岩和游泳等户外运动的精髓,而除了体力、耐力外,勇气与团队合作也相当重要。

5. 溯溪的注意事项

(1) 参加溯溪之前,应阅读有关溯溪技术的书籍,学习各种攀爬技术。

(2) 溯溪活动一定要结伴组队,切忌单独进入溪谷中。

(3) 溯溪活动之前要做好充分的准备,计划好路线与临时撤退方案等。

(4) 队伍中要有资深专家或有经验者指导,这是非常重要的。

(5) 溪谷中的天气、地形特点及变化,都要认真研究清楚,掌握使用地图的技术。

(6) 发生意外时切莫慌乱,一定要视情况的轻重缓急决定继续还是中止,要将伤害降到最低程度。

(7) 绝对不可以摸黑赶路,因为溪谷中高低不平,情况复杂,极易发生伤害事故。

(8) 溪谷中理想的宿营地不多,如果傍晚前找不到适合的宿营地,就要及早考虑野外宿营的可能性。

(9) 天气转坏时,一定要及早考虑上游地区的天气情况,尤其是南方山区及多雨地区,因为有些时候在上游下一点雨就可能导致山洪暴发,这也是溯溪者面临的最大危险。

(10) 选择营地时,要考虑溪水上涨的可能,绝不能设在低洼处或孤立的岩石上,最好能有撤退路线,以防万一。

(11) 发生灾难时,可向当地派出所报警请求帮助,及时拨打求助电话或发出 SOS 警报,出发前可自行购买短期出游意外保险。

(12) 在涉水时要选择水较浅、水流平缓处,以免发生溺水事故。

(13) 当下大雨时,应当绕开须涉水过河的路线。若发现水位上涨,切不可冒险强行涉水。

（14）应避免在水急、水深处取水，以免跌入水中发生意外。

（15）为防范迷路，坚持原路返回的原则。

（16）雷雨时应防雷击，应远离大树，避免站在开阔地，远离水边，不要随身带着金属物品，停止钓鱼，暂时关闭无线电通信等。

（17）防虫、蛇、蜂、蚂蟥等叮咬。

（二）基本技术

溯溪的技术除了基本的登山技术外，还有攀登瀑布的技术。因此，单从技术角度而言，溯溪比登山更为复杂，要求更高。其技术大致可分为溯溪图的判读，登山技术，具有溯溪特点的技术，即岩石堆穿越、横移、涉水泳渡、瀑布攀登和爬行高绕等。登山技术的基本要领为前述的“三点固定法”。（图 2-51）

图 2-51 溯溪

1. 岩石堆穿越

峡谷溪流中多为滚石岩块，且湿滑难行，行走时应看准、踏稳，避免因踏上无根岩块跌跤或被急流冲倒。

2. 横移

在岩壁瀑布下深潭阻路,可尝试由两侧岩壁的岩根横移前进。岩石多湿滑,支点不稳,横移时须特别谨慎,有时支点隐藏于水下,此时以脚探测摸索移动,若特别困难,可直接涉水或泳渡。

在溯溪过程中应尽量避免湿水,一般峡谷中大多阴凉潮湿,湿水后衣服、鞋子等不易干,容易疲劳,脚长久在潮湿的鞋中易起疱,所以非迫不得已不要湿水。

3. 涉水泳渡

涉水或泳渡时,必须判定水流的缓急、深度、有无暗流,必要时借助于绳索保护技术。在溯溪过程中经常使用绳索横渡过河,涉及一系列的绳网、绳桥等技术,这里不作详细介绍。

4. 瀑布攀登

这是溯溪过程中最刺激,也是难度最大的技术,攀登前必须事先观察好路线,熟记支点,要充分考虑好进退两难时的解决办法。瀑布主体水流湍急,但苔藓少,有时反而容易攀登。瀑布攀登虽然刺激,但难度大,经验和技术要求较高,不具备娴熟技术和经验的初学者不要轻易尝试。

5. 爬行高绕

当瀑布绝壁无法上溯时,可以考虑采用爬行高绕的方式前行。即从侧面较缓的山坡上绕过去,高绕时小心在丛林中迷路,同时避免偏离原路线太远,并确认好原溪流。

三、溪降

(一) 基本知识

1. 溪降的含义

溪降是指在悬崖处沿瀑布下降的运动,与溯溪运动方向相反。1996年6月,溪降由法国探险家克尼格传至国内。由于长期被瀑布冲刷的石头很滑,长满青苔,再加上溪水对下降者的冲击,会影响判断力,所以溪降比普通的岩壁下降更富变化，更具挑战性。曾经玩过溪降的运动员认为，只要身体健康、拥有足够的信心，溪降其实感觉妙极了，就像在瀑布里轻歌曼舞一般。

2. 专业装备

溪降的基本装备和溯溪大致相同。由于溪降潜在的危险性，必须配备一些专业的装备和保护用品。

（1）坐式安全带：这是登山和攀岩活动中不可缺少的装备之一，主要是保证绳索和溪降者之间的连接。分为胸式和坐式等，可根据需要选择。

（2）铁锁：由合金制成，重约 100 克，可承重 2 吨，它是连接岩壁和绳索、绳索和安全带的主要设备。

（3）专业溪降静力绳：瀑布溪降应选择 50 ~ 150 米长，直径 9 ~ 12 毫米的由合成纤维制成的溪降静力绳，具有防水防冻功能。这种绳主要依靠进口，价格昂贵，使用寿命有限，可承受 2 ~ 3 吨的拉力。

（4）单绳下降器。一般采用 9 ~ 12 毫米单绳下降器，里面有 2 个小滑轮，绳子缠绕在滑轮之间，制动把手松开即停，方便使用者腾出双手应对紧急事件，多用于探洞、溪降等垂直下降及工业生产，专业人士用猪鼻扣式 8 字环。

3. 溪降的分类

溪降可分为三类，分别为利用下降器的溪降、悬崖跳水和滑降。

（1）利用下降器的溪降。这是比较正式的方法，通常选择落差较大的瀑布（至少在 15 米以上），利用下降器从瀑布上端降至下端的深潭，需要下降者较好地掌握技术。

（2）悬崖跳水。在一些瀑布较小的区域，不用下降器，干脆从溪谷中的深潭上方跃入水中。一般来说为了确保安全，选择跳水的悬崖，首先必须探测悬崖高度和下方水潭的深度。如 5 米左右的悬崖，潭水深 2 ~ 3米即可。悬崖高超过 10 米，则潭水深至少 5 米以上，且动作必须正确。

（3）滑降。利用溪谷中水流冲刷形成的自然光滑岩面滑下，类似游乐园的滑梯或游泳场的滑水道，它是溪降中的另类玩法。通常有两种姿势：一种是匍匐、头向下游，两臂、两手前伸，坐“飞机”；另一种是仰身、手抱头、脚在前滑下。滑降的地形应较平滑，忌有突出明显的尖棱角岩块，坡度不宜太大，高度不宜过高。

4. 注意事项

（1）在进行溪降之前，应先学会速降，它们的技术动作十分相似。

（2）在溪降之前应先了解潭水深度及水温，否则容易因水凉抽筋。

（3）在溪降之前要学会掌握横移和攀登的方法，学习正确使用保护装备。

（4）下降时，一般应避开瀑布的水流主体而选择水流较小的路线，注意岩石、裂缝、陡坡、水流的冲击。

（5）一般大的瀑布下都会形成水潭，要探明地形，这样可以保证在降下后，选择正确的方式安全出水。

（二）基本技术

主要是利用下降器溪降，基本技术与攀岩中的下降相似，这里不作具体介绍。

第四节　驾车越野探险

一、基本知识

（一）驾车越野探险的含义

随着汽车工业的飞速发展，孩提时拥有一辆汽车的梦想已经变成了现实。据公安部统计，中国的汽车保有量现已达 3.19 亿辆，许多人已经把汽车作为平常的代步工具。

一旦有了自己心爱的“宝马”，车轮下的路就会无限地延长，就会想走出城市，走进大山，甚至还会走向天南海北，游历名山大川，每条通往异乡的路都会让人心生向往，都会激发人们探寻的欲望。中国无处不在的美丽风光总会让人浮想联翩。400 多年前的徐霞客，徒步穿越无数名山大川，我们现今有了四个轮子的代步工具还等什么，还怕路途遥远吗？

走吧，路就在眼前，走吧，油门就在脚下，拥有一辆越野车，驾车走南闯北，越野探险，成了勇敢者的又一选择。

（二）基本条件

（1）首先要有一辆性能良好的汽车，有越野车更好。有些路况较好，运动型多功能车（SUV）也可以。

（2）探险者要求身体健康状况良好，无不适长途跋涉的病症（包括高海拔地区），以充分保证人员的出行安全。

（3）探险者要有足够的时间来进行这种长途跋涉，少则几天，多则几十天，甚至几个月。

（4）驾车越野探险，最好是几辆车组队前行，尽量不要单车冒险，一旦发生意外，相互之间可以帮助或救援。

（5）每辆车必须有两名以上具有相当技术水平的驾驶员，在长途驾驶过程中，相互交替，避免疲劳驾驶。

（6）为了使整个车队越野探险安全顺利地进行，最好配备一名医务人员及一名汽车修理人员，并随车携带一些汽车易损的配件，以备急用。

（三）出发前准备

出发前要做好详细、充分的准备工作，对各方面的问题和困难都要有充分的考虑。

（1）出发前要有一份详细的计划书，包括本次行程大约多少千米，需要几天时间，每天的行程情况，沿途的休息、吃饭、住宿安排，一路上的风土人情、地方特色、美丽的自然风光简介等。

（2）对每辆车要进行检修保养，确保车况良好，适合这些探险的需求，要把车辆控制在零故障，以确保探险活动的顺利进行。

（3）出发前，对探险者要提前进行有针对性的体能训练，重点进行一些有氧耐力训练,如长跑、游泳、功能自行车、羽毛球、篮球等,如有登山探险项目,则要进行一定的爬楼梯训练,提高专项素质。

(4) 对所有人员要进行安全、纪律及卫生教育,包括行车途中、探险过程中等方面。安全第一,生命是最宝贵的,所有活动都要从安全角度考虑。越野探险并不是冒险,一切行动听指挥,要避免各种事故,做到高高兴兴出行,安安全全回家。这是驾车越野探险的最高境界。

(5) 出发之前,每名队员都要购买出游人身保险,以防不测。

(6) 每名队员还要做好其他方面的准备: ① 必需的生活用具用品;② 必要的医学用品;③ 部分专门的探险用品;④ 汽车的专用工具和急救专用物品。

(7) 出发前,最好每个人签一份协议书,把一些与法律相关的内容列出来,让大家明确,如果出现意外该如何处理,责任由谁承担等。

(四) 必备物品

以下六类物品是必备的,缺一不可。

(1) 修车和急救工具。出发前,车辆虽经过仔细检修,但经过长途跋涉,难免会出现一些问题,带上汽车简易维修和急救工具是必要的。比如,补胎工具、千斤顶、备用胎、拖车绳、机油、便携式气泵、灭火器、停车警示牌、工具盒等。

(2) 各类证件及卡。探险活动中,无法预料在外省、市会遇到什么样的检查,所以要把所有证件都带上再出门。比如,身份证、驾驶证、行驶证、车船使用税完税证明、车辆购置税完税证明、保险卡(副本),有时还需结婚证、工作证等。

(3) 常用药品。旅途中受伤是难免的,这很正常,这时常备药品就能派上大用处。比如,感冒药、晕车药、消炎药、止泻药、止血绷带、维生素片、红花油、红药水、酒精棉球、创可贴、驱虫剂等。

(4) 备用服装。外出越野探险,一般路途较远,时间较长,天气变化难以预料,有些地方一天就有四季的变化,有时昼夜温差大,除了一般更换的内衣外,还要带足防风御寒的外衣,带好雨伞及雨衣,开车时最好准备一双柔软舒适的布鞋等。

（5）有关生活用品及用具。长时间在外探险，应带上一些必备的生活用品。比如，太阳帽、紫外线防护镜、防晒霜、护肤用品、旅游鞋、防水或快干衣服、水果刀、照明用具、气炉灶及用气或固体酒精炉、睡袋、帐篷、防潮垫、背包、打火机（或火柴）、相机、充电器、指南针、地图等。

（6）休闲食品。路上行车时间长，为了有效缓解疲劳，补充能量，应带一些休闲食品。比如，口香糖、花生、瓜子、巧克力等。

（五）注意事项

（1）越野探险，一般由几辆车组成车队，这就不同于自驾游单枪匹马，人多车多，需要有纪律。每辆车都有主驾和副驾，还有一个负责人；每辆车都要编号，以便统一管理；每辆车应有自己的位置，切忌任意加速超越前面车辆，改变车队队形。

（2）行驶过程中，要经常注意观察车辆仪表上的各种信息，及时掌握车辆状况，提前发现前兆并排除故障。

（3）行驶途中，一旦发现车辆有问题，应及时通知车队，采取应急措施，以防事故的扩大。

（4）集中注意力，避免长时间疲劳驾驶，经常更换驾驶员，交替休息，保证体力。尤其是在中午，吃过中饭，人们常常会打瞌睡，车上必须保证有一名乘员保持清醒，为驾驶员做好保障工作，防止驾驶员（主驾）疲劳、打瞌睡而出现意外事故，这点要切记。

（5）行驶途中一定要遵守交通规则，严防违规驾驶。

（6）车辆行驶途中，要经常保证油箱汽油充足，每隔一定距离就要到正规加油站补足油料，防止中途汽油耗尽无法加到油料而耽误车队的行程。

（7）遇事故切忌私了，严防诈骗，应及时报警，并通知车队和保险公司。等候勘查现场，务必保持冷静，避免矛盾激化。

（8）一旦遇到车辆掉队，应首先通知车队，在不能判定方位时不要乱走，保持镇定，回到原位等待救助。

（9）当车辆发生爆胎时，要沉着冷静，采取正确措施。首先双手护住方向盘，保持车辆不跑偏，松开油门，不要急刹车，否则会出现更严重的事故。如果是后胎爆裂，可以轻踩刹车，让车缓慢靠边停下。最后停稳车后,在一定距离上放置警示牌,打开双跳灯示警。

(10)当遇到刹车失灵时,应尽快松开油门踏板,打开警示双跳灯,立即抢入低挡,拉手刹制动。特殊情况下,为了减速可以试着冲向障碍物,如草堆、篱笆等。

(六)遇险自救

驾车越野探险,一旦遇到危险,有多少人懂得自救呢?其实车上的驾驶员及其他人员采取适当的方法,很多意外是可以化险为夷的。

(1)车辆意外失火。当车辆意外失火时,驾驶员应立即切断油路电路,熄火,关闭百叶窗和点火开关后,立即设法组织人员离开车体,若因车辆变形,车门无法打开,可从前挡风玻璃或车窗处脱身。

当人体着火时,应采取向水源处滚动的姿势,边滚动边脱去身上的衣服,注意保护露在外面的皮肤和头发。不要张嘴深呼吸或高声喊叫,以免烟灼伤上呼吸道。离开汽车后,不要急着脱掉黏在烧伤皮肤上的衣服,大面积的烧伤可用干净布单或毛巾包扎,如有可能应多喝水或饮料。与此同时,没有受伤的人员要尽快用灭火器、沙土、衣物等蒙盖,让车辆灭火,但切忌用水灭火。

(2)汽车翻车。当驾驶员感到车辆不可避免地要倾翻时,应紧紧抓住方向盘,两脚钩住踏板,使身体固定随车翻转。如果车辆侧翻在路沟、山崖边上时,应判断车辆是否会继续往下翻滚,在不能判明的情况下,应维持车内秩序,让靠近悬崖外侧的人先下,从外到里依次离开。否则会造成重心偏离,导致车辆继续向下翻滚。

如果车辆向深沟翻滚,所有乘员应迅速趴到座位上,抓住车内固定物,稳住身体,避免身体在车内滚动而受伤。翻车时,不可顺着翻车的方向跳出车外,防止跳车时被车体压伤。若在车内感到将被抛出车外时,应在被抛出的瞬间,猛蹬双腿,增加向外抛出的力量,增大离开危险区的距离。落地时,应双手抱头顺势向惯性的方向滚动或跑开一段距离,避免遭受二次伤害。

(3)车辆落水。当车辆落入水中时,若水较浅,不能淹没全车时,应待车稳定后,再设法从安全处离开车辆。若水较深时,此时车内空气可供呼吸5~10分钟,应先将头部保持在水面上,同时深呼一口气,再迅速用力推开车门或打碎玻璃逃生。若车辆没有完全下沉,有天窗的可先敲碎天窗逃生。

(4) 迎面碰撞。交通事故中的迎面碰撞,受到伤害的主要是驾驶员,一旦遇到事故发生,当迎面碰撞的方位不在驾驶员一侧时,应紧握方向盘,两腿向前蹬直、身体后倾,保持身体平衡,以免头部撞到前挡玻璃而受伤。如果碰撞的方位在驾驶员一侧时,应迅速躲离方向盘,将两腿抬起,以免受到挤压而受伤。

二、特殊的驾驶技术

在越野探险过程中,除了平时经常用到的驾驶技术外,还有一些越野探险特有的技术值得注意。

(一) 山路驾驶技术

在山路上行驶时,精神高度集中,容易疲劳,因此要调整驾驶姿势。在通过悬崖峭壁等险要路段时,为了不分散注意力,不要观看山间美景或窥视深涧悬崖,应注意观察路况,尽量沿路中或靠近山崖一侧行驶。遇到弯道视线受阻时,应严格做到“减速、鸣笛、靠右行”,以防转弯中遇到车或转弯后遇到路障而措手不及。紧握方向盘,切忌紧急制动,以防侧滑坠崖。一般连续上坡坡道,如果是手动挡,应选用 2 ~ 3 挡(速度约 20 ~ 40 千米/时),目的是保证车辆有足够的爬坡动力。如遇下坡也切忌挂空挡或高挡滑行,这样很危险。

(二) 沙地

在沙地行驶途中,如果不想陷入沙石中,最好是提前加速,利用惯性冲过去。在通过极软的沙地时,不要停车,保持手动挡 2 挡(速度约 20 千米/时),匀速行驶,直到全部通过。切忌在沙地上突然急加油门,这样容易导致空转轮胎陷入沙中。当车陷入沙地后,应及时停车,拉手刹,不熄火,不可加大油门冲过去,那样只会越陷越深。应下车用铁锹等工具挖去沙石,垫充其他硬物,进行自救或待援。如果遇到沙石路面,车辆切忌高速行驶,当心刹车失灵和侧滑。

（三）土路

土路一般都坑坑洼洼，行驶速度要放慢，一般选用手动挡 2～3 挡（速度约 20～40 千米/时）。当高低不平时，还应考虑到车辆的离地间隙。如果是新土路，应尽量沿路面车辙行驶，不可盲目冒险。

（四）积水路

常见车型的最大涉水深度为：越野吉普车 60 厘米，小客车不超过 40 厘米，遇水先要察看水深，如超过一定涉水深度，则不宜涉水。如在较大涉水范围内，应选择距离最短、水位最浅、水流缓慢及水底坚实的路段通行。

（五）大雨及道路泥泞路段

遇到大雨应保持车距控制车速，这是雨天的基本要求。因为大雨时能见度差、视线模糊，同时道路积水易造成车轮打滑失控。当道路泥泞时，一般挂手动挡 2 挡（速度约 20 千米/时）低速前行，这时应避开水潭及极软的路面行驶，避免陷车。

（六）大雾路段

当遇到大雾天气时，车距应增加一倍以上，不要在此主线车道上倒车、掉头、横穿，不要超过中央分割带。降低车速，改变车道或超车时，转向角度不要太大。需要制动时，分几次制动为好，不要一脚刹死，以防侧滑、甩尾。打开防雾灯，但不可开远光灯，因为远光灯强烈的光线会被雾反射形成一片模糊，影响行车安全。

（七）冰雪路面

在冰雪路面上行驶，应降低车速，以中低速行驶。车辆起步时不能急加速，否则易产生打滑空转。停车时也不宜急刹车，否则容易打滑甩尾。在转向及变道时，转向角度要小不宜过大，否则易发生侧滑现象。

（八）沟渠溪谷

当车辆跨越浅沟时，应低速慢行，并斜向交叉进入，使一轮跨离沟渠，同轴的另一个轮进沟。跨越较深的沟渠，应用手动挡 1 挡（速度约 10 千米/时）通过。

第五节　热气球探险

一、基本知识

（一）热气球探险的含义

热气球就是利用加热的空气或某些气体，如氢气或氦气等密度低于气球外空气密度的气体以产生浮力飞行。热气球主要是通过自带的加载加热器来调整气囊中空气的温度，从而达到控制气球升降的目的。它是勇敢者的冒险运动。

（二）历史发展

热气球在中国有悠久的历史，古代称为天灯或孔明灯。18 世纪，法国造纸商蒙戈菲尔兄弟因受碎纸屑在火炉中不断升起的启发，用纸袋做实验，使纸袋能够随着气流不断上升。1783 年 6 月，两兄弟在里昂安诺内广场把一个圆周 33.53 米的模拟气球升起，同年 11 月两兄弟又在巴黎穆埃特堡进行了第一次载人飞行，它比莱特兄弟设计的飞机整整早 120 年。法国的罗伯特兄弟是第一个乘充满氢气的气球飞上天空的。

第二次世界大战以后，热气球在高新技术的支撑下迅速发展。

20 世纪 80 年代，热气球运动引入中国，1982 年《福布斯》杂志的创始人福布斯的父亲驾驶热气球、摩托车来中国旅游——自延安到北京。热气球作为一项体育运动项目，曾创造了上升到 34 668 米高空的纪录。1978 年 8 月 11 日至 17 日，双鹰Ⅲ号成功飞越大西洋。1981 年，双鹰 V 号成功飞越太平洋。目前，全球有 2 万多个热气球在飞行。世界上最大的载人飞行热气球为寄托安迪和科林梦想的奎奈蒂克（QinetiQ）1 号，是名副其实的巨无霸，高达 387 米，体积达 125 万立方米。我国也有 100 多个热气球，还成功举办了第一、第二届北京国际热气球邀请赛，泰山国际热气球邀请赛,全国热气球锦标赛等大型比赛活动。

(三) 注意事项

(1) 时间:太阳刚升起或日落前1~2小时为最佳时间,这时气流相对稳定。按规定,热气球飞行时风速应小于6米/秒,能见度大于1.5千米,而且飞行空域内无降水,才可以自由飞行。

(2) 地点:需30米×30米的平整场地,周围无电线和高大建筑物。新学员建议在4米/秒的速度下飞行。当飞过高压线、高大建筑物、牲畜养殖场、村庄时,应保持飞行安全高度。

(3) 装备:最好穿连身纯棉飞行服,戴纯棉帽子,一旦失火不会黏身。

(4) 起飞:飘飞热气球需一组4个人共同努力,才能完成。因为热气球在地面上的工作非常烦琐,先将球囊在地上铺展开,然后将它与吊篮连接在一起,用一个小的鼓风机,将风吹入球囊,使气球一点点膨胀起来,当完全展开后,开始点火,加热球囊内的空气,热空气使气球升到垂直于吊篮的位置,再加几把大火,气球就可以起飞了。

(5) 升降:热气球的运动依靠的就是燃烧器,没有方向舵,它的方向随风而动。不同高度、不同时间、不同地点风向都不一样,想调整方向需寻找不同的风层。它的升降与球体内的气温有关,当气温高时,体积增大,浮力加大,热气球上升;当气温降低时体积变小,浮力也变小,热气球就会下降。

二、基本技术

(一) 动力

热气球的唯一动力就是风。对于环球飞行的热气球来说,必须选择速度和方向都合适的高空气流,并随之运动,才能高效地完成飞行。就像环球旅行要不断换乘飞机一样,热气球需要搭乘不同的气流,换气流时,飞行员要做的就是调整高度,热气球的高度通常要达十几千米。

(二) 压力舱

环球飞行的飞行员们乘坐在一个密封性能很好的压力舱中,压力舱提供了适宜的温度、压力和空气环境,这与普通热气球上的大筐不可同日而语。例外的是热气球的孤胆英雄——美国的福赛特 1997 年以来所做的三次以“独立”命名的环球飞行均未使用压力舱,为此他要承受高空零下 20℃以下的低温,并且始终需要佩戴面罩进行呼吸。

(三) 安全措施

如果在飞行中氦气出现泄漏,它将变成一个传统的热气球,完全靠加热来保持高度;如果泄漏加大,不能保持高度,气球将变成一个降落伞,应把下降速度控制在 5 米/秒以内;如果状况继续恶化,飞行者还有足够的时间跳伞,以后就是救援人员的事情了。在 20 世纪末的两次飞行中(1998 年 12 月,1999 年 3 月),美国海岸警卫队和日本国民自卫队分别从太平洋里救出“维珍全球挑战者号”和“有线与无线”人员。

(四) 气候环境影响

影响热气球的最大因素就是气候,每年的 12 月和 1 月,北半球高空气流的流速达到一年中的峰值,最快可达 40 万米/时,所以飞行者都选择冬季进行环球飞行。

(五) 飞行原理

(1) 热气球的构成: 更严格地讲,它叫作密封热气球,由球囊、吊篮和加热装置三部分构成。球皮是由强化尼龙制成的(有些是涤纶制成)。尽管它的质量很轻,却极其结实,球囊是不透气的。

(2) 体积: 标准的热气球分为四个级别,七级球体积为 2 000 ~ 2 400 立方米;八级球体积为 2 400 ~ 3 000 立方米,九级球体积为 3 000 ~ 4 000 立方米,十级球体积为 4 000 ~ 6 000 立方米。异型球,如国内的熊猫热气球,体积为 2 300 立方米。

(3) 吊篮: 由藤条编制而成(我国大多数采用东南亚进口材料),着陆时能起到缓冲作用。吊篮四角放置四个热气球专用液化气瓶,并置计量器,吊篮内还装有温度表、高度表、升降表等仪器。

(4) 燃烧器: 它是热气球的心脏,用比一般家庭煤气炉大 150 倍的能量燃烧压缩气,点火燃烧器是主燃烧器的火种,一直保持火种不灭,即使被风吹,也不会熄灭。另外,热气球上有 2 个燃烧系统以防备出现故障。

(5) 燃料：它通常使用的是丙烷或液化气，气瓶固定在吊篮内。一只热气球能载行20千克液体燃料。当火点燃时，火焰有2～3米高，并发出巨大的响声。

(6) 驾驶：它主要是随风而行，但由于风在不同高度有不同的风向和速度，驾驶员可根据飞行需要的方向选择适当的高度。

(7) 速度：它的飞行快慢是由风速来决定的。其最大下降速度为6米/秒，最大上升速度为5米/秒。

(六) 最佳飞行时间

一天中，太阳刚升起或日落前1～2小时，这时通常风平浪静，气流也很稳定。

(七) 飞行持续时间

一只热气球携带足够的石油液化气或丙烷后，通常能持续飞行2个小时，但一些因素如气温、风速、吊篮自重(包括乘客)和在当天飞行的具体时间将会影响飞行速度。

(八) 复原

热气球恢复原状需要地勤人员的帮助。地勤人员驾驶卡车或小货车跟随热气球，预先到达降落点。一只热气球飘飞需3～4个地勤人员和地面无线电设备的帮助，以确保飞行的安全和成功复原。

第三章　地图使用常识

野外生存训练是指在远离居民点的山区、丛林、荒漠、高原、孤岛等复杂地形的区域中，在没有外部提供生命赖以维持的物质条件下，依靠个人的智慧和团队的努力，在较短的一段时间内，保存生命或维持健康的基本手段和方法。野外生存训练，最早在人们的印象中应该是属于特种兵的专利，但随着户外探险运动的逐步开展，感受和体验野外生存得到了越来越多年轻人的青睐。但是野外生存训练并非一件谈及便可做的事情，只有真正置身于野外恶劣、艰险的自然环境中时，才能切身感受到面临的各种困难和挑战。可以说，没有顽强的意志、丰富的经验、持久的耐力和必胜的信心，将很难成为一名合格的具有野外生存能力的人。也正是这个原因，许多盲目进行野外生存体验的探险爱好者受到了不必要的伤害。因此，了解野外生存的常识，掌握野外生存的基本技能，是有效地组织开展野外探险运动的必要前提。

地图是反映某一区域地理环境特征的载体，也是表述地理知识的一种图形语言。我们在反映军事题材的影视作品中常看到，指挥官在分析研究战场形势、制订作战方案时，总是先审视地图，因为地图记录了作战地域内的自然和人文状况。在户外探险运动中，通过地图可以了解活动地域内的地形、地质、水文、植被、土壤、气候以及交通状况、人口、资源、城镇村落、关隘要塞等信息。在此基础上，活动的组织者可以分析出该地域的地理形势，继而制订正确、完善的活动方案。在探险运动中，还要根据现地地理环境发生的变化对活动计划进行必要的修正和调整，制定相应的对策。

第一节　现地判定方位

判定方位是指在站立点辨明东、南、西、北方向，了解站立点周围地形、地物的位置，为采取正确的行动提供依据。它是利用地图按照预定方向正确前行的重要前提，也是在探险活动中迷路后重新回到正确路线上的重要保证。

现地判定方位的方法如下。

一、利用指北针判定方位

指北针是一种利用磁的指极性制成的指示方向的仪器，又称指南针或罗盘。指北针主要用于判定和指示方位，在野外探险、勘察、行军、作战以及海洋、空中、地面的导航中广泛使用。

指北针（图3-1）是一种很好的判定方向的工具，是由我国古代发明的司南改造而成的，在现代各国军队中被广泛使用，也是户外探险运动必备的工具。指北针的型号很多，但其基本的工作原理和使用方法大致相同。

指北针主要由提环、照门、磁针、刻度盘、方位玻璃框、角度摆、角度表、距离估定器、里程表、直尺和反光镜等组成。利用指北针不仅可以判定方向，还可以标定地图、测定方位角、测量距离和坡度、测量图上距离等。

在使用指北针之前，应检查磁针是否灵敏。其方法是，用一钢铁物体扰动磁针的平静，若磁针迅速摆动后仍停在原处，则说明磁针灵敏，可以使用。若各次磁针静止后所指的方向刻度值不一致，且相差较大，则该指北针不能使用，应进行检修和充磁。

利用指北针判定方位时，首先将指北针平放，待磁针静止后，磁针涂有夜光剂的一端(或黑色尖端)所指的方向,就是磁北的方向。

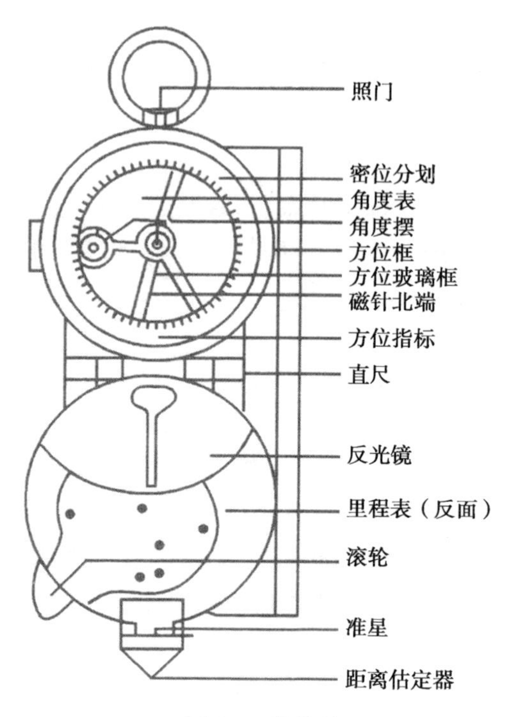

图 3-1 指北针

如果没有指北针,可用针(或一截铁丝)或用剃须刀片制作指北针。用针制作指北针的方法是:首先将一枚针在一块丝巾上朝一个方向摩擦,使之产生静电;然后在一个容器中装一些水,水上放一片草叶,将摩擦后的针放到草叶上,让针自由转动,其静止时即指向南、北方向。也可用细线将针吊着(线不能有扭结性)来判定方向。

用剃须刀片制作指北针的方法和用针做成指北针的方法有相同的地方:首先在石头上弄钝剃须刀片,以避免伤着自己;然后磁化剃须刀片;将它吊在一根细线上任它自由转动;静止时便指向南、北方向。

使用指北针时,应避免靠近高架线和钢铁物体,如推土机、挖掘机、火车、铁轨、轮船等,以免磁针失效。实践证明,距离上述钢铁物体10米以上才能使用。在磁铁矿区和磁力异常地区不能使用。夜间使用指北针时,为使夜光剂明亮,可用手电筒照射指针。指北针使用后应将其关闭,以免磨损磁轴。

二、利用北极星和南十字星判定方位

(一)利用北极星判定方位

北极星,是正北方天空一颗较亮的恒星。在夜间如果找到了北极星,也就找到了正北方向。北极星是小熊星座的α星,距北极约1°,肉眼看来北极星就在正北方。大熊星座(主要是北斗七星)和仙后星座位于北极星的两侧,遥遥相对,其关系位置如图3-2(左)所示。我国位于北半球,终年夜间都可以看到北极星。所以只要根据北斗七星和仙后星座就能找到北极星。

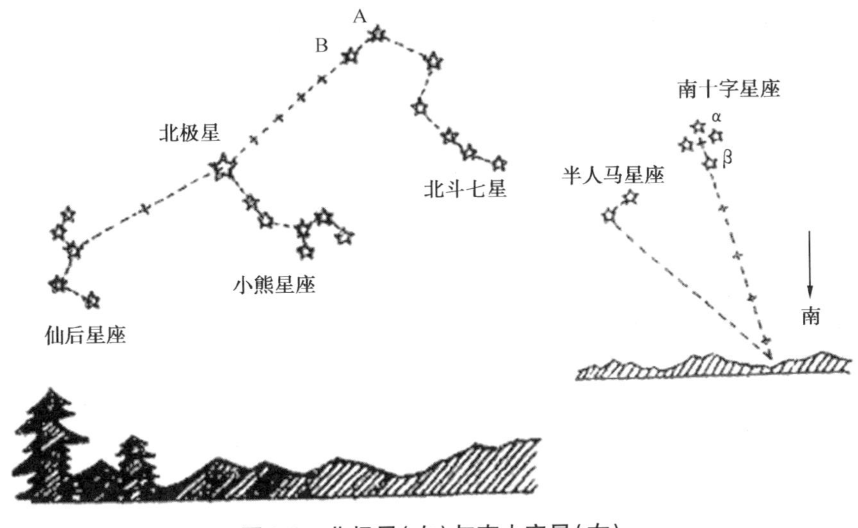

图3-2 北极星(左)与南十字星(右)

大熊星座,主要的亮星有七颗,在北方的天空中排列成“斗”形,又像一把有柄的勺子,我国俗称北斗,是北半球夜间判定方位的主要依据。

大熊星座的A、B(北斗斗魁末端的北斗一、二)两星,叫指极星,将两星的连线沿A星至B星的方向延长,约在两星间距的五倍处,有一颗较明亮的星就是北极星。见图3-2(左)。

小熊星座,最靠近北天极,也有七颗主要的星排列成斗(勺)形,与北斗很相似,但除北极星外均较暗淡,俗称小北斗,斗柄末端较明亮的星,就是北极星。

仙后星座,主要亮星有五颗,形状像W,从中央的星算起,在缺口方向,约为小熊星座宽度的两倍处,就可以找到北极星。

北极星的高度大约等于观测者所在地区的纬度。在北纬40°以北地区,全年都可以看到北斗七星和仙后星座。在北纬40°以南地区,有时只能看到其中一个星座。

恒星的方位随时间而转移,由于地球每天自西向东自转一周,对于在地球上的观测者,恒星则绕着天轴自东向西运转一周;地球每年绕太阳公转一周,恒星也有周年期运动。因此,在不同日期的相同时刻观测某颗恒星,它的位置是在不断发生变化的。例如,同是晚间11时观测北斗,春分日(3月21日)在北极星正上方,斗柄指向东方;夏至日(6月22日)在北极星正西方,斗柄向上;秋分日(9月23日)在北极星正下方,斗柄指向西方;冬至日(12月22日)在北极星的正东方,斗柄向下。与此相对应,同是夜晚1时观看仙后星座,春分日在北极星下方,夏至日在北极星东方,秋分日在北极星上方,冬至日在北极星西方。也就是说,恒星在天空中的位置一个季度要变动约90°,一个月要变动约30°,一天要变动约1°;经过一年又回到原来的位置。了解这些规律,更便于寻找北极星和利用恒星判定方位。(图3-3)

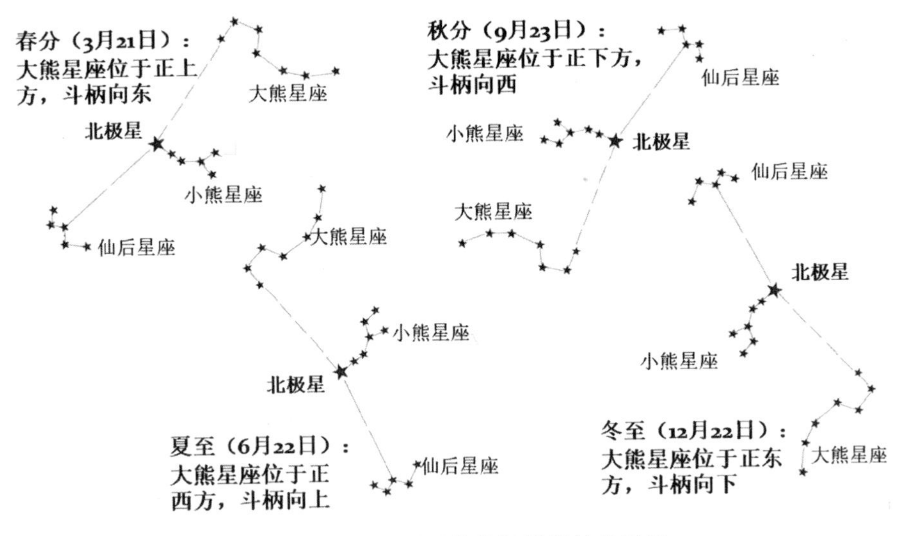

图 3-3 北斗七星围绕北极星运转关系图

（二）利用南十字星座判定方位

南十字星座，在南天极附近，由四颗明亮的星组成，形状像十字，我国叫十字架星，是南半球夜间判定方位的主要依据。在北纬 23°以南地区，上半年可以利用南十字星座判定方位。南十字星座 α、β 两星是南天著名的一等亮星，将 α 与 β 两星的连线沿 α 至 β 方向延长，约为两星间隔的四倍半处，就是南天极，即正南方。见图 3-2（右）。

南十字星座东侧的半人马星座的两星都是南天的一等亮星，作一与两星连线的垂线，也指向正南方。

三、利用太阳判定方位

（一）根据太阳出没时间判定方位

自古以来，我国人民就有个习惯的说法：“日出于东而日落于西。”其实，在一年中，太阳真正从正东方升起、从正西方落下的只有春分（3 月 21 日）和秋分（9 月 23 日）这两天，其他时间都不是从正东升起、从正西落下去的。这是因为地球一方面绕太阳公转，另一方面本身自转的缘故。大体上说,春天、秋天太阳出于东方,落于西方;夏天太阳出于东北,落于西北;冬天太阳出于东南,落于西南。根据太阳出没的位置,就能概略地判定方向。(表3-1)

表3-1　太阳出没时刻、方位表

季节	地点	日出		日落	
		时刻(时分)	方位	时刻(时分)	方位
春分(3月21日)	北京	6:10	东	18:13	西
	广州	6:03	东	18:11	西
	赤道	6:04	东	18:10	西
夏至(6月22日)	北京	4:31	东偏北31°	19:32	西偏北31°
	广州	5:14	东偏北27°	18:49	西偏北27°
	赤道	5:58	东偏北23°	18:05	西偏北23°
秋分(9月23日)	北京	5:48	东	17:58	西
	广州	5:49	东	17:57	西
	赤道	5:50	东	17:56	西
冬至(12月22日)	北京	7:18	东偏南31°	16:38	西偏南31°
	广州	6:37	东偏南27°	17:19	西偏南27°
	赤道	5:54	东偏南23°	18:02	西偏南23°
说明	此表以东经120°北京标准时间计算,如改当地时间,则北京应加14.5分,广州应加27分				

(二)利用太阳和手表判定方位

方法一:一般来说,在当地时间6时左右,太阳正在东方,12时在正南方,18时左右在西方。根据这一规律,便可利用太阳和手表结合起来判定概略方位。判定时,先将手表放平,以表盘中心和时针所指数(每日以24小时计算)折半位置的延长线对向太阳,此时,由手表中心通过12点的方向就是北方。例如,上午10时,折半就是5时,则应以表盘中心与5点的延长线对向太阳；若在下午2时（14时）40分，折半是7时20分，应以表盘中心与7后两小格处的延长线对向太阳，则12点的方向即为北方。为便于判定，可在时数折半的位置竖一根细针或草茎，转动时表，使指针的影子通过表盘中心，这时表盘中心与12的延长线方向即为北方。（图3-4）

为什么要把时数折半呢？因为地球自转一周是一昼夜24小时，而手表一昼夜要走两圈才24小时，手表转的圈数正好比地球多一倍，所以要折半。

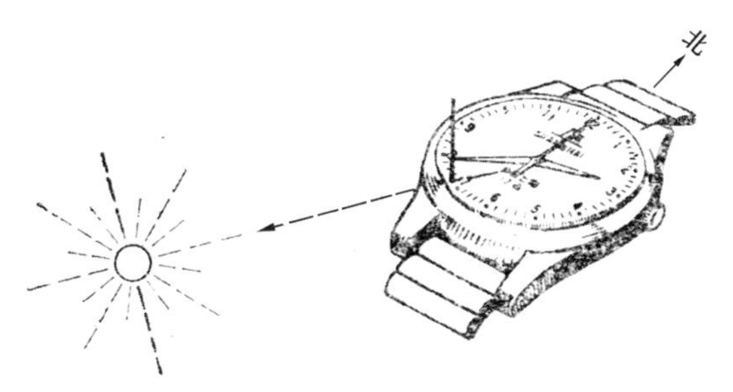

图3-4 利用太阳和手表判定方位（一）

判定时应以当地时间为准。我国大部分地区用的是北京时间，即东经120°的时间（东8时区）。由于经度不同，在同一北京标准时间内，各地所见太阳的位置也不同。因此，在远离东经120°利用太阳和手表判定方位时，应将北京时间换算成当地时间。根据地球每小时由西向东转动经度15°的原理，即以东经120°为准，每向东15度，其当地时间应是北京标准时间加上1小时；每向西15°就减去1小时。如在西藏拉萨（东经91°）于北京时间12时判定方位时，那里比东经120°少29°，就应减去1小时56分，所以当地的时间是10时04分，即以5时02分处对向太阳，12点所指的方向就是北方。

在北回归线（北纬23°26′）以南地区，夏季中午时间太阳偏于天顶以北，不宜采用上述方法。如我国台湾的嘉义、广东汕头东北的南澳岛、广西的梧州市、云南的个旧市等地。

方法二：将手表的时针指向太阳，则时针与12点之间的夹角平分线所指的方向就是正南，相反方向也就是北方。（图 3-5）如果当时正好是中午 12 点，夹角为 0°，则 12 点方向就是南方。

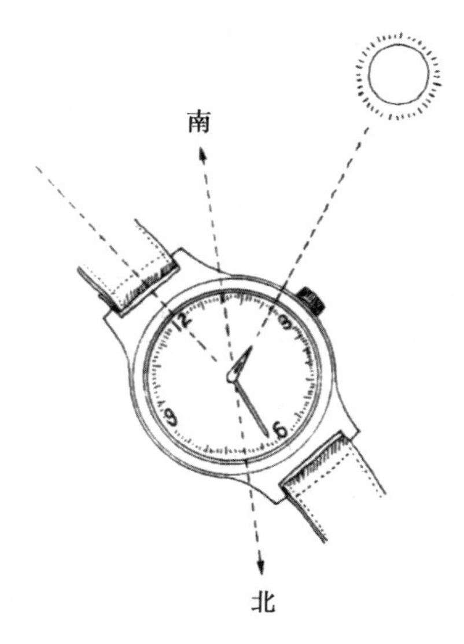

图 3-5 利用太阳和手表判定方位（二）

方法三：利用太阳阴影判定方位。如图 3- 6 所示，选择一平整的地面，在地面上立一根细直的长杆，在太阳的照射下就会出现一个影子 OA，并将该影子标出在地面上；等待片刻（10 ~ 20 分钟），再标出影子的新位置 OB，然后通过两个影子的端点 A 和 B 连一直线，此直线就是概略的东西方向线。如何判定东和西呢？由于太阳是东出西落，其影子则沿相反方向移动，所以第一个影子就是西，第二个影子必定是东。根据已知的东西方向线，在其上任选一点作垂线，这条线就大体是南北方向线。

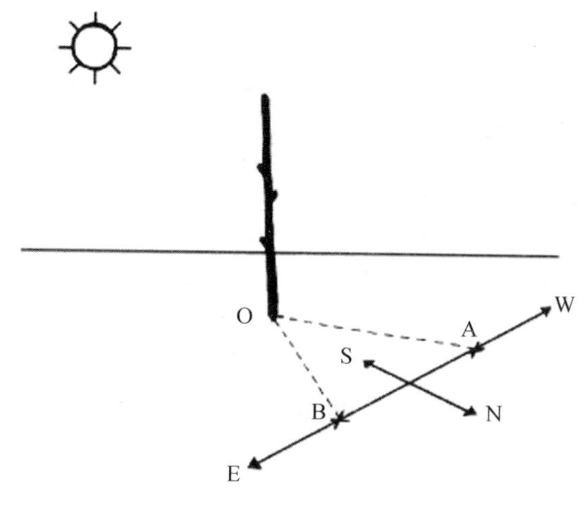

图 3- 6 利用太阳阴影判定方位

四、利用月亮判定方位

由于月球不停地绕着地球旋转，地球上看见月球的光亮部分和黑暗部分的形象，随着地球、月球和太阳三者的相对位置不同而变化，这种不同形象即月球的圆缺变化，称为“月相”。如图 3-7 所示，太阳光从右边射来，外圈表示月球在公转轨道上的位置，总是一面亮、一面暗，内圈表示在各个位置上从地球上看到的月相。当月球转到地球和太阳中间时，它被太阳照亮的那一半正好背着地球，向着地球的一半是黑暗部分。这一天地球上看不到月亮，称为“朔”或“新月”，即是农历的每月初一。到初七、初八时，太阳落山，月亮已经在头顶，到半夜月亮才从西方落下去。在地球上看见的月亮是右边亮，称为“上弦”。到了农历十五、十六，月球转到地球的另一面，月球被太阳照亮的一半正好对着地球，称为“望”或

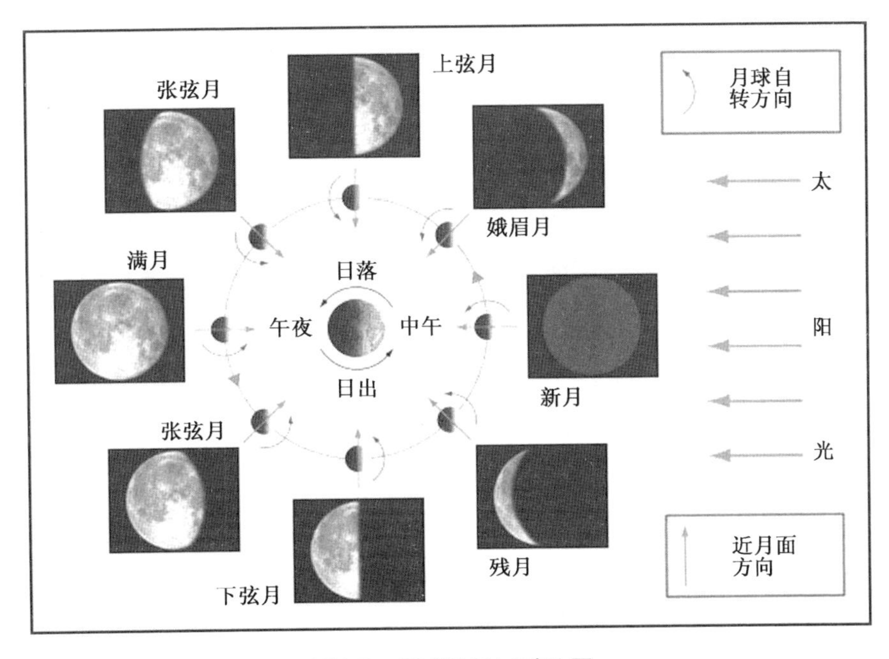

图 3-7 月球盈亏(月相)图

“满月”。此时,月球正好在太阳的对面,太阳在西边落下,月球从东方升起。到月球落下,太阳又从东方升起。满月后,月球上升的时间一天比一天迟,亮的部分也一天比一天小,到农历二十三时满月亏了一半,而且半夜才升上来,称为“下弦”。快到月底时,月球又运行到地球和太阳的中间,在日出不久残月才从东方升起,到下月初一,又是新月,开始新的循环。

月球从新月或满月的位置出发,再回到新月或满月的位置,所经历的时间为一个“朔望月”,即 29.53 个太阳日。我国农历的日期,实际上就是月龄的近似数。了解了这个规律,即可根据月亮和时间判定方位。

在夜间,如果北极星或南十字星被云层遮蔽只能看见月亮时,可根据月亮的盈亏即时间概略地判定方位。(表 3-2)如看到月亮的时间与表上的时间不同时,则可按照月亮每小时转动 15°,求出月亮所在的方向,即可判定方位。例如,月亮为上弦,时间为 20 时,则月亮在正南偏西 20°。

表 3-2　月亮盈亏和时间、方位表

月亮的盈亏	18 时	24 时	6 时
上弦(看到月亮的右半边)	在南方	在西方	—
满月(看到整个月亮)	在东方	在南方	在西方
下弦(看到月亮的左半边)	—	在东方	在南方

五、利用自然特征判定方位

有些地物、地貌由于受阳光、气候等自然条件的影响,形成了某些特征,可以利用这些特征来概略判定方位。

(1) 独立大树通常是南面枝叶茂密,树皮比较光滑;北面枝叶较稀疏,树皮粗糙,有时还长有青苔。(图 3-8)这种现象以白桦树最为明显。白桦树南面的树皮较之北面的颜色淡,而且富有弹性。砍伐后,树桩上的年轮北面间隔小,南面间隔大。(图 3-9)

图 3-8 利用树木枝叶判定方位

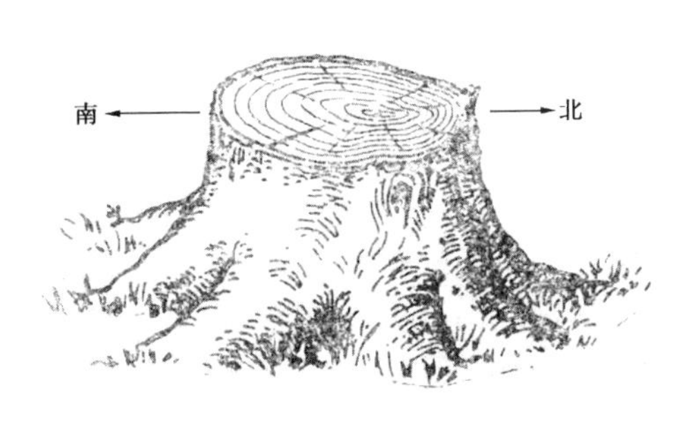

图 3-9 利用树桩的年轮判定方位

夏天，松柏及杉树的树干上流出的胶脂，南面的比北面多，而且结块大。松树干上覆盖着的次生树皮，北面的较南面形成得早，向上发展较高，雨后树皮膨胀发黑时，这种现象较为突出。秋季果树朝南的一面枝叶茂密结果多，以苹果、红枣、柿子、山楂、荔枝、柑橘等最为明显。果实在成熟时，朝南的一面先染色。

（2）突出地面的物体，如土堆、土堤、田埂、独立岩石和建筑物等，南面干燥、青草茂密，冬天积雪融化较快；北面潮湿，易生青苔，积雪融化较慢，但土坑、沟渠、林间空地上的积雪则相反。

（3）我国大部分地区，尤其是北方的庙宇、宝塔的正门多朝南方。广大农村住房的正门一般也多朝南开。由于我国幅员广大、地域辽阔，各地都有不同的特征，只要注意观察，注意调查、收集和研究，就会找到判定方向的自然特征。如在内蒙古高原，冬季大多是西北风，山的西北坡积雪较少，东南坡积雪较多；树干多数略向东南方向倾斜；蒙古包的门一般朝东南方向；新月形沙丘朝东南方向伸展，坡度缓的一端朝西北，坡度陡的一端朝东南。

又如，辽西的丘陵地区，气候比较干燥，松柏多生长在北坡。

判定方位后，必要时可在北方的远处选一明显的目标作为方位物，以便记忆和指示。

第二节 使用地图的方法

熟练使用地图，首先要掌握地图与现地对照的方法，就是将地图上的各种符号、图形与实地的地物、地貌逐一对应。对照的目的，在于明确周围的地形与自己的关系位置，以保证活动的组织、实施。

地图与现地对照，首先要标定地图，判明自己站立点在地图上的位置，然后才能准确地对照地形。

一、标定地图

地图上的方位为：上北、下南、左西、右东。标定地图，就是使地图方位与现地方位相一致，这是地图与现地对照的前提。

（一）概略标定地图

在现地判明方位后，将地图的上方对向现地的北方，地图即已概略标定。这种方法简便迅速，是现地使用地图的常用方法。

（二）用指北针磁北标定地图

在地形图的南、北图廓线上分别注有磁南（或 P）、磁北（或 P′），该两点的连线（虚线）就是该幅图的磁子午线。

标定时，先将指北针准星一端朝向地图的上方，并使指北针的直尺边与磁子午线相切，然后转动地图，使磁针北端对正指标（或以刻度盘的 0 分划），地图即已标定。（图 3-10）

图 3-10　利用指北针磁北标定地图

(三) 利用直长地物标定地图

利用直长地物标定地图,是指现地和地图上都有的又直又长的物体,如直长的路段、河渠、土堤和电线等。用直长地物标定地图方位时,先在地图上找到与现地相应的这段直长地物符号,将地图放平转动,使地图上的直长地物符号与现地直长地物的方向一致,经对照周围地形确认无误后,地图即已标定。(图 3-11)

图 3-11　利用直长地物标定地图

(四) 依明显地形点标定地图

现地和地图上都有的醒目突出地形点,叫作明显地形点。在明显地形点上使用地图时,可依明显地形点标定地图。标定时,首先确定站立点在地图上的位置,然后环顾四周,选择远方一明显的地图上和现地都有的地形点做目标点,然后将指北针直尺切于地图上该两点,使目标点在前,转动地图,通过指北针的照门、准星照准现地目标点,地图即已标定。(图 3-12)

图 3-12 依明显地形点标定地图

(五) 依北极星标定地图

在夜间,可利用北极星标定地图。标定时,先面向北极星,并使地图上方朝北,然后转动地图,使东(或西)图廓线(真子午线)对准北极星,地图即已标定。

二、确定站立点

标定地图后,应随即确定站立点在地图上的位置,这是现地使用地图的关键。确定站立点的主要方法有以下几种。

(一) 目估法

利用明显地形点目估确定站立点在地图上的位置,是确定站立点最常用的方法。

当自己所处的位置是在明显地形点上时,只要从地图上找出该地形点,站立点即可确定。这是一种在行进中最常用的方法。但是,采用直接确定法的困难在于:在紧张的行进中,怎样才能很快地发现可供利用的明显地形点?当同一种明显的地形点互相靠近的时候,怎样才能正确地区别它们,防止“张冠李戴”?通常可以称得上明显地形点的地物主要有：

单个的地物；

现状地物的拐弯点、交叉点（呈十字形）、交会点（呈丁字形）和端点；

现状地物的中心或者有特征的边缘。

可以称得上明显地形点的地貌主要有：

山地、鞍部、洼地；

特殊的地貌形态，如陡崖、冲沟等；

谷地的拐弯、交叉和交会点；

山脊、山背线上的转折点、坡度变换点。

如果站立点在明显地形点附近时，可先标定地图，再在地图上找到该明显地形点，对照周围地形细部，根据该站立点与明显地形点的关系，即可判定站立点在地图上的位置。

（二）后方交会法

当站立点附近没有明显地形点时，可用后方交会法确定站立点在地图上的位置。如图 3-13 所示，其操作步骤如下：

（1）标定地图。

（2）选择离站立点较远的地图上和现地都有的两个以上明显地形点。

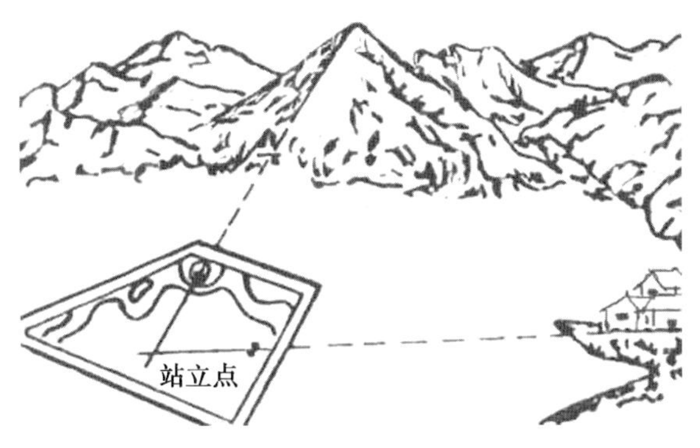

图 3-13 后方交会法

（3）现地交会。交会时，先将指北针直尺（三棱尺）边分别切于地图上两个地形点符号的定位点上（为便于操作，可在地形点符号上分别插一根细针，如大头针）；再以此为轴，移动指北针（三棱尺），使其对准现地相应的地形点；然后沿直尺边向后方画线；地图上两条方向线的交点就是站立点在地图上的位置。

（三）截线法

当站立点在较直的线状地物（如道路、河流、土堤等）上时，可利用截线法确定其在地图上的位置。（图 3-14）其确定方法如下：

（1）标定地图。

（2）在线状地物的侧方选择一个地图上和现地都有的明显地形点。

（3）进行侧方交会。交会时，先将指北针直尺（三棱尺）边切于地图上相应地形点符号定位点上（为便于操作可插一根细针）；再以此为轴，转动指北针（或三棱尺），使其对准现地地形点；然后沿直尺边向后画方向线；该方向线与线状地物符号的交点，就是站立点在地图上的位置。

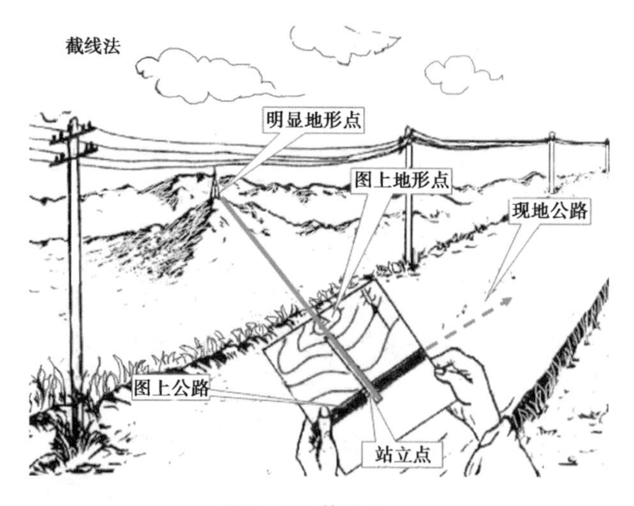

图 3-14　截线法

（四）极距法

当测量站立点到已知点的距离时，可采用极距法确定站立点在地图上的位置。（图 3-15）其方法如下：

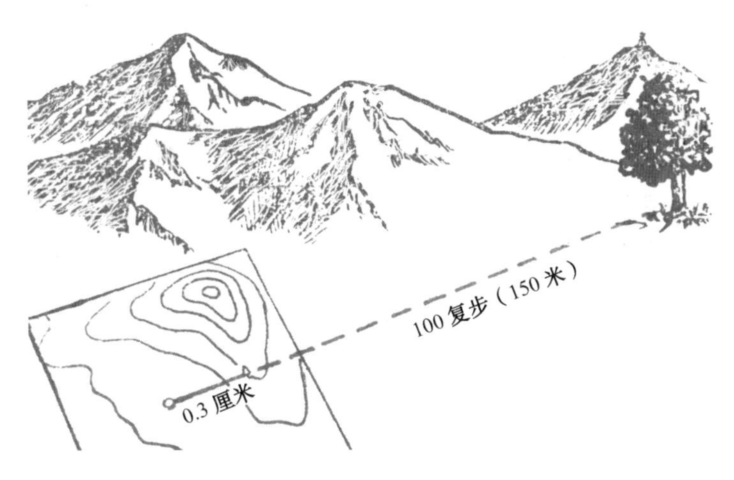

图 3-15　极距法

（1）标定地图。

（2）选择一个距离较近、在地图上和现地都有的明显地形点。

（3）描画方向线。描画时，先将指北针直尺（三棱尺）边切于地图上该地形点符号的定位点上（为便于操作可插一根细针）；然后以此为轴，转动指北针（三棱尺）向现地明显地形点瞄准，并沿直尺边由已知点向后画方向线（也可用测角图解出方向线）。

（4）估算出从站立点到明显地形点的距离，并按此比例尺在方向线上定出一点。该点即为站立点在地图上的位置。

三、地图比例尺

比例尺是地图上最重要的参数之一。要想学会识别、使用地形图，首先应懂得地图比例尺。

（一）比例尺的概念

地图上某线段的长度与相应实地水平距离之比，叫地图比例尺。地图比例尺 = 图上长/相应实地水平距离。如某幅地图的图上长为 1 厘米，相应实地的水平距离为 15 000 厘米，则这幅地图是将实地缩小 15 000倍测制的，1 与 15 000 之比就是该地图比例尺，叫 1∶15 000 或 1∶1.5 万地图。

（二）比例尺的特点

比例尺是一种没有单位的比值，相比的两个量的单位必须相同，单位不同不能成比。

比例尺的大小是按比值的大小衡量的。比值的大小，可按比例尺分母来确定，分母小则比值大，比例尺就大；分母大则比值小，比例尺就小。如1∶1 万大于1∶1.5 万，1∶25 万小于1∶1 万。

一幅地图，当图幅面积一定时，比例尺越大，其包括的实地范围就越小，图上显示的内容就越详细；比例尺越小，图幅包括的实地范围就越大，图上显示的内容就越简略。

比例尺越大，图上量测的精度就越高；比例尺越小，图上量测的精度就越低。

（三）地图上距离的量算

1. 用直尺量读

当利用刻有“直线比例尺”的指北针量读时，可根据刻在尺上的数值在地图上直接读出相应实地的距离。

当利用“厘米尺”量读时，先从地图上量取所求两点间的长度，然后乘以该地图比例尺分母，即得出相应的水平直线距离（需将结果换算为米或千米）：

实地距离 = 图上长 × 比例尺分母

如在 1∶1.5 万地形图上量得某两点间的距离为 3 毫米（0.3 厘米），则实地水平距离为：

0.3 厘米 × 15 000 = 4 500 厘米（45 米）

当量算某两点间的弯曲（如公路）距离时，可将曲线切分成若干短直线，然后分段量算并相加。也可用伸缩性小、柔软的细线或金属线在图上按实际弯曲程度摆放，确定长度后再将线段在直尺上量取数值进行换算。

2. 估算法

估算法又叫心算法，这种方法在定向越野比赛中最有实用价值。要掌握估算法，需要具备下述两方面能力：

能够精确地目估距离，包括地图上的距离和现地的距离。在地图上，能够辨别0.5毫米以上尺寸的差异；在现地，目估距离的误差不超过该距离总长度的十分之一，如某两点间的准确距离为100米，目估出的距离应在90～110米之间。

熟知几种地图上常用的尺寸单位与相应实地水平距离的对应关系，如在1∶1.5万地图上，1毫米相当实地15米；2毫米相当实地30米；1厘米相当实地150米。（表3-3）

表3-3 地图比例尺换算表（地图上1厘米所代表的地面距离）

地图比例尺	地面实际投影距离/米
1∶10 000	100
1∶50 000	500
1∶100 000	1 000
1∶250 000	2 500
1∶500 000	5 000
1∶1 000 000	10 000

第三节 地图的实际应用

一、现地对照地形

（一）地图与现地对照的顺序

在标定地图并确定自己在地图上的站立点后，就应全面详细地对照现地地形，虽然在确定站立点时首先必须粗略地对照地形，但实际上两者是交互进行的。对照地形，就是将地形图上的地物地貌和现地一一对应，它包含三个方面：

一是现地与地形图上都有的一一对应；

二是现地有而地形图上没有的，应确定其在地图上的位置；

三是现地没有而地形图上有的，在现地确定其原来位置。

地形图与现地对照时，首先对照的是主要行进方向，然后是次要行进方向，先对照大而明显的地形，后对照一般地形，由远到近，由现地到地图上，再由地图上到现地，以大代小、由点到面逐段对照。其方法是，根据自己在地图上的站立点及行进目标方向、距离、特征及目标与附近地形的位置关系，对照时一般用目估法，必要时才用其他方法。当地形复杂、不便观测时，应尽快离开该位置，找到通视好的开阔地再进行目估。

（二）地图与现地对照的方法

对照山地地形，应首先在图上判读山的分布状况、主要的高地位置、山脉基本走向，然后具体对照。在对照时，应根据地貌形态，先对照明显的山顶、山脊、谷地，然后顺着山脊、谷地的走向具体对照各山顶、鞍部、山脊等细部地形。

对照丘陵地形，方法基本与山地相同，但丘陵地形山顶浑圆，形状相似，在对照时应特别仔细。一般以山脊为主，沿山脊线、山背、鞍部、山谷等与地物的特征有关系的位置进行认真对照，同时可根据耕地的地形变化，谷地、居民地的形状、大小等特征进行分析判定。

对照平原地形时，可先对照主要交通线、河流、居民地、独立地物和高地，再根据它们的分布情况和位置关系进行细部地形的对照。

现地对照时要注意：比例尺越小，越概略，因此现地一些小的地形细部在地图上找不到，另外随着社会建设的发展，有些地形由于建设的需要发生了较大的变化，这时应根据地形的变化规律，仔细分析对照，才能得出正确的结论。

二、利用地形图行进

（一）行进前的准备

1. 选择行进路线

行进路线应根据活动的任务、目标、要求和地形条件而定，做到便于行进，便于对照。要注意分析道路的路况，沿途的桥梁、渡口情况；注意越野行进路线的起伏大小和可通行的状况；分析沿途方位物情况，特别是岔路口和居民地进出口的特征以及对户外运动产生影响和山谷、森林等。

2. 量取里程，计算时间

行进路线较长时，应按明显方位物分段，并分别量取各段和全程的里程，计算时间。从地图上量取的里程应根据坡度情况进行坡度修正。

3. 熟悉行进路线

根据地形图，主要熟悉、记忆沿途经过的村庄、河流、桥梁、岔路口和居民地进出口的方位物和地形特征，以及各段里程和行进时间。

（二）徒步行进要领

将地形图与实地进行正确对照是利用地形图行进的关键。先在出发点上标定地图，对照地形，判定出发点的位置，明确行进道路和方向；然后计时出发，凭预先对沿途地形和方位物的记忆行进。行进中，特别是当道路或附近地形与记忆不符合，或处于岔道口、道路转弯点、居民地进出口时，应及时标定地图，对照实地地形，明确站立点在地形图上的位置，以保持正确的行进方向。当地形图与实地因地形变化不一致时，应采取多种方法，仔细对照地貌，全面分析地形的变化和关系位置，然后再判定站立点和行进方向。

在山地行进时，应注意山的大小，山顶、鞍部、山脊和山脚的特征，山脊的走向，谷地的方向和道路的上、下坡等，及时与实地进行对照，明确站立点在地形图上的位置和行进方向。

夜间行进时，由于通视和观察不便，地图和实地对照困难较多，容易迷失方向。因此,行进前,应认真分析和熟记沿途地形的特征,尽量选择道路近旁的高大地物、透空可见的山顶、山的鞍部等作为方位物。行进中,可用指北针或北极星标定地图,多找点、勤对照,采用走近观测、由低处向高处观测、由暗处向明处观测等方法;还可根据水流声、灯光等判断溪流和居民点的位置,及时确定站立点在地图上的位置,判定前进的方向。

实地使用地形图时,经常会发现地图与实地有一些不一致的地方,这主要是测图时综合取舍以及测图后实地发生了变化所致。此时,应采用多种方法,仔细对照未变的地貌和地物,全面分析地形的变化和关系位置。必要时,对地形图内容进行补充或修改。

三、按方位角行进

(一) 方位角的定义

从某点的指北方向线起,按顺时针方向至目标方向线间的水平夹角,为方位角。

(二) 方位角的种类

由于每点都有真北、磁北和坐标纵线北三种不同的指北方向线,因此从某点到某一目标,就有三种不同的方位角。(图 3-16)

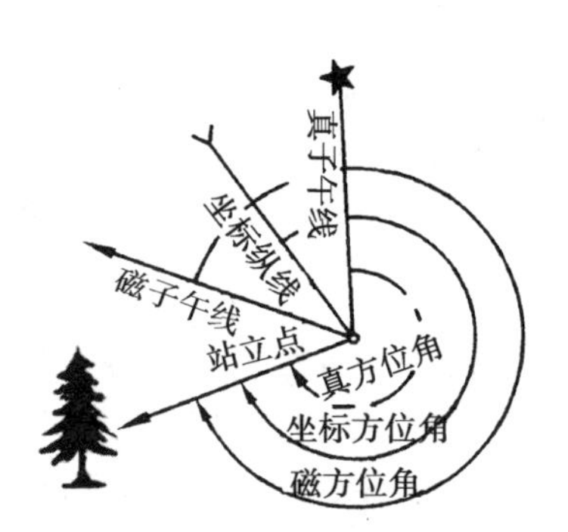

图 3-16 方位角的种类

1. 真方位角

某点指向北极的方向线为真北方向线及经线,也称真子午线。从某点的真北方向线起,依顺时针方向到目标方向线间的水平夹角,为该点的真方位角。

2. 磁方位角

从某点的磁子午线北(磁北)起,依顺时针方向至目标方向线间的水平夹角,为该点的磁方位角。磁方位角在航空、航海、军事行动和户外探险运动中都被广泛使用。

3. 坐标方位角

从某点的坐标纵线北算起，依顺时针方向到目标方向线间的水平夹角，为该点的坐标方位角。在军事行动中大多使用坐标方位角，它不但便于从地图上量取，而且可以换算成磁方位角在实地使用。

方位角是客观存在的。磁方位角是由地球磁场决定的。坐标方位角是由地形图制作过程中产生的。在实施同一目的操作时，应明确方位角使用的类型，以确保任务实施的一致性。在使用地图时，以磁南、磁北（P、P′）两点的连线作为标定线，以确保方向的准确性。

（三）方位角的表示方法

方位角主要采用圆周角度（360°）和密位两种方法表示。由于密位的表示更加精细准确，所以在军事行动和重要的活动中通常用密位来表示。

1. 什么是密位

密位实际上就是测量角度的单位。把一个圆周分为 6 000 等分，那么每个等分是一密位。密位的记法很特别，高位和低两位之间用一条短线隔开，比如：

1 密位写作：0 – 01

312 密位写作：3 – 12

3 000 密位写作：30 – 00

2. 密位与角度的换算

由于一个圆周（360°）等于 6 000 密位，所以很容易知道 1 密位等于 0.06°。把密位换算为角度，简单地乘以 0.06 就可以了。而把角度换算为密位，应该除以 0.06 或者乘以 16.667。

3. 用密位表示方向角

用方向角量度方向时，以正北为 0 度或 0 – 00，然后顺时针向东度量。

用角度制表示为：

北：0°　东：90°　南：180°　西：270°

东北：45°　东南：135°　西南：225°　西北：315°

与此类似,用密位表示的方向角是:

北:0-00　东:15-00　南:30-00　西:45-00

东北:7-50　东南:22-50　西南:37-50　西北:52-50

(四) 按方位角行进

按方位角行进,就是在地图上选定行进路线,利用指北针等工具测定行进方向上各转折点的磁方位角和距离而实施的行进方法。通常在缺少方位物的地区或在浓雾、风雪等不良气候和夜间能见度不良的条件下采用。

1. 行进前的准备

首先,在地形图上选择行进路线。一般应选择起伏不大、障碍较少,又便于通行的线路(除非有特殊的户外探险要求)。沿线各转弯点应有便于识别的明显方位物,并予以编号。其次,在地形图上测出两点间的磁方位角,并做注记说明。注记说明通常是注明磁方位角、两点间的距离和两点间的预定运动时间(或将其换算成复步数,每复步为1.5米)。最后,绘制磁方位角行进路线略图(图3-17)。

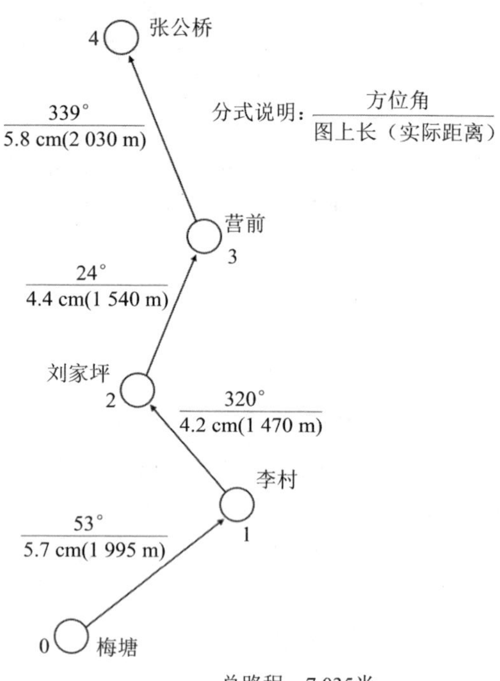

图3-17　按磁方位角行进图

2. 行进的方法

首先,在出发点上测出第二点的方位角,并通过指北针的照门、准星找到预定方位物(如看不见第二目标时,可在该方向上选择辅助方位物),按此方向前进。其次,在行进中要随时注意观察沿途地形,如到辅助方位物仍看不到第二目标点时,可按原方位角另选辅助方位物继续前进,直到找到第二目标为止。到达第二目标后,依上述方法继续前进。

应当注意的是,选取的辅助方位物应十分明显。如行进中遇到障碍物,可采用同样的方法选择 1 ~2 个辅助方位物,待绕过后,再沿原方位前进。若障碍地段不能通视,可采用走平行四边形(或矩形)的方式绕行。通过辅助方位物后,为确保方向的一致性,应进行反复测量。测量过程中,由于方向的变化,应加减角度,方法是:角度大于 180°时减去 180°,当角度小于 180°时加上 180°。

夜间按方位角行进时,由于能见度差,因此,要注意以下几点:一是各转弯点短一些;二是沿途方位物要多一些,并选择高大、透空可见的目标;三是行进时应利用指北针上的荧光标志保持前进方向。

在按方位角行进时,指北针测量的角度误差一般达 5°,加上行进步幅大小对距离远近的影响,按方位角行进时,每走 1 千米,行进路线可能向两侧偏 100 米,故一般允许在以行进距离的十分之一为半径的范围内寻找方位物。

第四章 野外露营与气象观测

在户外探险运动中,解决好吃、喝、行、住是首要问题,置身于荒无人烟的野外,能看到的、想到的更多的可能是各种危险和困难。所以,不掌握一定的野外生存技巧,是很难生存下去的。本章重点介绍野外露营方面的技能。

第一节 露营地的选择与建立

野外露营的第一步就是要选择一个好的露营场地,如果露营场地选择不恰当,不仅会给搭建休息场所带来很多麻烦,给露营中的生活带来不便,而且还会对人身安全带来一定的威胁。例如,2006 年广西的一批户外探险运动爱好者在进入武鸣县一个没有开发好的景区赵江峡谷进行户外探险活动时,因缺乏野外露营的经验和常识,将营地选择在峡谷河床中一块平坦的岩石上,结果第二天凌晨上游突降暴雨导致山洪暴发,营地被冲毁,4 名队员连同帐篷被冲走。最终 3 人得救,1 名 21 岁的女队员失踪。虽经当地公安、消防和群众全力搜救,但最终在下游的一个石缝里找到了被卡在那里的失踪队员的遗体。因此,在野外露营时选择好露营地点格外重要。

一、选择露营地的原则和方法

在选择露营地时,由于地域、环境、季节的不同,所遵循的原则和选择的方法也不尽相同,但基本可依照水源补给、营地平整、背风背阴、远离危险四大原则进行选择。具体可依照以下方法选择。

(一)选择高处扎营

露营地点应选择地势相对较高、比较干燥、通风良好的地方,如是夏季还要考虑蚊虫较少的地方。尽量避免在凹状地形的地方扎营,特别是雨季不要在河滩、河床、溪边及川谷地带建立营地,因为这种地方一般都比较潮湿,而且有可能遭遇洪水的袭击。如果营地距溪流较近,要注意至少在高出水面几米的高地上,有良好排水条件的地方搭建帐篷,并预先选择好遇到危险时可以逃生的路径。通常,如果发现有许多石块被泥土包裹的痕迹,就是发生泥石流的主要标志,营地不要选择在离泥石流通道太近的地方。

(二)选择背风背阴处安营

野外扎营,是否背风背阴看似问题不大,实际却能决定休息睡眠质量、以确保第二天保持精力继续开展探险活动;尤其是在一些山谷、河滩上,应选择一处背风的地方扎营,帐篷拉门的朝向不要迎着风。露营选择背风处也是考虑到野外用火安全与方便。怎样知道帐篷口是否背风呢?很简单,就是抓一把沙或者雪在手中扬起,如果没有,就用小布条代替,帐篷口的方向朝沙或者雪的飘扬方向就是背风方向。

如果是一个需要居住两天以上的营地,在天气好的情况下应当选择一处背阴的地方扎营,如在大树下面及山的北面,最好是晨照太阳,而不是夕照太阳。这样,如果在白天休息,帐篷里就不会太闷热。还有一个方法就是首先确定向东的方向,我们知道太阳都是从东边升起的,选择东边,帐篷前面有山脊或者大树遮挡日出,那么就可以在早上继续睡个好觉了。

(三)选择干净的地方露营

如果地面有大量腐木和腐叶的土壤,里面很可能有蝎子、蜈蚣等毒虫。在没有更多选择余地的情况下,要想办法把地面打扫干净。不要在靠近蚂蚁窝的地方安营扎寨,要选择地面干燥、通风良好、蚊虫较少的地方。可以利用露营地的微风阻止蚊子、蝇虫的靠近。

（四）选择没有落石等危险的场地

在选择营地时，必须仔细观察地势和周围的情形。营地上方不要有滚石、滚木、悬垂的树枝以及风化的岩石，一旦发现附近有岩石散落的迹象，就不可以再搭建帐篷了，尤其是靠岩石壁越近的地方越要留意。要远离陡峭的斜坡，以防石块滚落。在降雪区，还要避开可能发生雪崩的地方。

（五）不要堵住野兽的通道

许多野兽的通道是比较固定的，尤其是通往它们经常去的地方。如果附近有水源，而且这个水源又是此地唯一的可饮用水，就不应该把营地扎在水源附近，更不应该堵住动物饮水的必经之路。动物对水源的依赖一点也不亚于食物，即使没有毒蛇和大型食肉动物在附近经过，食草动物也可能践踏我们的临时家园。

（六）不要在瀑布附近宿营

瀑布下面及附近湿度很大，这些潮气会慢慢打湿衣服。水的导热能力比较强，潮湿的衣服其保暖性会大打折扣，而且穿着也很不舒服。

瀑布还会产生很大的噪声，使人烦躁，加重在危险地带本来就很沉重的心理负担。更重要的是，噪声使我们无法听到救援者的呼喊，疏忽了过往的飞机和偶尔到来的行人，更难察觉野兽的临近。

（七）不要住在孤立的高树下

孤立独处的高大乔木很可能是雷击的目标，住在它的下面，很可能成为雷电的间接受害者。另外，高大独立的树木经常是野兽留下气味的地方，尤其是领地性很强的凶猛动物。

（八）别捅"马蜂窝"

蜂类是社会性昆虫，具有集群行为。野外许多具有蜇刺性的蜂类，如黄蜂、马蜂尤其厉害。一般情况下，蜂类不会主动攻击人类。但是，如果人们侵入了它们的领地，或者不小心碰到了它们的蜂巢，那就很容易遭到攻击。

许多蜂在蜇刺以后,会产生一种挥发性激素,它的同伴收到信息后会马上前来增援。许多人在野外被蜇得遍体鳞伤,甚至中毒身亡,都是因为惊扰了其中的一只。扎营时,要仔细观察,蜂巢附近一般多少会有几只蜂在来回飞动,很容易发现,尽量不要和它们做邻居。

(九) 密林深处不安"家"

除非没有或者无法走到比较开阔的地带,否则就不要在密林深处搭建帐篷或建立临时的庇护所。这样做的缺点是:点火时,容易引起森林火灾;外出寻找食物,回来时可能找不到"家";没有办法发出求救信号;飞机搜索时,最不容易发现树林下的目标;当体力耗尽(尤其是受伤者)、只能被动等待救援人员时,多数人很难或者根本没有人能够找到目标。

(十) 不要在距离水源太近的地方扎营

水源附近的蚊子、小虫、虻等叮人的昆虫比较多,虽然在极其危险的情况下,大多数人不会在乎被昆虫咬上几口,但是,它们会打扰探险者的睡眠,影响体力的恢复。值得注意的是,野外的蚊子有可能传播森林脑炎等传染性疾病。

在选择营地时还要注意的是,要给营地选择留有充分的时间,一般每天午后就应开始留意线路上适合的营地位置或是较早到达预定的露营区域进行选择,切不可快接近黄昏时才开始选择营地。因为,在一般情况下,经过一天的跋涉,很难再有充沛的精力去选择较佳的露营地点,而且选择的机会也随着夜幕的降临而越来越少。

二、营地功能区的建立

一般来说,一个规范的露营营地有四大基本区域:帐篷露营区、用火就餐区、取水用水区和卫生区。

(一) 帐篷露营区

选择好露营地点后,应该对露营地点周边的地形进行进一步查看,对营地的安全系数作出评估。根据实际情况选择布设营地触发报警绳的范围,并在扎帐篷的区域撒一圈雄黄粉或石灰粉等刺激性的物质,以防止蛇、虫、鼠、蚁等爬行动物的骚扰。同时,要选择好夜间发生意外情况时的逃生路线。

确定露营地点后,将准备搭建帐篷的区域打扫干净,将石块、矮灌木等各种不平整、带刺、带尖状物的东西全部挖除,不平的地方可用土或茅草等物填平,布好排水沟。理想的营地应该是地面平整不潮湿,排水性好。

在扎帐篷时应该注意以下两个方面:

(1)所有的帐篷口最好都朝一个方向,保证夜间发生意外逃生时能够迅速撤离,而不会发生碰撞。帐篷与帐篷之间应保持1米的安全距离,在没有必要的情况下尽量不系帐篷的抗风绳,以免紧急撤离时绊倒导致意外。

(2)扎帐篷的区域必须在野外用火的上风方向,以免火星随风飘至帐篷区引起火灾,甚至“火烧连营”。

(二)用火就餐区

用火区与就餐区一般安排在一起或相近的地方,这个区域要与帐篷区保持一定的距离,并且要建立在帐篷区的下风方向,以防火星飘至帐篷区引起火灾。烧饭的地方最好有土坎、石坎,以便挖灶建灶。捡来的柴火应当堆放在该区域以外或者上风处。营灯应当放置在可以照射较大范围的位置,如将灯具吊在树上、放在石台上或者做一个灯架将其吊起来。要养成习惯,火塘边上要准备一桶水或者泥沙,随时用来灭火。就餐以后应该将场地打扫干净,使之成为大家的公共娱乐区。

(三)取水用水区

取水、用水一般都在水源点,出于卫生的需要,梳洗用水与饮用水应分开。如果水源点是流水,饮用水的取水处应安排在上游处,梳洗生活用水则安排在下游处。如果是水潭或湖水也要分开地方用水,两处用水应当距离10米以上。另外,取水要经过的河滩地,如果乱石、灌木等障碍物较多,应在天黑前进行清理,以便在夜间视线不良的情况下能安全前往水源点取水。

（四）卫生区

卫生区即是队员们解手方便的地方，如果只住宿一晚，可以不必专门挖建茅坑，指定一下男女方便处即可。临时厕所应建在树木较密的地方，这样就不用拉围帘了。但要注意不能建在行人常经过的地方。建造时最好挖一个宽30厘米左右、长50厘米左右、深约50厘米的长方形土坑，里面放些石块和杉树叶（消除臭味），三面用塑料布或包装箱围住，固定好，开口一面应背风。准备一些沙土和一把铁锹以及一块纸板。便后用一些沙土掩埋排泄物及卫生纸，并用板将便坑盖住以消除异味。在厕所外立一较明显的标志牌，使别人在较远处即可看到是否有人正在使用。如果已建了卫生区，队员们的大小便就应该在修建的卫生区里进行，而不应随地排泄而大煞风景。撤离营地时，应注意将挖建有排泄物的茅坑用泥土填埋好，并把垫脚的石头压在上面。

三、野外露营的注意事项

第一，队伍在丛林里露营时，不要随意砍伐林木，要注意保护环境和林木资源。

第二，不要捣破蚂蚁窝、黄蜂窝。

第三，清除四周杂草，挖好排水沟，撒上一层草木灰，防止蛇、虫侵入伤人。

第四，注意帐篷的清洁。

第五，野外舒适入睡的方法：避免潮湿，尽可能用防潮垫或树枝、树叶、矮小的竹枝等做地铺，保持体温，穿上保暖性、御寒性强的衣服；摄取高热量食物，如糖类、巧克力等；晚上或休息时，尽量换上干燥的衣服和干燥的鞋子，把湿衣服和湿鞋子烘干；晚上天气会变得比白天冷或凉很多，特别是黎明前，应加以注意。

第六，预防虫害。山中的蚊虫比较多，所以应选择带有细密蚊帐纱的帐篷。在湿热林地，最好用驱蚊药水涂抹全身，在没有驱蚊药物的情况下，可以在帐篷内用艾草来熏蚊虫。

第七，取暖方法：露营时，如果有同伴因为受寒而生病，就要为其取暖。在没有垫子的情况下,可将营火熄灭,再铺上一层烧热的灰土,上面再铺上干净的树叶枯草,就成了理想的保暖床。在没有条件制作保暖床的情况下,可将水壶灌满热水后,放在病人的体侧。也可以选择大小适中的石子,放在营火里加热,加热后用布包好,放在病人的体侧,保暖效果很好。如果天气很冷,必须保持清醒,如有保暖的大衣等,可睡上一会,但不能睡得过久,感觉寒冷时,试着运动一会以增加身体的热量,再继续休息。

第二节　建立野外庇护所

制式的露营帐篷便于架设、使用方便,只要认真阅读使用说明书,稍加练习即能熟练架设。当探险者被困在野外,孤立无援,没有制式的帐篷,又不能在短时间内走出险境,或者有人受伤行动不便,只能在原地等待救援时,就不得不在野外过夜,并想办法搭建一个临时的野外庇护所。

一个适合居住的庇护所,可以遮风避雨,防止动物伤害,有利于恢复人的体力,并能在心理上给人以很大的安慰。在寒冷地区,建立庇护所更是防止冻伤,甚至是保护生命的必要手段。这里主要介绍在没有帐篷的情况下,就地利用周围的条件,建立临时庇护所的方法。

一、寻找天然庇护所

根据当地的地理条件,利用大自然的恩惠,有时能够发现现成的或稍加改造就可以临时安身的天然庇护所。

(一)寻找山洞设立庇护所

如果能在附近找到天然的山洞,不用多大力气就有了一个现成的庇护所。但是,山洞的情况一般不会很理想,往往需要改造和修饰。即使找到的山洞大小比较适中,也要在洞口加装一道“防护门”,不仅可以挡

图 4-1　利用山洞设立庇护所

风，而且可以防止动物的袭扰。防护门可以用石头、树枝、泥土等材料，砌成一道墙或做一个篱笆。（图 4-1）

山洞也是动物喜欢的庇护所，也许所发现的山洞早就有了“主人”，进洞前千万要提高警惕。如果山洞很深，可以点火把进洞，一则可以照明，二则可以测试洞内的氧气是否充足。点火把进洞还有一个好处，因为野兽一般都怕火，一旦洞内有野兽居住，火光会把它们吓跑。为了防止野兽返回，可以让火一直燃下去，并注意排烟，以防一氧化碳中毒。

如果发现被吓跑的动物一直在洞口徘徊，就应该仔细检查一下，看看洞内是否有动物的幼仔。如果有，应该把它们放到洞口，一般情况下母兽会把它们叼走。假如洞内的动物可能无法对付，则应及时离开，重新寻找庇护场所。

天然山洞作为庇护所有很多优点：一般都比较坚固、防风、防雨、防御性好，也有一定的活动空间；缺点是：生火排烟困难，容易引起一氧化碳中毒。

（二）寻找树洞作为临时庇护所

在森林里，尤其是原始森林里，可以找到能够容纳一个人的大型树洞。利用树洞做庇护所的缺陷是，树洞往往不会很大，在洞内无法躺下睡觉，最多只能坐着休息，因此不可做较长时间休息的场所。但是树洞毕竟可以遮风挡雨，防御动物的攻击，在穿越森林时，可以临时栖身。

树洞也是动物喜欢的栖身地，进洞前先要观察一下洞内的情况，如果发现洞口有兽毛，或者闻到一股腥臊味，就应该换个地方。即使树洞内暂时没有动物占据，也要防范夜间有动物入侵。要回避有大型动物（例如黑熊）居住的树洞。

为了防止动物袭击,可以临时绑一个栅栏封堵在洞口,并加以固定。固定栅栏的方法是:拿一根长于洞口高度的木棒紧靠树洞内壁,并把它和外面的栅栏紧紧地捆在一起。(图4-2)

图4-2 利用树洞作为临时庇护所

二、改建庇护所

野外有很多特殊的地理环境,虽然不是现成的庇护所,但稍微改造一下就是不错的庇身之处。

(一)利用凹坑盖一个庇护所

在前面的章节中提到不要在低洼处建立营地,但是,并不是只有低洼处才有凹坑,许多凹坑都在山坡上,甚至山顶上也有凹坑。

在野外,不难发现这样的凹坑,有的好像专门为探险者挖好了似的,只要盖上一些树枝、杂草,坑底垫一些干草就可以睡觉了。(图4-3)

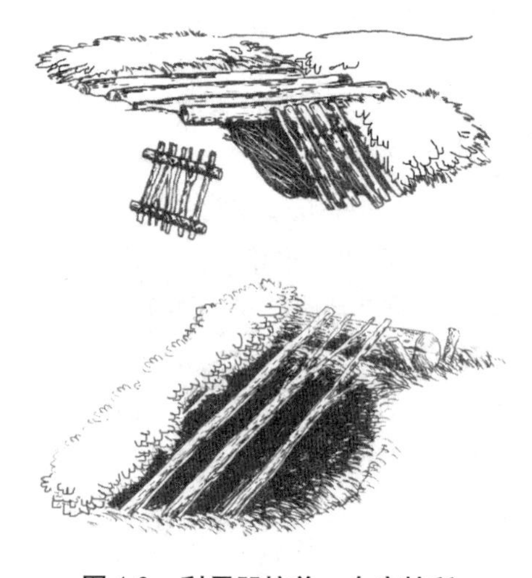

图4-3 利用凹坑盖一个庇护所

这样改造好的庇护所就像是

一个浅浅的地窖,保暖、避风效果比帐篷还要好,尤其是在寒冷地区,这样的庇护所甚至可以长期居住。

抗日战争时期,东北抗日联军在东北广阔的林海雪原与日军作战时,经常居无定所、食不果腹。然而,他们却奇迹般地度过了东北漫长的冬季,并总结出了许多野外生存的宝贵经验,其中就包括野外宿营的方法。那时,抗联的战士们在野外就是住在这样的庇护所中,既保暖又隐蔽。

(二) 利用天然"猫耳洞"改建庇护所

山坡、山脚、岩壁下、峡谷两旁、路基、土岗等处经常会形成凹入的、能容纳一个人的浅洞,通常称为"猫耳洞"。在野外,"猫耳洞"要比山洞多得多,稍一加工就可以成为一个不错的庇护所。要做的只是在开口的一侧砌一道墙,或者搭一些树枝。(图 4-4)

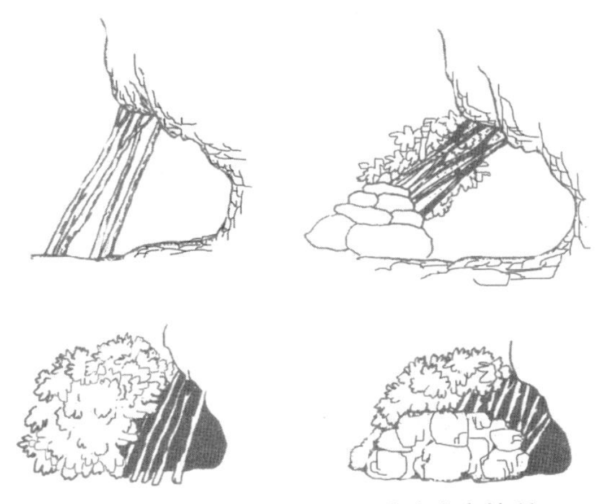

图 4-4 利用天然"猫耳洞"改建庇护所

(三) 利用石棚和石笋建立庇护所

在有些地区(例如石林、大石棚)会找到一些直立石笋,或者上面有雨搭的石棚,利用这样的地理环境也可以加工一个临时庇护所。不过,这些地方提供的仅仅是几根"柱子"或者是一个"盖子",还需要在"柱子"上加个"盖",或者在"盖子"的周围加上挡风的"墙"。

（四）窑洞

在黏土（黄土、红土）地区，有许多自然形成的厚土层陡坡，上面经常风化出许多小窑洞，稍微改造一下就是一个庇护所。

窑洞冬暖夏凉，现在还有一些地区的居民仍住在窑洞里。在野外，我们不能把窑洞建得很像样，既没有相应的工具，也没有太多的体力支持。用树枝在石头上磨尖，或者找到片状石头，总之，利用一切可以找到的工具挖一个能够栖身的小洞还是可行的。这样的小洞通过不断地扩建，能够适合较长时间的野外生存。

三、搭建庇护所

找不到现成的或者半现成的庇护所，就需要自己动手搭建。有时，因为某种原因需要在野外停留较长时间，临时的庇护所不能满足需要时，就应该搭建比较稳定、舒适的庇护所。

搭建庇护所的材料没有一定的限制，根据当地的情况，可以有很多选择，只要多动脑筋、多做尝试，一个舒适、结实的庇护所是不难搭建的。

（一）搭建茅草房

茅草房容易搭建，取材方便，是野外活动中最常见的庇护所。其实，不仅是野外工作者喜欢搭建茅草房，看山的、看林的、放牧的，甚至临时工地都经常搭建茅草房。

草苫可以用干草也可以用湿草，只要长度适中都可以用来打草苫，然后把打好的草苫固定在用树枝搭好的 A 字形架子上就行了。为了使雨水能顺利流下，以免漏雨，草苫应该由下至上固定，并保证上面的草苫要压在下面的草苫上。

搭建茅草房的主要工作量是打草苫，技术也体现在打草苫上：先找到韧性好的草拧成草绳，然后通过草绳的来回穿插固定住每一绺草。

至于架子，不一定非要搭成 A 字形不可，事实上，只要架子稳定，什么样子的架子都无所谓，因为架子毕竟只是支撑，如图 4-5 所示是两种常见的搭建方法。

图 4-5　搭建茅草房

(二) 搭建草席棚

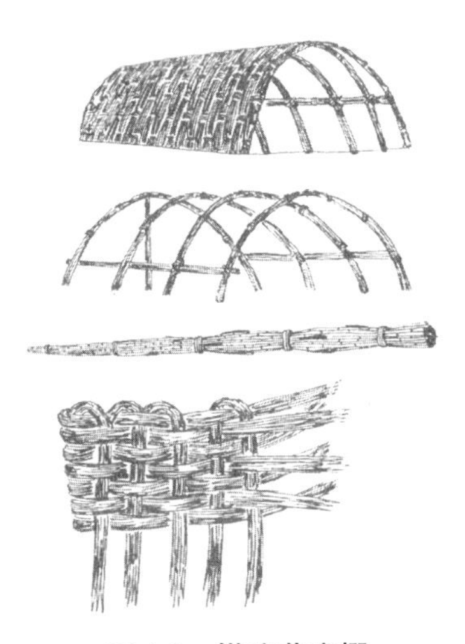

图 4-6　搭建草席棚

草席棚比较适合建在有芦苇或者蒲草等高大野草资源的地区。20 世纪 60 年代辽河油田大会战时,帐篷太少,工人们没有住处,当时解决的办法就是“干打垒”(用土打成的简易房)和草席棚。

草席棚的制作工艺要比茅草房复杂得多,因为它涉及编制(编织)技术,但建造一个能遮风避雨的简单草席棚并不太难。基本方法如下:

先把芦苇扎成手臂粗的草捆(根据棚子的大小决定草捆的粗细),把根端埋在土里,相对的两捆草的末端在弯曲后捆扎在一起,形成一个个拱梁,然后把编好的草席盖在上面,并固定好即可。(图 4-6)

（三）搭建掩体屋

用石头或者土块砌成一个马蹄形矮墙，上面横上木梁，再盖上草和沙土，看上去就像一个掩体。（图 4-7）如果建造得结实，这样的庇护所可以住很长时间。

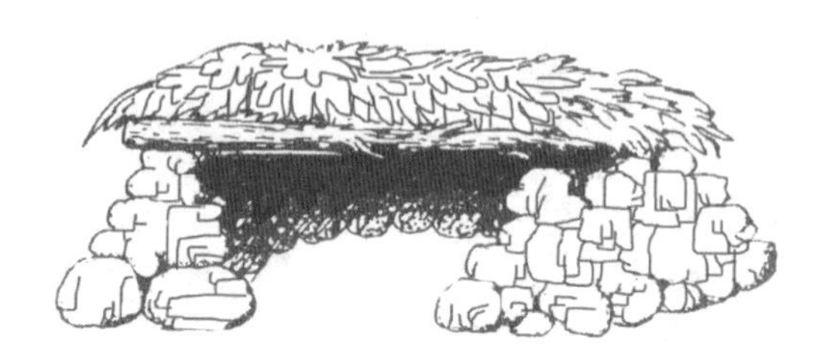

图 4-7　搭建掩体屋

（四）搭建空中“楼阁”

在某些特殊情况下，需要把庇护所建在树上。（图 4-8）在树上搭建庇护所可以防水、防御部分动物的伤害，但不能防风、防雨，不适合比较冷的环境，而且有坠落的危险。

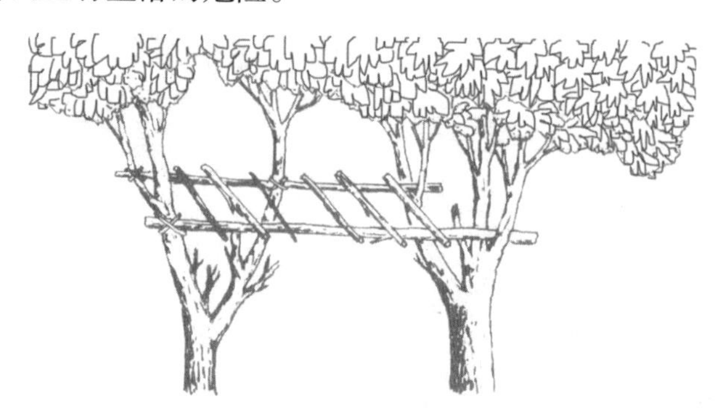

图 4-8　在树上搭建庇护所

搭建这样的庇护所，需要找到足够结实的分枝（树杈），并尽量在同一水平面上的相邻的两棵树。用作横梁的树干要足够结实，能承受人的体重，铺垫在上面的树枝也要有足够的韧性，并且要固定好。

在热带地区，吊床也是一种十分理想的休息场所。由于吊床是悬在空中的，所以它既不会有被一般的洪水淹没的危险，也不会遭到昆虫的袭扰。如果在出发前已经准备了一张吊床，将会减少很多因为休息不好带来的烦恼。如果没有专门带上吊床，可以用随身物品临时做一张吊床：把雨衣、床单、苫布等的四角用绳子系紧，再将绳子分别固定在相邻的四棵树上，就可以做成一张简易吊床了。若是担心会被雨淋，可以再用一张较大的塑料薄膜吊在床的上方做顶棚。

四、在特殊环境中搭建庇护所

（一）在沙漠中搭建庇护所

在沙漠中搭建临时庇护场所是必不可少的，它既可以遮挡白天的酷暑，也可以抵挡夜间的寒冷。在沙漠搭建临时庇护所时，最好选择在清晨或傍晚，因为那时气温不高也不低，不会消耗太多的体力，而在白天，只能做一些修补工作。

在沙漠中，很难搭建长期使用的庇护所，因为沙漠中的沙子是流动的，既不容易找到搭建的材料也不容易固定。

在没有帐篷的情况下，可以搭建一个沙漠掩体：在有植物的地方，特别是灌木丛，沙子不易被吹走。因此，这些地方会形成一个小沙丘。在沙丘旁边，靠近植物的地方挖一个浅坑，收集一些树枝结合沙丘上的植物盖在浅坑上。（图4-9）为了不让收集到的树枝被风吹走，树枝的下端应该插在沙子里，上端捆绑在灌木枝条上。这样的掩体虽然不够严密，但能起到部分防风沙、防晒的作用。

在沙漠中露营，有许多切实可行的经验和技巧，如果能正确使用，不但能充分休息好，还能避免许多危险。

(1) 搭建庇护所时，要了解并充分利用当地盛行的风向。白天，可以把帐篷的四角卷起来，到了晚上再把它们放下来，这样在休息时会更加凉爽。

图 4-9 在沙漠中搭建庇护所

（2）在沙漠地表以下半米的地方，其温度会比地面低 20℃～30℃。所以，可以先向下挖半米深形成一个大坑，再在坑的上面搭建庇护所，就可以摆脱酷暑的烦恼。

（3）双层的顶棚有很好的降温和保暖效果，特别适合在沙漠中使用。如果条件允许，应该尽可能把庇护所的顶棚建成双层，将会起到很好的效果。

（4）在沙漠中露营，要注意营地周围的灌木丛、岩石下面可能会藏有毒蛇、蝎子等危险动物。所以要事先检查好，在搬东西或走路时都要小心。

（二）在冰雪环境下修建庇护所

在寒冷地区开展探险活动，可以利用冰雪建造临时庇护所，建一个雪屋、雪窖、雪洞，然后钻进去御寒。想到要钻到雪里过夜，许多人也许会不寒而栗。但是与冰雪打过交道的人都知道这样做是可行的，因为在零下 30℃的严寒地区，雪屋内的温度甚至可以接近 0℃，所以雪是可以起到保暖作用的。

我们可以采用下面几种方法在冰天雪地里建立临时庇护所。

1. 雪洞

像士兵在战场上挖“猫耳洞”那样，只要雪层足够厚，雪地上同样可以挖出很像样的“猫耳洞”。不过在挖之前，要看看当地的雪是否结实，以免发生坍塌。一般在极地、雪山和东北地区较容易找到适合挖雪洞的雪。

其方法是：先在雪地上挖一个可以下去活动的垂直洞，然后再在洞的下方扩展，直到合适为止。如果雪洞建得好，在里面还可以点上蜡烛，使洞内的温度接近0℃。

进洞前，要准备好堵住洞口的大雪块和一根足够长的木棒。木棒的作用是用来疏通气孔的。在洞内，可以通过上下拉动木棒的方法保持气孔的畅通。关键时刻，还可以成为从雪洞中爬出来的辅助工具。

2. 冰雪天在树下建立庇护所

在塔形树冠的树木中（松树、杉树、柏树），最下面的树枝往往是最大的，并从主干向外延伸很长距离。在下雪天，树枝上会堆积很厚的一层雪，但树枝的下面，尤其是靠近树干的地方会有一块几乎没有多少雪的区域。在树下挖一个洞，并不断向树干方向挖，很快就能到达这个区域，这个地方非常安全，不会塌方，而且还可以靠在树干上休息。（图4-10）

图4-10 冰雪天在树下建立庇护所

（三）在热带雨林中建造庇护所

在热带雨林中宿营，主要是防潮、防水、防虫咬，风和寒冷是相对次要的，一般搭建一个可防雨的庇护所就可以满足露营的要求了。

在热带雨林中，有许多生长着大型叶子的植物，如芭蕉、棕榈等，将这些植物的大型叶子收集起来像放瓦片一样排列在预先做好的三角支架上，就可以搭建一个效果很好的庇护所了。（图4-11）

图 4-11 在热带雨林中建造庇护所

（四）在湿地上搭建庇护所

在探险过程中，有时找不到干燥的露营场地，不得不在潮湿甚至有水的地方过夜，为了避免潮湿对人体造成的影响和伤害，应当搭建一个隔绝湿地或水的庇护所。

如果周围有足够的木棍或竹竿，可以先搭建一个普通的“A”字形支架，然后在离地面一定距离的支架腿上，沿水平面量好尺寸，做一个方框形，并将其套在“A”字形支架的四条腿上，这个框就是“床”的基本平面，然后将收集到的树枝和草铺在上面，一个湿地庇护所就建成了。（图 4-12）

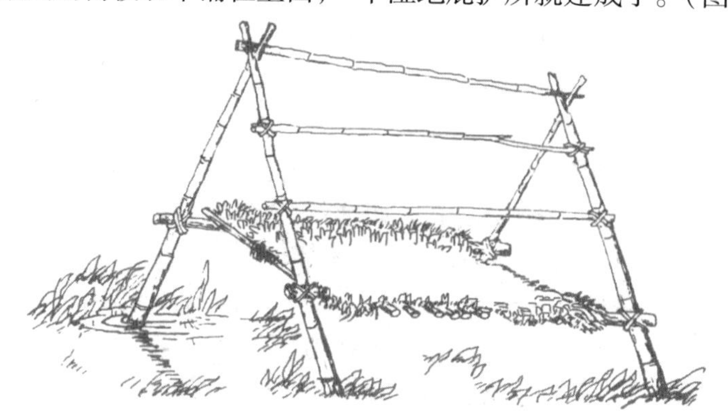

图 4-12 在湿地上搭建庇护所

第三节 天气的预测与观察

在野外,天气的变化对探险的行动计划和活动安排有十分重要的影响。在野外活动往往由于条件的限制,不能准时收听天气预报,即使带着收音机、手机,也可能会因为信号中断或其他原因无法得到气象信息。所以,最好的办法就是掌握天气预测的常识,通过观察自然界的各种变化,来判定未来可能的天气。这将为户外探险活动的顺利开展带来很大的益处。

一、天气变化的征兆

天气的好坏并不是不可知的,有时可以通过观察云的颜色、种类、速度以及风的方向来判定天气的好坏。在山地,白天的谷风一般是自山下往山上吹,而夜晚,则是由山峰往山谷吹。白天(尤其是在早晨),可以看到山口有一朵一朵的云团在逐渐分化为气雾并进而消散,而在傍晚太阳落山时,西边山谷的上方出现一片片橙色或玫瑰色的晚霞。清晨,地面上有露水或霜冻,而在傍晚时,山下会有雾,而且进入夜晚时天气比较凉,天空的星光很稳定,只有很少的星星在闪烁。那么,出现以上天气现象时,说明未来的天气会逐渐变得越来越好。相反,如果发现白天谷风从山顶上向山谷吹,而夜晚则是从山谷吹向山顶;清晨,满山是雾,到了傍晚时仍没有消散,而且夜间气温会升高,很闷、很热,并在黎明前星光闪烁不定。那么,这些都说明未来的天气将会变得越来越差。同样,如果发现在干热或者雾气弥漫之后,能见度突然转好;风向突然变化,并且越来越大,同时还伴有乌云飘来,这些现象也说明天气将要变坏。还有一些比较明显的现象,比如,发现太阳周围出现一个大"晕圈",这是有雨的征兆;在月亮周围出现"晕圈",这是有大风的征兆;如果还发现云团行走得很快，并有逐渐增多的趋势，这是有暴风雨的前兆；同样，如果发现半山腰的云在快速上升，这也是暴风雨快要来临的征兆。

二、观测云层预测天气

通过观测云层来预测天气的变化，既有一定的科学依据，也是长久以来人们在日常生活中积累的经验。在我国的民间谚语中，有许多是告诉人们如何根据云层的变化来识别天气的。

“朝霞不出门，晚霞行千里”，就是告诉人们，如果早晨东方有彩霞出现最好不要行远路，因为天气很可能会变坏；而傍晚要是西方的天边出现了彩霞，说明天气状况不会发生明显的变化，可以放心出远门。

“日落火烧云，明朝晒死人”，说的是如果日落时出现了红云或是火烧云，第二天一定是个大晴天。

“红云变黑云，必是大雨淋”，就是说随着太阳的升高，太阳初升时的红云变成了黑云，那么一场大雨就要来临了。

“早上云如山，黄昏雨连连”“早起乌云现东方，无雨也有风”。这是说，在夏天的早晨，如果东方一大早就出现了乌云，那么当天很可能会下雨。从科学的角度来讲，因为夏天白天热夜晚凉，温差较大，早晨天空中一般不会有云层，如果太阳刚出来就有了许多乌云，那么到了中午前后，很可能会有许多云团聚集在一起而导致降雨。

“日在云里走，雨在半夜后”“日落黑云接，风雨定猛烈”“乌云接日头，半夜雨稠稠”。这几则是说，太阳落山时有乌云，半夜或是第二天肯定会有猛烈的风雨。这是因为日出以后，地表面会受热，空气也逐渐受热，热空气迅速上升，大量的热空气聚集在一起形成了云层；而到了傍晚，阳光减弱，空气不会再受热上升，原先的热空气也会因为遇冷而凝结成许多小水珠，那些小水珠聚集在一起，由于重力的作用就会降落到地面，形成雨水。

这些谚语不仅顺口易记，而且有一定的科学道理，可以作为户外探险时识别天气的重要依据。同时，一些民间预测天气的谚语有一定的区域性，可以通过在活动区域的走访、收集、整理，掌握更多预测天气的知识。

通常情况下，云层越高，天气就越好。如果按云层的不同种类去预测天气，主要有以下几种。

（1）卷云：它由微小的水珠组成，一般出现在地表上空6 000米左右，从外表上看它们像羽毛、丝带，所以又叫“马尾云”。卷云往往预示着好天气。但如果是在寒冷的季节出现并伴有强劲的北风，可能预示着大风雪将要来临。

（2）卷积云：它的特征是成堆的白色云朵，看上去类似波纹状的鱼鳞，又叫作“鱼鳞云”。它通常出现在海拔5 000～8 000米的高空，预示着晴朗的天气。

（3）卷层云：它看起来如同一层白色的面纱，但颜色略深于卷云，说明恶劣天气将要来临。

（4）积云：积云比较容易识别，它如同团团的棉絮，距离地面较近，一般在海拔2 500米以内。如果积云彼此分开，飘浮在天空，那么就预示着一个美好的晴天；如果积云越来越大，前段越来越多，则很可能会有一场暴风雨。

（5）积雨云：它是一种底层雷云，颜色乌暗，云层呈现塔形，高度可达6 000米，远远看去，它们会呈现出底平顶圆的奇怪形状。积雨云会带来强风暴雨、雷鸣电闪。

（6）高积云：高积云类似于卷积云，但它的覆盖范围更广，云层更厚，白中有黑，通常出现在暴雨之后，预示着有个良好的天气。

（7）层云：它由大量的水滴构成，从外表上看是一层一层的灰色云朵，刚开始出现时往往会被误认为是高山浓雾。它预示着未来的降雨或降雪。如果在夜间越来越厚，覆盖在清晨的空中，通常也会带来晴朗的一天。

（8）高层云：高层云在阳光的照耀下看上去像灰色的幕幔，高度可达2 500～6 000米，如果湿空气靠近它，云层就会变厚、变暗，直至下雨。

（9）层积云：它通常会覆盖整个天空，云层较薄，覆瓦状，阳光可以从中透射下来。它可能会带来雷阵雨，但通常会在午后消失，留下一片晴朗的天空。

（10）雨层云：雨层云是低层乌云，笼罩在空中，预示着在 4 小时内会有一场降雨，而且降雨会持续数个小时。

三、观测雾气预测天气

民间有“十雾九晴”“早上雾蒙蒙，中午晒得皮肉痛”“早雾晴，夜雾阴”等说法，这些都是通过雾来反映天气变化的谚语。其实，观测雾和观测云一样，都可以看出天气的变化。通过雾来预测天气是有科学道理的：一天之中，最冷的时刻应该是天刚亮之前。这时，空气中的水蒸气容易遇冷而凝结成雾，如果夜晚天上无云，地表的热量就会散失得快一些，这样，第二天早上的气温就会低一些，出现雾的可能性也就大一些。而晚上无云又是晴天的象征，所以早上有雾预示着晴天；但如果晚上有雾就不同了，这是因为晚上的雾多是由于地面稀薄的冷空气使空气中低层的暖空气发生凝结形成的，而晚上的雾又会使云层增厚、增多，逐渐形成阴天。所以，晚上有雾预示着第二天不会有好天气。

阴天出现了雾，一般都不容易消失。有时，雾可能在原地不动，云向雾靠近；有时，雾升高和云连起来，加厚了云层。出现这些情况都意味着坏天气即将来临，也就是人们常说的“雾收不起，大雨不止”“日出雾难消，当日有雨”“久晴大雾阴，久雨大雾晴”等。天气长时间保持晴朗，是因为空气比较干燥，气压高，云层和大雾不易形成。但一旦出现大雾，则说明低层水蒸气增多，气压变低，这样就容易形成云层，就会由晴转阴。如果长时间的连续降雨，地面会有充足的水分，当高气压移来时，地面水分就会蒸发，夜晚空气的温度降低，水蒸气遇冷凝结成了大雾。这种雾本来就是在天气转晴的情况下形成的，因此在日出以后，雾气会被蒸发消失。久雨后的大雾，预示着晴好天气的到来。

四、观察动物预测天气

自然界的许多动物对天气变化十分敏感，如果留心观察它们的反应，可以预测近两天的天气变化情况。

（1）如果一些食虫鸟类，如燕子等，在天空中飞得比较低，可能会有暴风雨来临，正如民谚所说："燕子低飞过蛇道，大雨眼看要来到。"因为在晴天，燕子通常会在高空中捕食。如果在白天你看见兔子寻找食物或是松鼠贮存食物，这也可以说明天气可能会变得很糟糕。

（2）蜘蛛靠织网捕捉小飞虫为生。如果你看到蜘蛛忙忙碌碌地在网上添丝，这说明天气可能会转好。因为在雨天，蜘蛛织的网因为天气变湿而受潮，黏度减小，很难捕捉到小虫。当天气要转好时，小飞虫会活跃起来，蜘蛛就会抓紧织网，捕捉飞虫。所以，蜘蛛添丝，意味着天气转好。

（3）"蜜蜂出窝天放晴。"在雨天，蜜蜂飞行比较困难，而且雨天里植物的花蕊分泌也比较少，这就影响了蜜蜂采蜜，大部分蜜蜂就会在巢里休息。而天气转晴时，气温升高，植物分泌的花蕊增多，勤劳的蜜蜂就会赶紧出巢去采蜜。因此，蜜蜂出窝去采蜜，是天气转晴的征兆。

（4）蚂蚁对于天气的变化十分敏感，因为它们生活在地下，所以有时它们比其他的动物更能感觉到天气的变化。民间谚语说："蚂蚁垒窝，要涨大水""蚂蚁筑防道，准有大雨到""蚂蚁搬家，天将雨""蚂蚁筑坝阵，雷雨盈寸深"。如果看到黑色的长脚蚂蚁特别忙碌，纷纷出来寻找食物，并且行动很迅速地从洞里向洞外搬家，在洞口周围垒窝，还垒得很高，那么天气可能正在升温、气压正在下降或湿度正在增大。如果发现黄蚂蚁在由低处向高处搬家，那么天气即将下雨；如果它们由高处向低处搬家，那么天气可能很快转晴。

（5）如果在夏天，青蛙的叫声是判断是否要下雨的一个重要依据。青蛙是两栖类动物，它们的皮肤与器官对水、土和空气的温度、湿度都有很敏感的反应。如果气压突然下降、潮湿闷热，青蛙就会发出既大又密的叫声；如果雷阵雨即将来临，青蛙会叫得很明显；雨后，青蛙的叫声如果渐渐变少，表明天气将要转晴；如果青蛙突然在白天叫起来，那么天气不久就会变差。所以，要记住，"青蛙叫，大雨到""中午青蛙叫，午后雨飘飘""青蛙白天叫得紧，下雨不用等时辰"。

（6）蚯蚓和蛇都是比较怕雨的动物。在下雨前，潮湿的空气会使泥土的含水量增大，蚯蚓和蛇就会爬出洞寻找适合的环境。所以，“蚯蚓上路，出门有雨”“蛇挡道，大雨到”。

（7）另外，其他一些小动物也能对天气的变化作出明显的反应。在雨天来临前，空气中的水蒸气增多，天气格外潮湿、闷热，蜻蜓等昆虫的翅膀沾上了水，就会比平时飞得低一些；而蚊子、苍蝇等由于喜欢潮湿的环境，这时会特别活跃，到处乱飞。这就是人们常说的“蜻蜓满天飞，风雨在眼前”“蚊子飞成球，风雨将临头”“蚊子骤然多，明日雨滂沱”。当雨天即将转晴时，空气的温度和湿度与下雨时有很大的区别，此时，树上的蝉会因环境变好而放声鸣叫。这就是所谓的“雨中蝉鸣，很快放晴”“雨中蝉声叫，预告晴天到”。

五、其他预测方法

对未来天气的预测，还有一些其他方法。在野外燃起篝火，通过观察烟火上升的情况，就可以判断明天的天气。如果烟火稳稳地上升，第二天的天气会很好；如果烟火闪烁不定，或是升起又降下，那么可能会有暴风雨。在暴风雨来临前，木制工具的把手会变得紧一些，盐也会因为吸收了空气中的水分而增加潮气，甚至会化成盐水。当空气中的湿度增大时，声音会传得很远，空气中的味道也更容易闻到，皮肤也会有黏黏的感觉。如果患有关节炎，就会有酸痛和其他很不舒服的感觉，这些也在表明天气正在发生变化。

当然，要准确判断天气的变化，既需要积累丰富的经验，也需要根据实际情况去分析判断。不能一看到某种现象，就认定天气肯定会发生相应的变化，因为大自然的变化有时候是任何人都难以预料的。

第五章 野外寻找水源与用水

水是生命之源,它对人体的重要性不言而喻,尤其是对于户外探险者和野外工作人员,更是生死攸关的事。俗话说:“饥能挡,渴难挨。”水在某种程度上比食物还重要。1983 年,曾有几个大学生在峨眉山区的一个山洞中迷了路,走不出来,他们仅靠喝山泉水维持了 10 多天,最后被人发现救出。据统计,在 25 ~30℃的气温下,如果没有水,人类活不过 10 天;在 30 ~40℃的气温时最多存活一周;如果在 50℃以上的沙漠地区没有水,想活过 3 天都非常难。正常人每天需要饮用 3 升水,在炎热和干燥地区人对水的需求量就要达到 5 升左右。在野外,人们消耗的体力较大,排汗较多,对水的依赖就更强。

人体在缺水时会出现一系列的生理反应。水分补充不足时,人首先会感到疲倦,脉搏加快,反应迟钝,进而出现脱水症状,如口渴、呼吸急促、脸色苍白、虚弱无力、痉挛等。体内脱水的速率是由以下因素决定的:体内现有的存水量,身上穿的衣服,当地的温度,在太阳直射之下还是在阴影下,是否正在吸烟,是否镇定还是紧张,等等。

体内脱水程度不同,会产生不同的结果:轻度脱水(缺水量为体重的 2% ~3%)时,会感到口渴、身体不适、食欲不振;中度脱水(缺水量为体重的 4% ~6%)时,会出现恶心、头痛、头晕;重度脱水(缺水量为体重的 7% ~14%)时,会发生语言障碍、无法行走、意识模糊直至发生虚脱。因此,一旦发现缺水,当务之急应最大限度地减轻身体脱水状况,然后立即找水补充。要是受困于沙漠寻找不到水源,那就不要乱动,要设法寻求救援。

如果水源充足,每天的饮水量应该与平时习惯的饮水量相同。这样,即使在食品匮乏的情况下,仍能保持身体的健康。

要是有许多食品而缺少水源,那就要注意:吃东西会使你口渴。在不得不将饮水量严格控制的情况下(如限制每天饮用1升水以下),即使食物丰富,也要少食脂肪和肉类,要选择易消化、含有一定水分的食物。如果食品和水都很少,那就将活动量减至最低程度,并选择阴凉处落脚,少说话,用鼻子而不是嘴巴呼吸,尽可能减少体内水分的消耗。

所以,野外给养的一项重要工作就是寻找水源和处理饮用水。

第一节 寻找水源的主要方法

在野外,除了饮用水外,漱洗、烹饪、降温等都离不开水,因此及时找到水源是野外生存的关键环节。在寻找水源前,为了减少不必要的体力消耗,应该做到目的明确。可以选择一个地势相对较高、视野开阔的地点,来观察、分析可能的水源线索。例如,看看什么地方植物茂密,什么地方有鸟群绕飞盘旋,什么地方有蝴蝶在翩翩飞舞,什么地方有峡谷和河流……通过认真的观察和分析后,就可以开始找水了。在野外,通常有以下几种寻找水源的方法。

一、根据地形寻找水源

如果是在山区,要尽量往山谷下寻找,走到最低点,一般就会发现水源。有时山谷里会形成小溪,有时也会发现干涸的河床,这时不要失望,在河床的低洼处仔细寻找,如果还是没有水源,就试着往下挖几下,干涸的河床砂石下面很有可能挖到水。(图5-1)

看到悬崖也不要放过,一般情况下,多数悬崖下面是可以找到水的。即使没有水,背阴的悬崖下面会非常潮湿,可以为自己“造水”提供良好的条件。

图 5-1　干涸的河床砂石下面很有可能挖到水

洞穴里也是可能有水的地方，特别是在有石灰岩的地区，岩石上会有裂缝，有时会有泉水或渗水。这样的地方往往岩壁上会有锈迹，出水口附近也会有青苔或卷柏（一种低等植物）。

干涸的水池也有可能挖出水，如果发现有龟裂的泥片，选择比较潮湿的地方挖下去，多数情况会有水出现。

海边的沙丘上也有可能挖出淡水，选择沙丘的最低点挖下去，挖到很潮湿的地方就会有淡水渗出来，尝一下是否是淡水，如果是咸水，说明挖深了，可以换个地方再试试。

在沙漠里，有绿植的地方虽然不一定有水，但是有水的地方一定有绿植，在有植物的地方找水，成功的概率较大。

二、根据动物提供的线索寻找水源

春秋战国时期，齐国出兵远征孤竹国，得胜回师时，正值隆冬季节，河溪干涸，人马饥渴难耐，大军无法行进。大臣隰朋向齐桓公建议说："听说蚂蚁夏天居山之阴（北），冬天居山之阳（南）。蚁穴附近必定有水，可令兵士分头到山南找蚁穴深掘。"齐桓公采纳了这个建议，果然找到了水，解救了全军。这个故事告诉我们，在各个地区，草木的生长分布，鸟、兽、虫等的出没活动，常常可以给寻找浅层地下水提供一些线索。

许多动物可以帮我们找到水源,尤其是两栖类动物。由于两栖类动物在由水生过渡到陆生时,身体变化还不彻底,它们的皮肤还不具备防止水分蒸发的功能,需要随时到水中湿润体表。因此,有两栖类动物出没的地方,附近肯定有水源。爬行类动物也喜欢傍水而居,有蛇的地方,也容易找到水源。

鸟类也会起到指示水源的作用,虽然鸟类可以飞到很远的地方去饮水,但动物的习性使它们有一定的居住和觅食的偏好,一些以水生生物为食的鸟类,更不会离水源太远。例如,翠鸟、鹳类、鹭类(白鹭、绿鹭)、雁类、野鸭、鹬类、大尾莺等多在水源附近生活。有的鸟类,特别是燕子,会在水源地上绕飞,远远地就可以发现。

昆虫也有指示水源的作用,像蝴蝶、蜻蜓、蚊子、蜉蝣、虻等也喜欢在水源附近活动。

动物的足迹是最好的水源路标。如果你能发现动物的足迹,就应该认真分析一下,看看是否有下列特征:明显有一定的方向性,足迹杂乱,不像是动物偶尔经过的。如果是这样,顺着动物的足迹就能找到水源。这种情况一般不易碰到,一旦碰到,找到水的成功率会很高。

另外,动物一般喜欢在傍晚去喝水,可以根据这个特点在傍晚注意动物的动向。

三、根据植物生长的特点寻找水源

植物的生长与水息息相关,因此可以将某地区植物的生长和分布作为地下水源的线索。一般来说,植物生长茂盛的地方往往有水源。

自然界各种喜水植物,如阔叶植物、深根植物等生长茂盛的地方,都是找水的线索。常见的喜水植物有黄花菜、马兰花、水芹菜、莎草属、水葱属、菖蒲属和芦苇属的多数植物。这些植物不仅喜欢生长在河岸、湖泊、沼泽、沟渠旁边,也常生长在地下水埋藏浅的地方。因此,可作为找浅层水的重要线索。

芦苇生长的地方一般都有地下水,即使独根芦苇的生长处也有可能埋藏地下水。有大片芦苇的生长处,地下水一般都比较丰富,埋藏深度一般为 3 ~5 米。

在许多干旱的沙漠、戈壁地区，生长着老艾草，说明地下水位于地表下2米左右；如果发现马兰花等植物，下挖1米左右就能找到地下水。还可以通过植物得知地下水的水质情况，如生长着香蒲、沙柳、马莲、金针（也称黄花）、木芥的地方，水位比较高，但水质也好；生长着灰菜、蓬蒿、沙打旺的地方，也有地下水，但水质不好，有苦味或涩味，或带铁锈味。

在南方，根深叶茂的竹丛不仅生长在河流岸边，也常生长在与地下河有关的岩溶大裂缝、落水洞口等地方。例如，在广西有许多岩溶谷地、洼地，长着成串的或独立的竹丛，常常是有大落水洞的标志。这些落水洞，有的在洞口能直接看到水，有的虽然在洞口看不到，但只要深入下去，往往能找到地下水。

四、通过声音寻找水源

经常去野外的人，应该有这样的体会：只闻水声不见水影。这种情况其实很多，因为松软的地质是没有办法托起水的。在枯枝落叶较多或者石块重叠的环境下，泉水、山溪、雨水是边流边沉的，在沉下去以后，遇到坚硬的地质才不再下沉，并向较低的方向流。长期的水流在浮层下逐渐形成了暗流，所以我们听到水声却看不到水。

如果我们在野外听到了水声，要注意附近的植被情况。在植物比较茂盛，并且有苔藓的潮湿地点，趴下去仔细听，就可以判断水流的具体位置。然后搬开石块，清理干净落叶就可以看到水了。这样的水，水质大多比较好，基本不需要处理就可以饮用。

第二节　收集水和“制造”水的方法

在找不到水的情况下，可以利用大自然的物理现象收集水，利用周围的一切条件来“制造”水。这虽然是无奈的选择，但可以解决身体缺水的问题，也是野外生存训练的必修课。

一、收集雨水

在雨天，可以用一切接水的工具来接水。接水时注意尽可能地扩大接水面积，最好用塑料布、油布等片状物，如果是在海上缺水，收集雨水就是最好的办法了。在必要时，可以把船帆卸下来接水，并及时把雨水收集起来。

在陆地上，收集雨水的方法很多，可以在不渗水的平面上（如石板）用黏土围成一个小“水库”，也可以把大树的树洞当成存水的“容器”。

如果有挖掘工具，可以选择开阔的地点，利用地势挖几条排水渠，把水引到挖好的或天然形成的坑里。如果需要在一个地方待上较长的时间（如等待救援），可以在有水流经过的地方筑个小坝，就可以解决许多问题。

雨衣是接水的最佳工具，因为雨衣本身不透水，可以减少雨水的流失，也能保证水的洁净。（图 5-2）

普通的塑料袋也可以用来接雨水，但塑料袋的口太小，很难接到太多的雨水。可以把塑料袋挂在树上（柳树效果最好），把一些树枝塞进塑料袋的入口。（图 5-3）

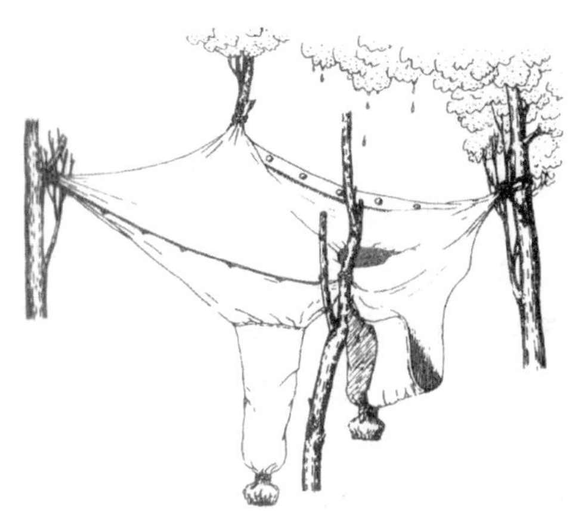

图 5-2 利用雨衣收集雨水

图 5-3 利用塑料袋收集雨水

收集雨水的工作也可以在雨后进行。雨后，坑洼处、树叶上等许多地方都有雨水，耐心收集可以积少成多。但用瓶瓶罐罐来收集是不可行的，因为这些器皿着雨的面积太小。如果有合适的容器，可以做一个引流，把雨水引到容器里。还可以利用衣服斜挂在空中，并调整水流，使雨水流入容器里。

如果可能，收集雨水最好是在空中接，那样接到的水稍加处理就可以直接饮用。

露水也可以收集，只是数量有限。但是在没有水源又没有降雨的情况下，露水有时可能是唯一的希望，尤其是在沙漠地区，露水会在光滑的物体表面流下来，用可以利用的一切器具接收下来，虽然不多，但还是比没水强。在天亮时，用吸水性强的棉布、毛巾在植物上拖行，然后拧出露水，重复多次，水量也是可观的。（图 5-4）

图 5-4　用毛巾收集露水

二、用冰雪化水

在有冰雪的地方，饮用水相对容易解决。这里要注意的是如何利用的问题。

化雪也有方法，如果用容器在火上烤，最节约能源的方法就是：先化一点水，然后加入握紧的雪团。雪团放入容器前，可以放在火旁使其发黏，化起来就比较快一些。

如果是化冰，应该尽量把冰捣碎，这样会比大块的冰更容易融化。

冬天在野外，能源是最稀缺的。如果有太阳，可以利用日光化雪。如果有颜色较深的器物（最好是黑色的），把冰雪放在上面就比较容易融化。

除非在不得已的情况下，尽量不要直接吞食冰雪，那样对身体没有好处。

三、收集地表蒸发水

地表每天都会向空气中蒸发大量的水分,尤其是在炎热地区。沙漠中找水很不容易,却有大量的蒸发水。如图示的简单装置就可以收集到一些这样的蒸发水,而且可以直接饮用。(图 5-5)

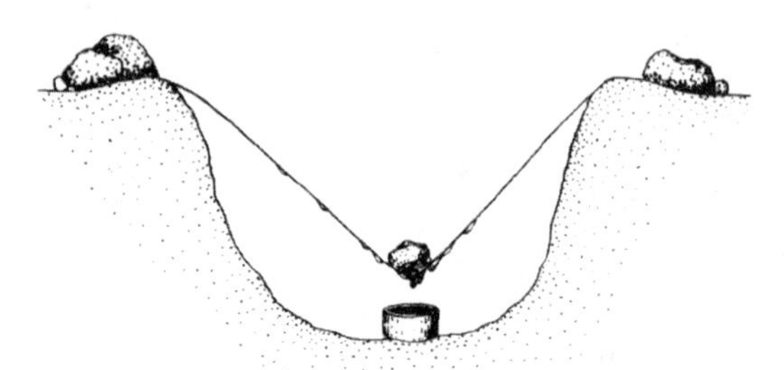

图 5-5 在沙漠中收集地表蒸发水的装置

在阳光可以直接照射的地方挖一个坑,找一块塑料布盖在上面,用一块石头压在当中,使塑料布接到蒸发水可以在一个低点流下来。坑底用一个容器接水。塑料布的边缘用土压好。地表的水分在阳光的加温下会向上蒸发,遇到塑料布就会凝集起来,并在最低点流下。这样的装置最多时每天可以积存一升水。如果有几个这样的装置,饮用水的问题就可以解决了。(图 5-6)

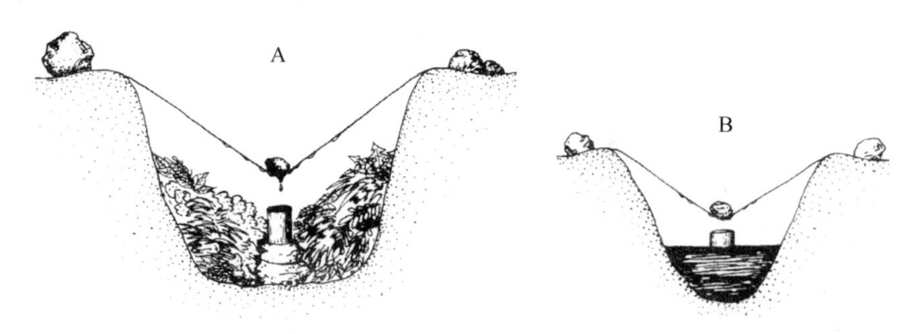

A. 从植物中收集水　　B. 从泥浆中收集水

图 5-6 收集地表蒸发水的装置

这样的装置不要破坏,还有其他用途。例如,在坑里放上植物、泥浆、不能喝的污水,还可以“生产”出饮用水来。

四、收集植物蒸腾水

我们在生活中应该有这样的经验,在塑料袋里装的蔬菜时间长了不取出来,会在塑料袋内侧凝集许多水珠,那是植物蒸腾作用产生的水汽。在严重缺水时,也可以利用这样的方法收集一点水。这样收集的水虽然很少,但肯定比没有水要好得多。

收集方法:

(1) 将苔藓、地衣等含水量大的植物装进一个塑料袋里,用石头压住口,放在有阳光的地方。如果幸运的话,能够收集一小口水。(图 5-7 左)

(2) 用一个塑料袋包在树上,可以直接收集到树叶的蒸腾水。(图 5-7 右)

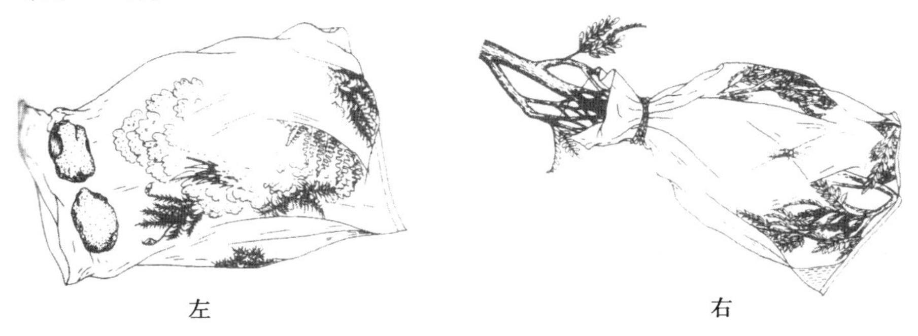

图 5-7 收集植物蒸腾水的方法

五、收集植物的汁液

许多植物体内含有大量的水分,并以汁液的方式储藏起来。一些沙漠植物的储水量会更大一些。仙人掌类的植物体内有大量这样的水分,可以把它们挤出来饮用。藤本植物的输水能力很强,它们体内也有大量的水分。槭树、桦树等植物也有丰富的伤流液,用刀割开树皮,可以直接饮用流出的伤流液。(图 5-8)

竹子节内也有汁液，可以直接饮用。有椰子的地方，可以用椰子汁解渴。

这里要注意一个重要问题：如果不了解这个植物，千万不可盲目地饮用它们的汁液。

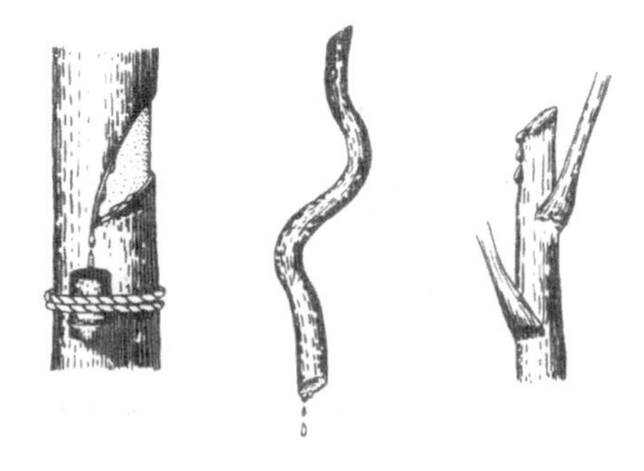

图 5-8　收集植物伤流液

六、利用动物的体液

我们在电影里可能看到过这样的场景：沙漠里饥渴难忍的穿越者喝骆驼血的镜头。事实上，动物体内含有大量的体液，直接可以获得的就是血液，但这样做似乎有些残忍，在生命没有受到威胁时最好不要这样做，而且，喝血的感觉总是不太舒服的。

甲壳虫的血液是无色的，而且含量也不少，可以适当利用。

七、将潮气变成水的方法

有时候虽然找不到水，但能够找到潮湿的土和植物，上面的潮气很大，就是没有水流下来。这时候，可以用一个小小的装置来收集这些潮气：用一块不透气的布，最好是塑料布或者雨衣来收集这些潮气，使它们变成水。

具体的方法是：架起一块石板，在下面生火，把潮湿的土或者苔藓等植物放在石板上，中间插一根棍子，最上面盖着防水布，在布的下缘就可以收集到由潮气变成的水了。

这个方法要注意的就是一定不要把盖在上面的布烧了，尽量离火远一点。

八、海水的淡化

如果在海岛上进行野外生存，最常用的方法是淡化海水。目前已经有许多专门的海水淡化装置和药品。例如，海水淡化器、太阳蒸馏锅、海水淡化药片等。但是,如果身边没有带上这些东西,仍然可以用土办法淡化海水。用一个有盖子的锅,在锅里装上一定量的海水,倒盖锅盖,把水烧开,在锅里放一块石头(石头要重一些,以免被沸水掀动),石头上放着接水的容器。(图5-9)

图5-9 海水蒸馏装置

蒸馏可以制造出可饮用的淡水,图中所示装置是类似的蒸馏器。可以用所有能找到的器具,像罐头盒、废桶等耐火容器来制作。

如果身边找不到任何容器,可以用其他方法淡化海水。例如,在潮间带(高潮线和低潮线之间的区域)的沙子上挖一个坑,慢慢地会有水渗进来。这样的水还是有盐分的咸水,以这样的水加两成淡水喝,就不会影响健康。

利用海边有低洼的岩石,注入海水,上面用雨衣或者塑料布罩上,在阳光下,布上很快就会出现水珠,舔食这些水珠也可以解渴。

第三节 水的净化、消毒与科学饮水

在野外,我们找到的水不一定都是干净的。看上去混浊的水,我们会想办法处理;而看起来比较干净的水,我们往往会放松警惕。山区的水也有被污染的可能,如动物的尸体、粪便、寄生虫和重金属离子等。有些水里还可能有大量的细菌和变形虫等原生动物,因此,即使在极度干渴之际找到水源后,也最好不要立即饮用。应就当地的条件,对水源进行必要的净化、消毒处理,以免因饮水而中毒或传染上疾病。当然,在一般情况下,饮用流动的或水里有鱼类的山泉或小溪,染病的概率并不大。

在野外没有可靠的饮用水，又无检验设备时，可以根据水的色、味、温度、水迹概略地鉴别水质的好坏。纯净的水在水层浅时无色透明，在水层深时呈浅蓝色。可以用玻璃杯或白瓷碗盛水观察，通常水越清水质就越好，水越浑则说明水里含杂质多。水色随含污物的不同而变化，如含有腐殖质呈黄色，含低价铁化合物呈淡绿蓝色，含高价铁或锰呈黄棕色，含硫化氢呈浅蓝色。

一般清洁的水是无味的，而被污染的水则常有一些异味。如含硫化氢的水有臭鸡蛋味，含盐的水则带咸味，含铁较高的水带金属锈味，含硫酸镁的水有苦味，含有机物质的水有腐败、臭、霉、腥、药味。为了准确地辨别水的气味，可以用一只干净的小瓶，装半瓶水，摇晃数下，打开瓶塞后立即用鼻子闻。也可把盛水的瓶子放在约60℃的热水中，闻到水里有怪味，就不能饮用。地面水（江河、湖泊）的水温，因气温变化而变化。浅层地下水受气温影响较小，深层地下水的水温低而恒定。如果水温突然升高，多是有机物污染所致。工业废水污染水源后也会使水温升高。还可以用一张白纸，将水滴在上面晾干后观察水迹。清洁的水是无斑迹的；有斑迹，则说明水中杂质多，水质差。

一、水的净化方法

这里介绍几种简便可行的野外水处理的方法。

1. 沉淀法

将水收集到盆或存水容器中，放入少量的明矾（一般参加野外探险活动要多带一些）并充分搅拌，沉淀1小时后就会得到清澈的饮用水了。

如果没有明矾，在水中挤上少量的牙膏，搅拌后也会有同样的效果，因为牙膏对水中的悬浮物有较强的沉降作用。

如果实在没有可用的东西，也可利用植物。将榆树、桦树、椴树的树皮或枝叶捣碎（沙漠地区可用仙人掌），在水中搅匀后沉淀，也能得到较为干净的水。

沉淀法也可以与煮沸法结合起来使用，煮沸消灭病菌原体，沉淀清除悬浮物。

2. 吸附法

药用炭对水中的悬浮物和重金属有很强的吸附作用,在水中放入药用炭能有效净化水质。如果没有药用炭,也可以利用点篝火剩下的木炭。注意选择木炭时要选择相对坚固的,否则净化后的水还要过滤后才能饮用。

茶叶也有吸附的作用,如果身边带有茶叶,可以用来泡水喝。冷水泡茶的时间要长一些。

3. 过滤法

当水源比较混浊,有悬浮物、虫卵、蠕虫及昆虫幼虫等生物时,应选择过滤法来净化水质。可以用女生的长筒丝袜、手帕等制造一个过滤器。重复几遍后,就能得到相对干净的水。

如果有条件的话,最好做一个过滤器(图5-10):用一个矿泉水瓶,把瓶底割掉,将瓶口向下,在瓶里依次填紧木炭、干净的细沙;然后将不清洁的水慢慢地倒入自制的简易过滤器中,等过滤器下面有水溢出时,即可用盆或水壶等容器将过滤后的干净水收集起来。如果过滤后的水清洁度还是不够满意,可以重复进行过滤。如果没有矿泉水瓶,也可以用其他类似的容器。关键是沙、木炭等要交替放置,压紧。水要从最后的出水口流出,不能从过滤器壁流出来。

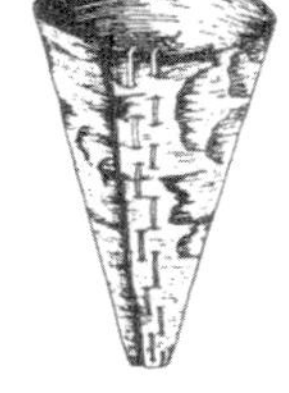

图5-10　几种过滤水装置

4. 渗透法

在水产养殖场,会发现水池旁大多有过滤池。让养殖用的水从过滤池中的沙、石、土的缝隙中自然渗出,然后将渗出的水放入养殖池。

同样的原理,如果在野外发现水源里有悬浮物或水质不清时,可以在离水源2~3米处向下挖一个坑,让水自然渗透到坑里,坑里的水就比池塘里的水清洁许多。(图5-11)

目前,有一种饮水净化吸管,在野外非常实用,形如一支粗钢笔,经它净化的水无菌、无毒、无味、无杂质,不需沸煮即可饮用,很轻便。

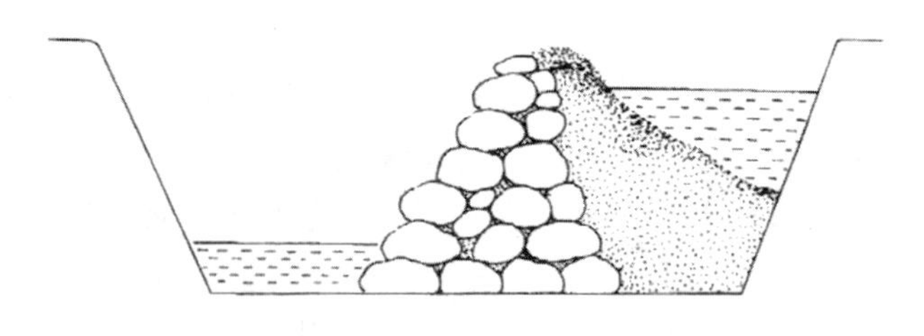

图 5-11 渗透法过滤示意图

二、水的消毒方法

煮沸法。这是最常见也是最为有效的方法。在海拔高度低于2 500 米,而且有火种的情况下,把水煮沸,是对水进行消毒的最好方法,而且简便实用。在平原地区野炊时,多采用这种方法对河水、湖水、溪水、雨水、露水、雪水进行消毒,以保证饮水和做饭的需求。在高海拔地区,水的沸点会逐渐降低,不利于灭菌。因此在高海拔地区应延长沸煮的时间,具体可参考以下数据:海拔 3 000 米左右,沸煮 5 分钟;海拔 4 000米左右,沸煮 8 分钟;海拔 5 000 米左右,沸煮 10 分钟。

将净水药片放入水容器中,搅拌摇晃,静置几分钟,即可饮用,也可灌入壶中储备用。一般情况下,一片净水药片可对 1 升水进行消毒,如果水质较混浊可用几片净水药片进行消毒。目前,军队和一些专业探险队都采用此法在野外对水进行消毒。

如果没有净水药片,可以用随身携带的医用碘酒代替净水药片对水进行消毒。在已净化过的水中,每一升水滴入 3 ~ 4 滴碘酒;如果水质混浊,则在每升水中滴入的碘酒要加倍,搅拌摇晃后,静置的时间也应长一些,20 ~ 30 分钟后,即可饮用或备用。

利用亚氯酸盐,即漂白剂,也可以起到消毒的作用。在已净化的水中,每升水滴入漂白剂 3 ~ 4 滴,水质混浊则加倍,摇晃均匀后,静置 30 分钟,即可饮用或备用。只是水中有些漂白剂的味道,注意不要把沉淀的浊物一起喝下去。

如果以上的消毒药物均没有,正巧随身携带有野炊时用的食醋(白醋也行),也可以对水进行消毒。在净化过的水中倒入一些醋汁,搅匀后,静置30分钟后便可饮用。只是水中有些醋的酸味。

三、科学饮水方法

在户外探险和野外生存活动中,尤其是在戈壁、沙漠等干旱地区,水是非常宝贵的资源。合理科学地安排饮水,不仅可以减轻出发时的负重,而且可以在饮水有限的时候,极大地延长自己的生命。尤其是在水源紧缺的情况下,更要合理安排饮用水,不要因为一时口渴而狂饮。如果一次喝个够,身体会将吸收后多余的水分排泄掉,这样就会白白浪费很多的水。

在探险或野外活动中,喝水要讲究科学性。正确的喝水方法是:少喝、勤喝。在喝水时,一次只喝一两口,然后含在口中分两次慢慢咽下。过一会儿感觉到口渴时再喝一口,慢慢地咽下,这样重复饮水,既可让身体将喝下的水充分吸收,不让体内严重缺水,又不会排出多余的水分,口舌咽喉不会干燥。当然,这样做对健康是没有好处的,但在特殊情况下为了维持生命时,就必须学会科学的饮水方法。一般情况下一标准水壶(9~11升)的水量,运用正确的饮水方法,可使一个人在运动中坚持6~8小时,甚至更长些。要记住:任何情况下都应留有至少一壶饮用水,这是危险情况下的救命之源,在野外活动或户外探险运动中出现断水的情况是很危险的。

第六章 野外觅食与食用

人体需要足够的食物来提供必需的热能和营养,以满足其活动以及肌体正常运转的需要。研究表明,人在不从事任何体力劳动的状态下,要保证基础代谢每小时所需要的能量就达70卡(1卡≈4.2焦耳),最简单的日常活动,如站、坐等每小时可消耗2 040卡,若加上其他工作,每小时需要消耗3 500卡。因此,人们在野外尤其要注意节省能量,更应该采集多样化的食物及时补充能量。

第一节 植物类食物

我国的植物种类繁多,可食用的野生植物非常丰富,多达2 000多种。野生可食植物的营养价值很高,富含多种营养物质。在食物不足的情况下,植物的根、茎、皮、叶、果等是野外生存中补充食物的一个主要来源。

一、可食用野生植物的识别

可食用植物广泛的分布并不意味着任何植物都能食用,还有大量的有毒植物掺杂其中,一旦食用了这些有毒植物,轻则引起不良反应,重则出现生命危险。因此,对可食野生植物的识别是野外生存的重要技能。鉴别植物是否有毒的常规方法可以分为以下四个步骤。

1. 查看

在一般情况下,有毒植物呈现出特殊的形态和色彩,如南天星的茎有斑纹。另外,有毒植物还通常分泌带色的液体,如毛莨、回回蒜和白屈菜在损伤后会分泌出浓厚的黄色液体。

2. 嗅闻

切下植物的一小部分放在鼻子上闻一闻,如果有令人厌恶的苦杏仁味或桃树皮气味就应立刻扔掉它。

3. 尝试

可以挤榨一些汁液涂在体表比较敏感的部位,如肘部与腋下之间的前臂上,如果感觉有不适、起皮疹或者肿胀,就应尽快扔掉它。

如果皮肤感觉无任何不适,可取少量植物进行品尝,以便观察有无不适反应,但要求在尝试前 8 小时没有吃过其他食物。其方法如下:

先将食物分成若干部分,如叶子、茎、根部等,每次只能尝其中的一部分。

选择其中一部分,先将其放在嘴唇的外边缘,认真感觉一下是否有灼热或发痒的感觉。如果 3 分钟后没有异样的感觉,再把它放在舌头上,保持 15 分钟;如果仍没有异常反应,可再将它嚼碎,放在口中保持 15 分钟(如果在每个过程中有不适的感觉应立即将其取走)。

4. 吞咽

如果 15 分钟后仍没有异常的感觉,可以将其吞入肚中,但吞食量要少。再耐心地等待 8 小时,之后如果一切都还正常,就可以将它当成正常的食物食用了。

鉴别植物是否有毒除了以上方法外,还可以采取以下途径:

一是将不明植物用热水浸泡 5 ~6 小时后,再尝其味,如有上述味道,则同样不能食用,因为有生物碱等有害物质溶于水。

二是往植物煮过后的汤中倒入一些茶水,如果有沉淀物质,说明有重金属盐或生物碱等有害物质,不可食用。

三是将植物煮后的汤水震荡,如出现大量的泡沫,即说明有皂苷类物质,亦不可食用。

需要说明的是,鉴别植物是否有毒是一件复杂的工作,可靠的办法是根据有关部门编绘的可食野生植物的图谱进行认真鉴别,符合者方可食用,并须严格遵守图谱介绍的食用部位和食用方法去选取和制作。还可以请当地有经验的群众进行鉴别。如无识别可食野果的经验,可以通过仔细观察鸟和猴子选择哪些野果、干果为食,一般这些野果对人体也是无害的。

二、可食用野菜类植物

野菜类植物的优点是植物的纤维较少,容易咀嚼,方便吞咽,营养也比较丰富。缺点是淀粉和糖含量少,耐饥饿性较差,长期食用会引起浮肿。

(一) 苣荬菜(俗名:麻菜、败酱草)

菊科,多年生草本;有白色汁液;具有长匍匐茎,地下横走;老茎黄白色,直立,无毛;幼茎、叶常为紫红色,地下部分为白色;叶基生,与蒲公英相似,但比蒲公英叶脉浅,叶片也较蒲公英直立。(图 6-1)

图 6-1 苣荬菜

春季常见于野外草地、耕地、房前屋后,秋天植物体较大,纤维也较春天多,但仍然可以食用(生食、水煮,凉水浸泡后可除去部分苦味),有解毒去火的功效。苣荬菜分布广泛,在野外极为常见,生物量也非常大,一些地区的农民在春季大量采集作为蔬菜。

(二) 蒲公英(俗名:婆婆丁、苦菜)

菊科,多年生草本,有白色汁液。分布极其广泛,春季野外随处可见,夏季开黄花,结瘦果,秋季种子随风飘散。(图 6-2)

图 6-2 蒲公英

蒲公英生于山坡、道旁、平原。食用部分为幼苗、嫩叶、花序;春采幼苗、嫩叶,初夏采嫩花序食用。可凉拌或炒食。常见的品种有: 白缘蒲公英、芥叶蒲公英、红果蒲公英、长锥蒲公英等。

(三) 苋(苋菜)

苋菜(图6-3),一年生草本;叶互生,卵形或者菱形卵状;花小,簇生,绿色或红色,很少有白色,腋生及顶生,常聚为穗状花序。常生于田间、草地、山地,分布极广,为百姓常食用的野菜。苋菜,味平淡。通常采其嫩茎叶,用开水烫软将汁轻轻挤出,加入调料即可食用。

图6-3 苋

苋菜为苋属所有种类之统称,全国分布。常见的品种有: 反枝苋、凹头苋、繁穗苋、尾穗苋等,是最佳的野外生存食物之一。

(四) 藜(灰菜)

藜科,一年生草本;茎圆柱形,有棱及绿色斑;叶菱状卵形,互生,有长柄,叶脉少,因为叶背面通常有粉而得名"灰菜"。(图6-4)

灰菜生于草原、平原、山地、海边荒滩、房前屋后,喜湿,耐盐碱。遍布温带、热带地区,我国各地均有分布。在野外,灰菜常大片生长,容易采集,为野外生存最佳野菜之一,可水煮食用。

图6-4 藜

灰菜为藜的统称,常见种类有: 灰绿藜、尖叶藜、杖藜、大叶藜、细叶藜等。

(五) 荠(俗名: 荠菜、芨芨菜)

十字花科,一年生或二年生草本;叶多有羽深裂,生于基部,呈莲蓬状排列;花小,白色,十字花冠;果倒三角形或心形;种子夏季成熟,秋季萌发,根部可越冬,春季由越冬根发芽。荠菜的根、茎、叶均可食用,且无任何杂味，凉拌、炒、水煮均可，还可做包子、饺子馅。

荠菜（图6-5）生于草地、田间、路旁、山地等，分布极其广泛，全国各地均可见到，是极佳的野外生存食物之一。

（六）播娘蒿（蒿子菜）

一年生草本；单叶，羽状全裂；花小，淡黄色；果实为长角果，窜球状。幼苗可作为蔬菜，凉拌、炒食、水煮均可。（图6-6）

图6-5 荠

图6-6 播娘蒿

播娘蒿多生于草地、山地、路边，耐盐碱。主要分布于东北、华北、西北、西南、华东、内蒙古等地。民间多将其当作蔬菜，但受分布限制，只适用于部分地区。

（七）委陵菜（老鹅膀子、野鸡膀子、翻白草、老牛筋）

蔷薇科，多年生草本；叶子的变化比较大，有三出复叶、掌状复叶或者羽状复叶，基生或者茎生，大部分种类叶子的背面呈灰白色而得名翻白草；花5瓣，黄色或白色。

图6-7 委陵菜

委陵菜（图6-7）的种类比较多，分布广，大部分水煮后可食用，是较好的野外食物之一。常见的品种有：鹅绒委陵菜、白叶委陵菜、钩叶委陵菜，以及伏委陵菜、粘委陵菜、蒿叶委陵菜、翻白委陵菜等。

（八）堇菜（山茄子、猫耳朵、鸡腿菜、鸽子腿）

堇菜科，多年生草本；叶常自根部基生，心形或长心形，叶柄及叶背面常有小毛或裸；花梗细，常弯曲使花下垂。

图 6-8 堇菜

堇菜（图 6-8）多生于林下、山地、溪谷、草丛，常群生，喜阴。全国各地都有分布。

堇菜的种类很多，大部分水煮后都可以食用，村民常将其作为野菜食用。常见的品种有：球果堇菜、鸡腿堇菜、深山堇菜、大叶堇菜、裂叶堇菜、菊叶堇菜、毛柄堇菜、斑叶堇菜、朝鲜堇菜、凤凰堇菜、紫花地丁等。

（九）山芹（山芹菜、野芹菜）

伞形科，多年生草本；茎中空，表面常有沟槽及纵棱；叶羽状分裂，与旱芹相似。

图 6-9 山芹

山芹（图 6-9）全株均可食用，生吃、炒食、煮食均可，群众常采集作为蔬菜，有通便、降压的功效。主要分布于山地、林下等，几乎为全国分布。

常见品种有：大全叶山芹、大齿山芹、绿花山芹等。

（十）马齿苋（蚂蚁菜、马子菜、马耳菜、五行草）

马齿苋科，一年生肉质草本，全株光滑无毛，肉质多汁，茎平卧地面或向上斜生，阴面为绿色，阳面常为红褐色，叶对生，叶片肥厚，光滑柔软，无明显叶柄，马齿状叶，倒卵形。

马齿苋（图 6-10）全国各地都有分布，常生于田野荒地、路旁、山地，生命力极强。全株可食用，味平淡。夏秋两季，通常在马齿苋开花结蕾前采嫩茎叶，用热水烫软将汁轻轻挤出，加入调料即可食用。全草可供药用，能治疗痢疾，退热，并有消炎和利尿作用。

图 6-10 马齿苋

（十一）其他可食用野菜

野菜的种类很多，许多野菜在一定的区域都有极好的“群众基础”，但由于植物的特异性分布，有的地方某些植物无法采到。有些植物虽然也可以食用，但是适口性较差，而作为野外生存的救命食物还是可以的。总之在探险活动中应根据当地的具体情况，有选择地利用。

三、可食用植物的根、茎、花

（一）山药

薯蓣科，多年缠绕藤本；叶三角形，7～9 条叶脉，有长柄；茎蔓生，根茎圆柱状，肥大、肉质，有黏液，可食用（煮食较佳）。（图 6-11）

图 6-11 山药各器官形态

山药生于山地、林中，喜湿润及沃土。野生种类主要分布于我国长江以南，北方以栽种种类为主。根、芽球可食用，生食或煮熟均可，油炸味道也很好。北方一般用山药做“糖葫芦”和“拔丝山药”。

（二）桔梗

多年生草本，单花顶生，花冠钟形；茎长而直立，叶轮生；结蒴果，近卵形，蒴果成熟后，在顶端 5 瓣裂；根部肥大、粗壮，可入药也可食用。

桔梗(图 6-12)生于林下,以山地林下为主,全国各地都有分布。食用前用水浸泡可去除异味,水煮后易于消化,可适量食用。

(三) 竹

禾本科,多年生草本,主要分布在长江以南,北方一般为种植种类。

竹子可食用的部分为竹笋(图 6-13),可鲜食,也可制成笋干。

图 6-12 桔梗

图 6-13 竹子部分形态及竹笋

(四) 楤木(刺嫩芽、刺老芽、刺芽子)

五加科,木本,乔木;茎上布满皮刺,羽状复叶;芽大型。(图 6-14)春季嫩芽可食用,为著名山珍之一,味道清香,是营养价值很高的绿色食品。

楤木生于山地,常与其他树木组合成林,北方分布较多。嫩芽以春季为佳,其他季节也可以食用,水煮后即可食用。

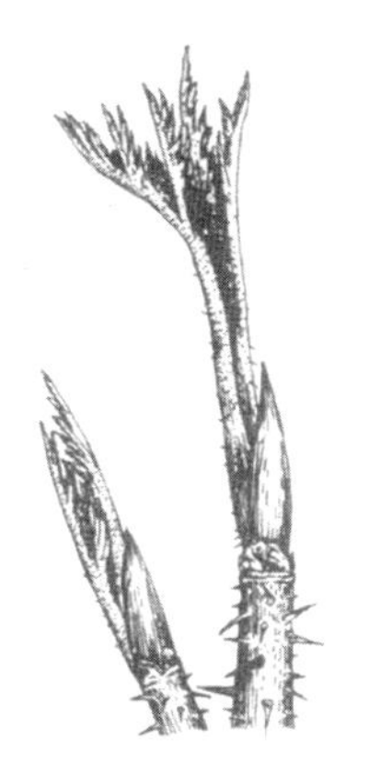

图 6-14 楤木

(五) 香椿(春芽、椿芽)

乔木,成体高 10 米以上,羽状复叶,互生;幼茎暗褐色,被毛;果实成熟后 5 瓣开裂。春季的香椿嫩芽称春芽或椿芽,水煮后可食用,味道鲜美,为优质山菜之一。(图 6-15)

香椿为山区重要林木，分布于我国大部分地区。从野外生存的给养来讲，在其他季节香椿的树叶（嫩叶部分）也是很不错的可以用来充饥的植物，一般采用水煮的方法加工食用。

图 6-15　香椿

（六）山野豌豆（山豌豆、野豌豆、透骨草、落豆秧）

豆科，多年生草本。羽状复叶，叶轴末端具有分枝的短须（本形态是野豌豆的明显特征），花红紫色，花序与槐花类似。（图 6-16）主要生于山地、草原，具体分布不详，全国一些地区均有零星记载。

山野豌豆全株均可食用，生吃、煮食均可，熟食较佳。

（七）槐（槐树、刺槐）

豆科，落叶乔木，树高可达 20 米以上。奇数羽状复叶，互生。总状花序腋生，花白色，味芳香。

槐树生于山地、平原、路旁、海边等，分布广泛，全国各地均有。除野生外，许多农场、城市均有栽培。槐花（图 6-17）及嫩叶是非常好的野外生存食物，花味甜，但花期短是它的缺点。

图 6-16　山野豌豆

图 6-17　槐花

四、可食用植物的果实

野外的各种野果很多，有些非常美味。虽然大部分适口性较差，但是果实毕竟是植物的营养积聚处，食用价值比其他部位高。

果实的季节性比较强，就单一植物而言，在野外补充给养时价值不大，但从整个果实类群而言，在野外有果实的时期还是比较长的，而且许多果实落地后仍然可以食用。

（一）榆树钱（榆钱儿）

图 6-18　榆树钱

榆树钱（图 6-18）是榆树果实的统称。榆树为落叶乔木，高 20 米以上；卵形叶或近卵形，前段渐渐变尖，幼叶有短毛，叶缘有重锯齿；果实为翅果，簇生，圆形，中间厚，周围薄（因似钱币而得名榆树钱儿），幼时绿色，成熟后变为白黄色，种子位于中部。

榆树多生于海拔 1 000 米以下的山地、丘陵、平原、路旁、居民区等处，为全国分布。

榆树皮、叶、果均可食用，无怪味，适口性好，其中果实味甜，可生食。一直以来，榆树一直是灾民的救命食物，其嫩皮、叶子常经水煮后食用，营养及适口性均好于其他树木。榆树钱多生于春夏季节，其他季节可食用叶子和树皮。

（二）野山梨（山梨、酸梨、秋梨）

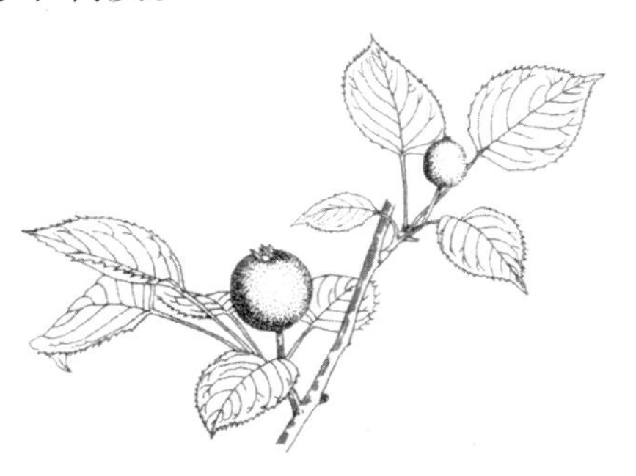

图 6-19　野山梨

蔷薇科，落叶乔木；叶卵形，边缘有腺齿；果实球形，黄绿色，味涩，适口性差。

野山梨（图 6-19）生于海拔 100～1 000 米的山林中，主要分布在东北、华北、西北等地区。生食、水煮均可,生食酸味重,大量食用会引起肠胃不适,建议水煮后食用。野山梨具有一定的季节性,但季节过后,在树下仍然可以找到没有腐烂或半干燥的果实,水煮后即可食用。

(三)稠李(臭李子、黑樱桃、毛樱桃)

蔷薇科,落叶乔木;树皮黑色或暗褐色;叶卵形,前端尖,近叶柄基处具有两腺体;果实近球形,黑色,味涩,但仍可食用。(图 6-20)

稠李生于 1 000 米以下的山地、沟谷,1 000 米以上偶有分布,野生种类主要分布在我国北方。主要种类有:斑叶稠李、黑樱桃、毛樱桃等。食用时生食口感性差,水煮后可去除部分涩味。

(四)野生猕猴桃(软枣子、狗枣子)

猕猴桃科,藤本,叶片边缘有锐锯齿状;果实为浆果,长圆形,果肉多为绿色,表面光滑。(图 6-21)

图 6-20 稠李的果枝

图 6-21 野生猕猴桃果枝

野生猕猴桃生于山林,海拔在 200 ~ 800 米之间,在我国大部分地区均有分布。其果实含有大量的维生素、糖、淀粉、果胶,味道甜美,适口性好,是极佳的野外食物,可直接食用。

(五)山楂(山里红)

蔷薇科,落叶乔木,高达 6 米;树皮粗糙,常有皮刺,刺长 1 ~ 2 厘米;叶片常有 3 ~ 5 个羽状深裂;果实酸甜,红色,上具斑点。(图 6-22)人们习惯上把野生种类叫作山里红,栽培种类叫作山楂,但在分类学上其实为一种。

山楂不仅可以食用，而且有一定的药用价值，生于山地、平原、丘陵等处，各地有栽培。野生种类主要分布在华北、东北、西北等地。野外可直接食用，水煮后可去除部分酸味。

图 6-22 山楂果枝

（六）山杏（野杏）

蔷薇科，落叶乔木，高达 15 米；叶宽，楔形或者心形，前端渐尖，有不规则锯齿；果实近球形，直径 2 ~ 3 厘米，绿色、黄色，成熟后带红晕，外被短毛，仁可食，味稍苦。（图 6-23）

图 6-23 山杏果枝

山杏生长于 150 ~ 500 米高的山地，我国的东北、华北、西北均有分布。果实可生食，味酸，水煮后可去除部分酸味。果仁可食，略苦，水煮后可去苦味。果期过后，落地果实在一段时间内仍可食用，果肉腐烂、干燥后不影响果仁的食用。

（七）芡（芡实、鸡头米）

睡莲科，大型一年生水生植物；全株被皮刺；须根白色，绳索状；茎不明显；叶分为两种类型，沉水叶小，箭头状；浮水叶大，圆形；花紫色；果实为浆果，鸡头状而且多刺；种子球形，约 1 厘米，富含淀粉（75% 以上），可食用，叶和根也可食用。（图 6-24）

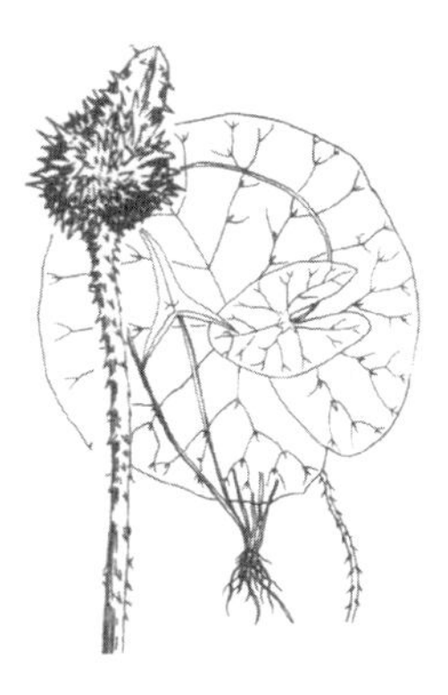
图 6-24 芡实各器官形态

芡，水生，以池塘、湖泊、水库中居多，在我国主要分布于长江以南。芡生食、水煮均可，是较好的野外生存食物。睡莲科中的许多种类都可以食用，如睡莲，地下茎、种子均可食用。

（八）菱（菱角）

一年生水生植物；根生于泥，叶浮于水；茎细长，叶子分为两种类型，沉水叶羽状细裂，裂片丝状（似金鱼草）；浮水叶菱形，集中于茎端，轮生，叶柄膨大成气囊；果实为菱角，富含淀粉，可食用。（图6-25）

图6-25　菱全株形态

菱角水生，以池塘、湖泊、水库中居多，现有人工栽培。在国内许多地方都有分布，南方菱角大，北方稍小。叶可做饲料，人类也可食用，果实是人们喜爱的食品，在野外可以生食，水煮、烧烤后味道更佳。主要种类有：耳菱、丘角菱、格菱、细果菱、东北短颈菱等。

（九）山葡萄（野葡萄）

葡萄科，多年生藤本；叶互生，具长柄；有与叶对生的卷须，在野外极易识别。（图6-26）

山葡萄生于山地、树林边缘，我国大部分地区均有分布。它的卷须、嫩叶、果实均可食用，味酸甜。

（十）龙葵（黑天天）

茄科，一年生草本；植株较粗壮，茎具树木状分枝；叶边缘波曲，但光滑无齿；浆果呈圆形，直径5～6毫米，腋外生，幼时绿色，成熟后深紫色或者黑色，味甜。（图6-27）

图6-26　山葡萄各器官形态

图6-27　龙葵全株形态

龙葵生于山地、丘陵、平原、田间、房前屋后，数量大，全国各地均有分布。果实可直接食用，幼苗水煮后亦可食用。

（十一）桑葚（桑葚、山樱儿）

桑科，落叶乔木；叶互生，卵状心形，叶边缘齿明显，并有密生细叶脉；聚花果，夏季成熟，幼果为绿色，后逐渐变白，成熟后为深紫色，味甜。（图6-28）

图6-28 桑葚果枝

桑葚生于山地丘陵、平原，沿沟谷生长较多，分布于东北至西南地区。果实可直接食用，嫩叶水煮可食用。

（十二）悬钩子（野梅、刺梅、覆盆子）

蔷薇科，灌木；茎有皮刺；果实单个，为核果，聚生在凸起的花托上；果实为似浆果状的聚合果，颜色为红色或者黑红色。（图6-29）

图6-29 悬钩子果枝

悬钩子生于山地，海拔100～1 000米，在我国主要分布于华北、东北、西北、西南地区。果实可直接食用，味甜。常见的种类有：柔梅悬钩子、库页悬钩子、覆盆子、山楂叶悬钩子等。

五、可食用的种子

（一）栎（橡子）

壳斗科，落叶乔木；有顶芽、鳞芽；叶互生，叶边缘浅裂；坚果近球形或长椭圆形，基部坐于杯状总苞内。（图6-30）

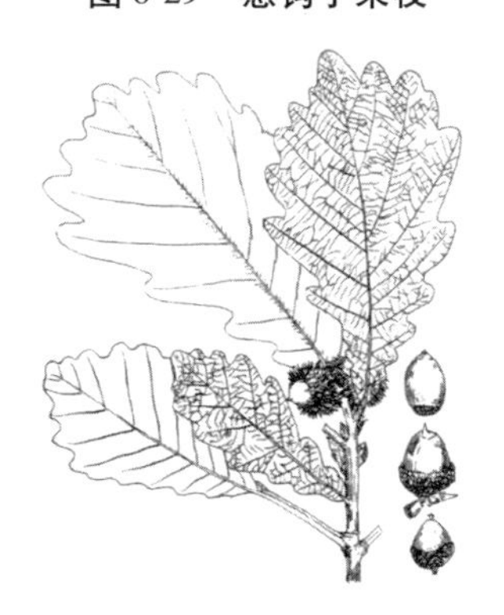
图6-30 栎果实与果枝

栎大量生于山坡多林区域，生物量极大，主要分布于东北、华北、内蒙古等国内大部分地区。

种子富含淀粉,味苦涩,可烤、煮食,但不宜大量食用,以免引起消化道梗阻。常见品种有:槲栎、麻栎、栓皮栎、蒙古栎、辽东栎等。

（二）山核桃(胡桃楸、楸子、野胡桃、核桃)

胡桃科,落叶乔木,高达 20 米;奇数羽状复叶,长 40 ~ 60 厘米,最长可达 80 厘米;外果皮肉质,有茸毛;果实为核果,长卵形,一端较尖。果仁称为“核桃仁”,为著名的保健食品,含油 55%,蛋白近 20%,营养丰富。

图 6-31 山核桃

山核桃(图 6-31)生于 1 000 米以下的山地,喜湿,一般沿沟谷生长,在我国主要分布在东北、华北、西北,南方主要是栽培种植。主要种类有:日本胡桃、心形胡桃、家胡桃。

（三）板栗(栗子)

壳斗科,落叶乔木,高达 20 米;叶片深绿色,表面光滑,背面灰白色,有密毛,长椭圆形或披针形,长 8 ~ 15 厘米,宽 4 ~ 7 厘米,叶边缘锯齿状;壳斗有浓密针刺状刺;坚果褐色。(图 6-32)

图 6-32 板栗果枝

板栗生于山地,与其他树木组合成林,长江以北广泛分布,南方也有记载,现已在一些地方大量栽培。坚果富含淀粉、糖,味道甘美,可烧烤、炒煮,在野外也可以直接食用。

（四）松子

松子是松科植物红松等的种子的统称。(图 6-33)红松一般生长在海拔 150 ~ 1 800 米的山林,主要分布在东北地区。

图 6-33 红松果球

红松的种子富含蛋白质和油，味美，可直接食用，熟食味道更佳。松树幼嫩的果球水煮后也可以食用。

（五）槭（元宝树）

槭树科，落叶乔木；叶片长掌状分裂；果实为有二长翅的小坚果，果实富含脂肪。（图 6-34）

槭树生长在海拔 500 米以下的山地、丘陵、平原、路旁、居民区，国内大部分地区均有分布。许多槭树有甜味，老皮内层可以食用，果实富含脂肪，可以油炸后食用，在野外也可以直接食用，略有苦涩味道。槭树主要的种类有：鸡爪槭、元宝槭、银槭、茶条槭、花槭、东北槭等。

（六）野小豆（山绿豆）

豆科，一年生草本；茎长而缠绕，有硬毛；每片叶有三片小叶；托叶长卵形，稍扁，有毛，内含 10～15 粒种子。

野小豆（图 6-35）生于山地、草原、灌木丛，喜沙地，主要分布在我国北方。种子富含蛋白质和脂肪，在野外可水煮、烧食，嫩叶也可食用。

图 6-34 槭树果枝

图 6-35 野小豆

（七）野大豆（落豆秧）

豆科，一年生草本；茎缠绕，细弱；每片叶有三片小叶；果实长圆近镰刀形，有毛，内含 2～6 颗褐色种子。

野大豆（图 6-36）生于潮湿的地方，如河边、沼泽、灌木丛，分布于华北、西北、华中、西南、东北等地。种子富含蛋白质和脂肪，在野外可水煮、烧食，嫩叶也可食用。

图 6-36　野大豆

（八）皂角（皂荚、皂栗板）

豆科，落叶乔木；树干上有红褐色，有分枝的大型皮刺；偶数羽状复叶，互生；荚果大型，常旋卷，种子可食用。（图 6-37）

皂角生于山地、丘陵、平原、路旁，分布于华北、华中、东北、西南、西北等地。在野外，皂角的种子可直接食用，水煮味道更佳。

（九）荞麦（甜麦、苦麦）

蓼科，一年生草本；叶三角形；坚果三角菱形，具有果穗。

荞麦（图 6-38）生于野外荒地、草原，国内大部分地区均有分布。荞麦的种子可以磨面后食用，营养价值较高，因此国内已有栽培。在野外，可直接食用，入口嚼后有甜黏感觉。

图 6-37　皂角果枝

图 6-38　荞麦

六、其他可食植物及可食用部位

（1）野燕麦（种子）；（2）水草（种子）；（3）荸荠（球茎）；（4）野百

合(地下鳞茎);(5) 椰(椰子,果汁、果肉);(6) 野葱(全株);(7) 黄花菜(花蕾);(8) 菊芋(鬼子姜、洋姜,块茎);(9) 车前(全株);(10) 枸杞(嫩叶、果实);(11) 酸浆(挂金灯、野姑娘、苦姑娘,果实);(12) 薄荷(嫩茎);(13) 黑枣子(君迁子,果实);(14) 龙须菜(全株);(15) 睡莲(种子、地下茎);(16) 银杏(白果、公孙树,果仁);(17) 榛子(果仁);(18) 芦苇(芽、嫩茎);(19) 棕榈(嫩茎、叶);(20) 木瓜(浆果、嫩茎、叶);(21) 蒲草(嫩茎、叶);(22) 牧羊草(嫩茎、叶);(23) 防风(根);(24) 樱桃(嫩叶、果实);(25) 杜松(果实);(26) 辣根(全株)。

七、有毒植物的鉴别与中毒后的救治

在野外采集野菜和野果时要注意辨认有毒植物,以防误食或接触中毒。曾有媒体报道,广东韶关有人看到断肠草正在开花,误以为是金银花,采了以后给朋友煲汤喝,结果中毒致死。还有,家住广东增城石滩镇的刘女士夫妇,误用断肠草煲凉茶招待朋友,两三杯茶下肚后,三人纷纷中毒倒下,刘女士经抢救后脱离了生命危险,而她的丈夫和朋友却再也没有醒来。由此可见,识别可食用植物和有毒植物,并掌握正确的烹调方法,是开展野外生存活动的重要前提。

(一) 常见的有毒植物

1. 钩吻

钩吻(图 6-39)别名断肠草、胡蔓藤。为缠绕藤本。叶对生,卵形或卵形披针形,长 7~12 厘米,宽 2~6 厘米,顶端渐尖,基部渐狭或近圆形,全缘。聚伞花序,顶生或腋生,开黄色小花。蒴果卵形,开裂为两个二裂的果瓣。种子有膜质的翅,多生长在山坡、路边草丛中或小树丛中。分布于我国南方各省。全株均含钩吻碱,极毒。误食中毒后出现头昏眼花、瞳孔放大、痉挛,严重者可因呼吸麻痹而死亡。

图 6-39 钩吻

2. 马钱子

马钱子(图 6-40)又名番木鳖。乔木,长 8~20 米,藤皮褐色、粗糙,枝条对生。叶光滑、发亮、对生、矩圆形,顶端急尖,全缘稍外卷,脉三出。3~5 月开白色小花,7~8 月结果如小皮球,幼时绿色,成熟时为棕黄色。内有种子,种子上有银白色短毛。全株含有生物碱,主要为番本鳖碱,其毒性很大。食用中毒后,开始颈部僵直、牙关紧闭、痉挛、吞咽困难、眼球突出、瞳孔放大、面青色;继而脚弓反张、四肢直挺,遇光或声音刺激可突然引起惊厥、僵直;最后因呼吸困难而死亡。

图 6-40 马钱子

3. 巴豆

巴豆(图 6-41)又称芒子、巴果。小乔槭灌木,高 2~7 米。幼枝绿色,有稀疏的星状毛。叶卵圆,长 5~13 厘米,宽 2.5~6 厘米,顶端渐尖,边缘有疏锯齿,掌状 3 出脉,两面被稀疏的星状毛。花枝生长在枝条顶端,直立成串状。花小,果三菱形,长 2 厘米,宽 1 厘米,三瓣裂开,种子长卵形,长约 1 厘米。巴豆生长在树林内,分布于我国南方各省及东南亚。食用后可致命。

图 6-41 巴豆

4. 夹竹桃

夹竹桃(图 6-42)别名柳叶桃、缘半年红。常绿大灌木,高达 5 米,无毛。叶3~4 枚轮生,在枝条下部为对生,窄披针形,全缘,革质,长 11~15 厘米,宽 2~2.5 厘米,下面浅绿色;侧脉扁平,密生而平行。夏季开花,花桃红色或白色,成顶生的聚伞花序;花萼直立;花冠深红色或白色,芳香,单瓣或重瓣;副花冠鳞片状,顶端撕裂。蓇葖果矩圆形,长 10~23 厘米,直径 1.5~2 厘米;种子顶端有黄褐色种毛。茎直立、光滑,为典型三叉分枝。花期几乎全年，果期12月至翌年1月。常见栽培变种有：白花夹竹桃，花白色、单瓣；重瓣夹竹桃，花红色重瓣；淡黄夹竹桃，花淡黄色、单瓣。

图6-42　夹竹桃

其叶、皮、根有毒。新鲜树皮的毒性比叶强，干燥后毒性减弱，花的毒性较弱。误食夹竹桃中毒后，初期以胃肠道症状为主，包括食欲不振、恶心、呕吐、腹泻、腹痛；进而心脏出现症状，包括心悸、脉搏细慢不齐、期前收缩，心电图表现为窦性心动徐缓、房室传导阻滞、室性或房性心动过速；神经系统症状尚有流涎、眩晕、嗜睡、四肢麻木。严重者瞳孔放大、血便、昏睡、抽搐死亡。

（二）其他有毒植物

1. 含甙类的植物

（1）洋地黄：亦称紫花洋地黄，草本植物，各地均有栽培。全株覆盖短毛，叶卵形，初夏开花，朝向一侧，其叶有毒。

（2）铃兰：草本植物，东北及北部山林中野生，花为钟状，白色有香气，全草有毒。

（3）毒毛旋花：亦称箭毒羊角拗，灌木，我国云南、广东有栽培，花为黄色，有紫色斑点，白色乳汁，全株有毒。

（4）毒箭树：亦称“见血封喉”，落叶乔木，分布于广西、海南等地，高20～25米，叶卵状椭圆形，果实肉质呈紫红色，其液汁有毒。

2. 含生物碱类的植物

（1）曼陀罗：草本植物，高1～2米，茎直立，叶卵圆形，夏季开花，花筒状，花冠漏斗状，白色，全株有毒，种子毒性最强。

（2）颠茄：多年生草本植物，叶互生，一大一小，夏季开花，钟状，淡紫色，果实为浆果球形，成熟时黑紫色，全草有毒。

（3）天仙子：草本植物，我国东北、河北、甘肃等地有野生，全株有毛，味臭，夏季开花，漏斗状呈黄色，全株有毒。

（4）乌头：草本植物，分布于我国中部及东部山地丘陵，茎直立，秋季开花，全草有毒。

（5）毒芹：草本植物，分布于东北、华北、西北及内蒙古一带，根状茎肥大有香气和甜味，秋季茎中空，花为白色，全草有毒。

（6）其他：雷公藤（全草有毒）。

3. 含毒蛋白类的植物

相思子：亦称红豆，分布于我国南方广东、广西、云南等地，为木质藤本，枝细弱，春夏开花，种子米红色。其根、叶、种子均有毒，种子最毒。

4. 含酚类的植物

（1）毒常春藤：常绿木质藤本，全国各地均有分布，叶椭圆形，晚秋开花，果实球形、橙色。全株有毒。

（2）毒鱼藤：亦称毛鱼藤，分布于我国沿海地区，叶小，荚果，根、茎、叶均有毒。主要对鱼类毒性大。

（3）其他：栎树、漆树、槟榔等。特别说明：嚼槟榔可以增大口腔癌的发病概率。

第二节 蘑菇

全国已知食用菌、药用菌、毒蘑菇总数为1 250多种，其中食用菌约625种，经常被食用的有数十种，如香菇、松茸、猴头菇、鸡枞、竹荪、美味牛肝菌、黑木耳、银耳、毛木耳等。据历史记载，人类祖先早在6 000年到7 000年前就开始采集蘑菇以供食用。

目前，在人工条件下栽培的蘑菇有90余种。我国曾在世界上首次人工栽培成功了香菇、木耳、金耳、银耳、草菇、金针菇、猴头菌、竹荪、蒙古口蘑等。野生食用菌味美，牛肝菌、羊肚菌、香杏丽蘑、铆钉菇、黏盖牛肝菌、正红菇等在野外均有广泛分布，是野外生存可食用的主要真菌类食物。

蘑菇虽然美味可口，营养丰富，但是，蘑菇中有许多种是有毒的，其中一些还有剧毒，一只蘑菇就足以致命。因此，采食蘑菇要十分小心，不了解最好不吃，宁可挨饿也不要冒险。

识别和鉴定蘑菇，首先应该了解蘑菇的基本形态和主要特征。参见图6-43中列出的蘑菇各部位的名称是识别和鉴定蘑菇的主要指标，应记住菌类各部位的名称。

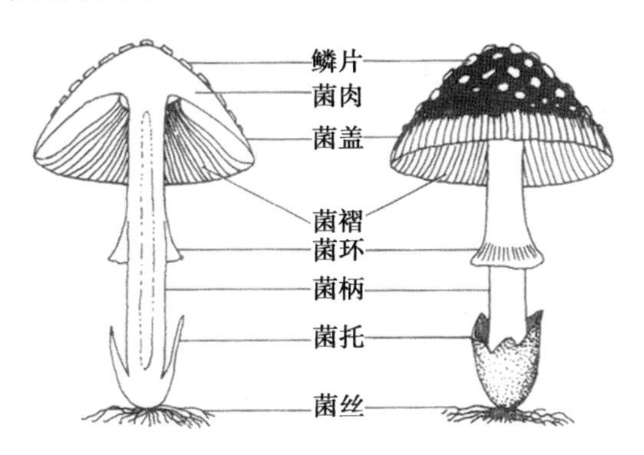

图6-43 蘑菇各部位名称

一、可食用的野生蘑菇

在蘑菇家族中，有剧毒的（极少），有微毒的（少数），有毒性不明的（少数），有无毒但也无多大食用价值的（多数），有美味且营养丰富的（少数）。根据我国食用菌的分布，主要介绍一些分布广、没有毒素的、适口性好、营养丰富的蘑菇，并称之为“安全蘑菇”。

（一）侧耳科

子实体（菌体）多近扇形；菌柄长在一侧；菌褶延生（菌褶向菌柄处延伸）；子实体成熟后，菌盖常裂开。（图6-44）

侧耳科大部分生长在树木上，属于木腐菌。绝大多数为可食用菌，许多野生种类已经人工栽培。虽然有些种类适口性差，但除鳞皮扇菇外，还没有有毒记载。所以，在野外侧耳科蘑菇是可以放心采食的菌类。

图 6-44　侧耳科蘑菇的典型形态

侧耳科常见的种类有：侧耳、阿魏侧耳、白灵侧耳、白黄侧耳、长柄侧耳等。

（二）口蘑科

口蘑科种类较多，有许多品种毒性不详，到目前为止有 80% 没有有毒记载，60% 记载可以食用。

口蘑科大部分为地生菌，生于山地、草坡、草原，单生或群生，有的种类可以形成蘑菇圈。分布较广，野外常见的有：松口蘑（松伞蘑、松蘑、松树伞）、根白蚁伞、草菇、金针菇、白桩菇、口蘑。（图 6-45）

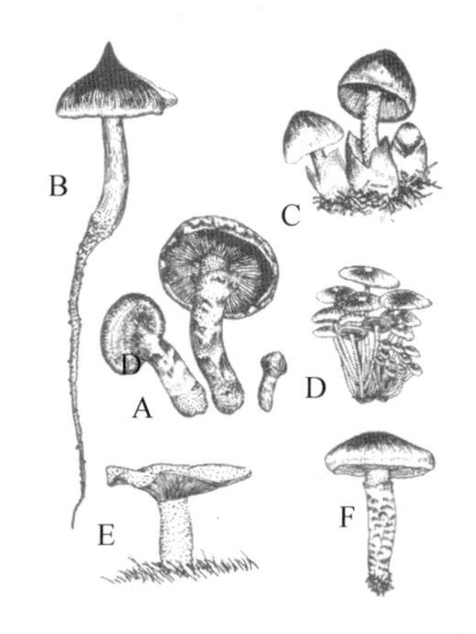

A. 松口蘑　B. 根白蚁伞　C. 草菇
D. 金针菇　E. 白桩菇　F. 口蘑

图 6-45　口蘑科常见种类

（三）牛肝菌科

菌盖半球状，褐色、红褐色较多。牛肝菌科最大的特点是无菌褶而具有菌管（伞盖下的无数蜂窝状小孔）。（图 6-46）

牛肝菌科分布广、种类较多，85% 没有有毒记载。但是，牛肝菌科有部分种类能引起腹泻，不宜大量食用。

A. 美味牛肝菌　　B. 黏盖牛肝菌

图 6-46　牛肝菌科代表品种

牛肝菌科地生种类较多,为地生菌,多生于林下,生物量极大。其中分布广泛、容易采集的品种有: 黏盖牛肝菌(黏团子)、美味牛肝菌、褐黄牛肝菌等。

(四) 猴头菌

子实体球状、头状,上具无数肉质软刺,软刺在菌柄处变长、下垂。(图 6-47)

A. 猴头菌　　B. 假猴头菌

图 6-47　猴头菌

猴头菌类全部生于树上(倒木、枯木、树洞),为木腐菌。分布于我国辽宁、吉林、黑龙江、四川、云南、广西、内蒙古、西藏等地。

猴头菌类均可食用,为我国著名山珍之一,现已多有栽培。

(五) 鬼笔科

鬼笔科,伞盖钟状;菌柄长,笔杆状。其中竹荪(图 6-48)为著名山珍之一。产于我国南方各省的竹林中。由于竹荪形态奇特,别致有趣,海绵状的菌柄上生有洁白的网状菌群，人们形象地称为“穿裙子的姑娘”。

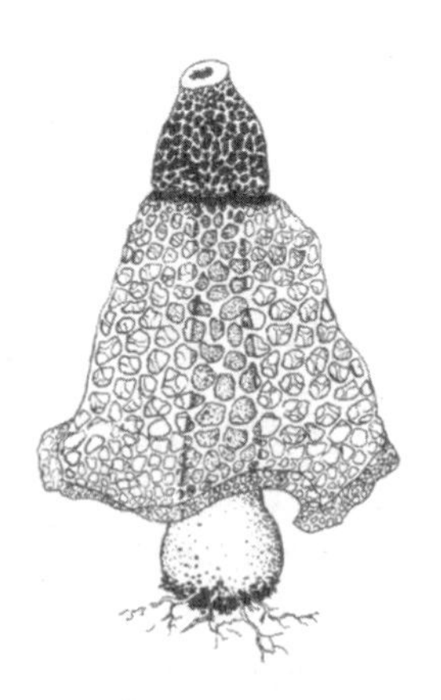

图6-48　竹荪

（六）马勃科（马粪包）

子实体（菌体）球形或梨形；菌柄短，成熟后往往开裂。

马勃科菌类几乎全部可以食用，目前尚无有毒记载，但成体适口性差，故多食用幼体，部分种类味道十分鲜美。

马勃科几乎均为地生菌，偶尔有生于木头上，一般生于林地、山地草丛、草原，我国各地均有记载，其中小马勃分布最广。常见品种有：马勃、网纹马勃、褐皮马勃、长柄马勃等。（图6-49）

A. 马勃

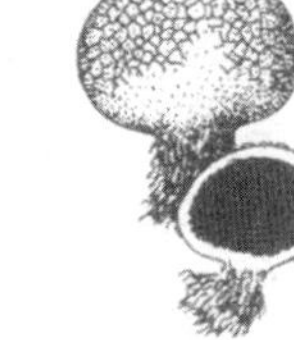

B. 网纹马勃

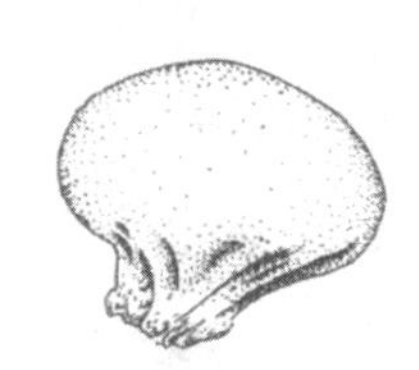

C. 褐皮马勃

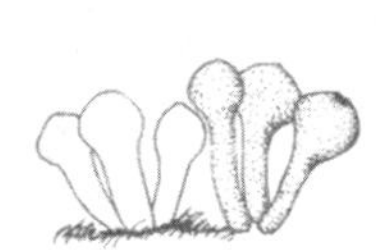

D. 长柄马勃

图6-49　马勃科代表品种

（七）齿菌科

菌盖扁平，不规则圆形，表面有微毛。齿菌科最大的特征是菌肉极薄，下面密生软刺，组成子实体层。

齿菌科（图6-50）几乎全部可以食用，无有毒记录。

齿菌科大部分为地生菌，生于林地，少有生于木头上的。我国齿菌科菌类有十几种，主要分布在南方各省。

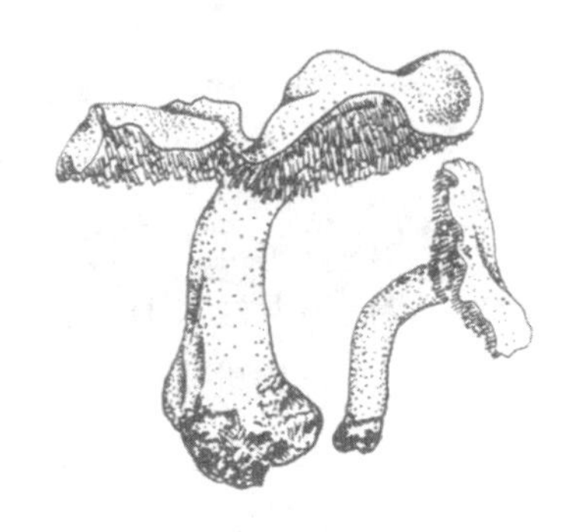

图6-50　齿菌科

（八）羊肚菌科

菌盖钟形，尖顶，表面有凹坑，似羊肚的内表面而得名。

羊肚菌科（图 6-51）几乎全部可以食用，目前无有毒记录。

羊肚菌科为地生菌，生于林下、河边、沼泽、草地，主要分布于吉林、河北、陕西、甘肃、青海、西藏、新疆、四川、山西、江苏、云南等地。

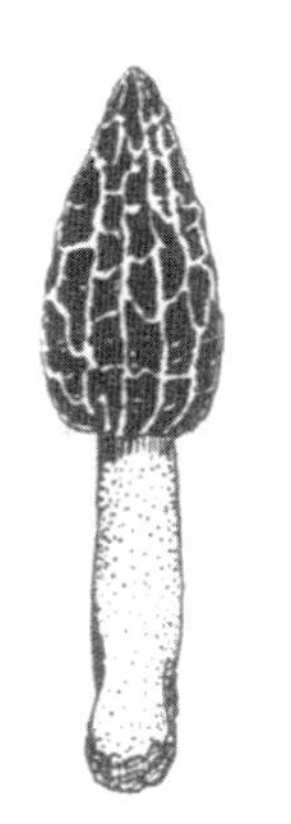
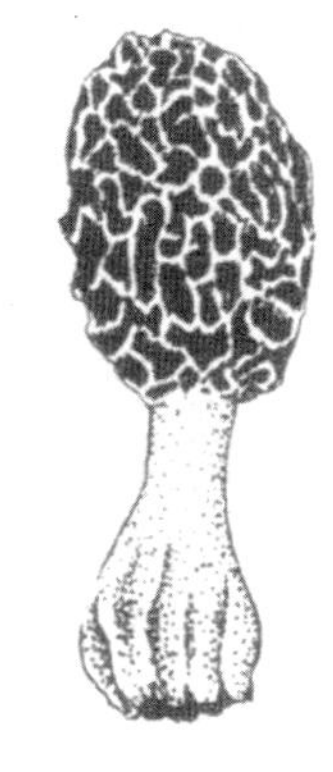

图 6-51　羊肚菌科

（九）珊瑚菌科

子实体有分枝或者棒状，似珊瑚而得名。注意：珊瑚菌科与枝珊瑚菌科很相似，而枝珊瑚菌科有很多有毒种类。（图 6-52）

（十）鸡油菌科

子实体喇叭形，菌盖边缘常卷起；杏黄色或淡黄色；菌褶延生至菌柄。

鸡油菌科（图 6-53）为地生菌。鸡油菌科菌类全部可以食用，且味道鲜美。

A. 堇紫珊瑚菌　B. 碎白珊瑚菌

图 6-52　珊瑚菌科代表品种

图 6-53　鸡油菌科

（十一）多孔菌科（树舌、树花）

子实体（菌体）大型至超大型（最大60厘米）；无菌柄；单生或群生，有上百个子实体群生的。（图6-54）

图6-54　多孔菌科代表——灰树花

多孔菌科目前尚无有毒记录，应该是可以食用的。但是多孔菌科成体往往木质化，适口性极差，一般幼体可食。对于野外急需给养的补充来说，只要能咬得动就可以吃。

多孔菌科多生于树上，俗称"树舌"，经常聚生，并如花瓣排列，又称为"树花"。

二、有毒蘑菇及识别

人们在采食野生蘑菇的同时便发现了毒蘑菇。目前，世界上已知有500～1 000种毒蘑菇。我国的毒蘑菇大约有183种，但多数种类的毒性轻微或尚不能确定，能致人死亡的常见毒蘑菇只有30多种，极毒的有10种左右。要想确切地分辨一种野生蘑菇是否有毒是比较困难的，而且误食毒蘑菇中毒后目前还没有特效解毒药。

（一）毒蘑菇的毒性及形态

蘑菇的毒性主要是由其含有的毒素所致，毒肽（主要为肝脏毒性，毒性强，作用缓慢）、毒伞肽（肝肾毒性，作用强）、毒蝇碱（作用类似于乙酰胆碱）、光盖伞素（引起幻觉和精神症状）、鹿花毒素（导致红细胞破坏）等毒素单独或联合作用，引起复杂的临床表现。

有人认为，在野外，蘑菇越是好看、色彩鲜艳，就越有可能是毒蘑菇，千万不要采集和食用，以防中毒；无毒蘑菇多呈白色或茶褐色。新鲜的蘑菇只要经高温煮熟后毒性就会降低或消除，因此在吃野蘑菇时，一定要高温消毒。菌盖上长疣、菌柄上有菌环和菌托的有毒；不生虫、蛆的有毒。有辣、苦、麻等味的有毒;无毒蘑菇则很鲜美。毒蘑菇采集后易变色;无毒蘑菇则不易变色。毒蘑菇大多柔软多汁;无毒蘑菇则较致密脆弱。毒蘑菇的汁液混浊似牛奶;无毒蘑菇则清澄如水。毒蘑菇多生长在肮脏潮湿、有机质丰富的地方;无毒蘑菇则生长在比较干净的地方。

但其实,毒菌和可食用菌不但形态相似,而且颜色相近或相仿,很难辨别。色彩不鲜艳,外观丑陋的肉褐鳞小伞、秋生盔孢伞等都是著名的剧毒种类。漂亮的毒蝇伞有剧毒,同样鲜艳无比的橙盖鹅膏却是著名的食用菌。

实际上有些蘑菇有毒,经过水洗、水煮、晒干或烹调后,毒性会减少或减除,但不是全部。而且事实证明,有些毒菌不论是生吃或熟吃,均能引起中毒。有些毒菌不但无环无托,而且高大,生长在杂木林中,产量大。这类菌有毒种类的比例比较大,但也并非具环具托特征的都有毒。许多毒菌并没有什么特别的特征,像外观很平常的毒粉褶蕈毒性就很强。

著名的豹斑毒伞是蛞蝓和蛆虫的“美味佳肴”。松乳菇、红汁乳菇受伤处及乳汁均会变为蓝绿色,却是味道鲜美的食用菌。

毒蘑菇在形态上还是有一些特征的。我国常见的毒蘑菇有三类:

第一类,毒伞类(鹅膏类):毒伞类的主要特点是地生,有菌托或不明显,有或没有菌环,菌褶白色,著名的毒蘑菇白毒伞就属此类。

第二类,生长在牛粪等畜粪上的蘑菇大多有毒,通常能引起神经中毒、肠胃中毒,如古巴裸盖菇。

第三类,环柄菇类。大多生长在有杂草等腐烂发臭有机质的地上,菌褶通常白色、浅黄、黄绿色,有明显的菌环,褐鳞环柄菇属此类。

事实证明,蘑菇毒素中没有一种是会与食用银器等发生化学反应变成黑色的。曾有“放入银器内或在烹调时加入大蒜能去毒”的说法,而众多的中毒事件表明,这种说法极不可靠。但大蒜与毒菌共煮可降低小白鼠的死亡率,仅说明在烹调时加入一些大蒜可提高鲜味,有一定的解毒效果。

(二)毒蘑菇的识别方法

民间流传的识别毒蘑菇的经验与方法不是非常可靠的。蘑菇的外形、色泽、生态与毒素没有必然的联系,对识别不清的野生真菌最好不吃。事实证明,一些民间的说法可能对某一种有毒蘑菇判断有效,但这些方法不能作为其他有毒蘑菇的鉴定方法,即不能将特殊规律作为普遍规律。

只有掌握各种毒蘑菇的形态特点,才能准确无误地将毒蘑菇和可食用蘑菇区分开来,防止误食中毒,也可请教当地有经验的群众。

由于真菌的形态特点有时会因环境不同而有所改变,会因不同发育时期而表现出极不同的形状。因此,即便是专家到了一个新的地方,调查了解不够,也不能信口开河。

识别毒蘑菇的一般方法:

第一,对照法。借助适合于当地食用的彩色蘑菇图册,如项存悌(2005)的《野生蘑菇》来辨认毒蘑菇。

第二,看形状。毒蘑菇一般形状奇怪,摸上去一般比较黏滑,菌盖上也常常粘有一些杂物或生长着一些像补丁状的斑块;菌柄上常有菌环,像穿了超短裙一样;菌柄(根)无蛆、无虫、鸟不啄、鼠兽不食的,只能说明它们可能有毒。

第三,品尝异味。嗅之有臭味,无菌香味,味道辛辣,极苦的有毒;香味特别浓的也可能有毒。一些引起单纯性急性胃肠炎的真菌,多具有苦、辣、麻等口味或石灰味、腥味以及特殊的臭味。无毒蘑菇为苦杏或水果味。

第四,看分泌物。将采摘的新鲜蘑菇撕断菌杆,无毒的分泌物清澈如水,个别为白色,菌面撕断不变色;有毒的分泌物稠浓,呈赤褐色,撕断后在空气中易变色。

第五,看生长环境。生长于阴暗潮湿和污秽地方的野生菌有时带毒。

第六,简易的生物化学方法能够鉴别蘑菇是否有毒。例如,在一小块报纸上,涂上鲜蘑菇捣碎压出的汁液烘干后,在纸上滴一滴浓盐酸,如果在 1 ~ 20 分钟内呈现蓝色,就是含有毒伞肽。含有毒伞肽的毒菌有白毒伞、鳞柄白毒伞、肉褐鳞小伞等多种。如果滴上盐酸后,立即呈现红色或半小时后又变为浅蓝色，则是含有色胺类毒素的柠檬黄伞等毒蘑菇。鳞柄白毒伞菌类遇到氢氧化钾变为金黄色，豹斑毒伞遇到硫酸呈橙黄色。

（三）我国主要的剧毒蘑菇

在野外，相对无毒蘑菇而言，有毒蘑菇的数量并不多，而剧毒蘑菇更是比较少见。为了防止在野外误食剧毒蘑菇，特作详细介绍：

1. 肉褐鳞环柄菇（异名：肉褐鳞小伞、褐鳞小伞）

蘑菇科，子实体（菌体）小，白色中透粉红；菌盖上密生红褐色小鳞片；有白色菌环，容易脱落；无菌托；菌柄白色中略带粉红，中空；菌体有香味；极毒。（图6-55）1976年以来，在河北、江苏、上海、黑龙江等地发生过大批中毒事件。发病初期为肠炎症状，然后是肝、肾受损，患者出现烦躁、抽搐、昏迷等症状，致死率高。

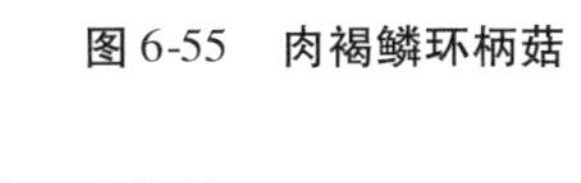

图6-55 肉褐鳞环柄菇

多生于草地、林地、路边，单生或者群生，群生时数量大，常被误食。主要分布于黑龙江、河北、宁夏、安徽、上海、浙江、江苏、四川、云南、青海、西藏等地。

2. 致命白毒伞（异名：白毒鹅膏菌；俗名：白帽子、白罗）

鹅膏菌科，子实体白色，较细高；菌柄长，白而光滑，基部膨大；菌托肥大向上隆起（苞状）；菌环上位。（图6-56）毒性极强，毒素为毒肽和毒伞肽，以肝损害为主，成人误食50克左右就会致命，须重点防范。

图6-56 致命白毒伞

生于林地，散生。主要分布在河北、河南、吉林、辽宁、江苏、安徽、湖南、广西、四川、贵州、云南、西藏等地。

3. 鳞柄白毒鹅膏菌（异名：鳞柄白毒伞）

子实体白色，菌盖中央略黄，凸起，老时反

而凹陷；菌柄上有鳞片，基部膨大呈球形；菌环膜质，生于上部，接近菌褶。（图 6-57）此种类极毒。毒素为毒肽和毒肽伞。属“肝损害型”，致死率很高。

图 6-57 鳞柄白毒鹅膏菌

主要分布于河北、四川、江苏、安徽、福建、广东、广西等地。

4. 毒鹅膏菌（俗名：绿帽子）

鹅膏菌科，子实体幼时卵形；菌盖厚，表面灰绿色，边缘灰白色，有丝光，有条纹；菌柄白色，脆，空心，基部膨大；菌托苞状白色；菌环膜质，白色，生于菌柄上部，接近菌褶。（图 6-58）

夏季生于林下、草地，散生或者单生。毒性很强。主要分布于河北、江苏、安徽、福建、广东、广西等地。

5. 残托斑鹅膏菌（异名：残托斑毒伞）

鹅膏菌科，子实体大型，菌盖直径 8 ~ 10 厘米，浅褐色，上具白色颗粒；菌肉白色；菌柄近白色，光滑，从上向下逐渐变粗；菌环膜质，易破裂；菌托易破碎成残片。（图 6-59）

林地群生，毒性较强。分布不详。

图 6-58 毒鹅膏菌

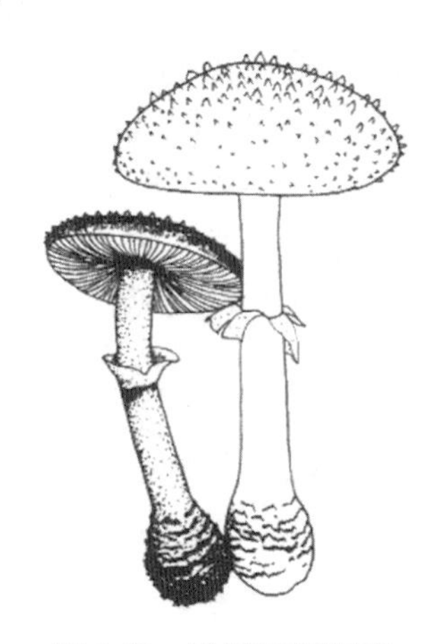

图 6-59 残托斑鹅膏菌

图 6-60　毒粉褶菌

6. 毒粉褶菌(异名：红粉菇)

粉褶菌科,子实体中到大型(5 ~ 20 厘米);菌盖污白色,盖缘波浪形,常开裂,表面有丝光;菌褶粉红色,波浪状;菌柄白色,无菌环,无菌托。(图 6-60)

夏秋季多生于林地,群生。毒性强。中毒后半小时出现恶心、呕吐、腹泻等肠胃炎症状,以后出现呼吸困难、心律不齐、心跳减缓、血尿等症状,严重者可致死。

主要分布于东北、河北、江苏、浙江、安徽、河南、甘肃、广东等地。

7. 秋盔孢伞(异名：秋生鳞耳)

丝膜菌科,子实体小型(3 ~4 厘米);菌盖黄色,中间褐色;菌柄上有条纹,上部黄色,下部黑褐色,空心;菌环膜质,生于菌柄上部。(图 6-61)极毒。

秋天后生于腐朽的木头上,群生。主要分布于四川、山西、陕西、新疆、甘肃、贵州、西藏等地。

8. 包脚黑褶伞

子实体先为白色,老后变为淡黄色;菌盖半球形,菌肉厚;菌褶粉红色,老后变为黑褐色;菌柄短,基部膨大;菌托肥大,有锯齿。(图 6-62)

图 6-61　秋盔孢伞

图 6-62　包脚黑褶伞

地生菌类，夏秋季生于林地、灌木丛、草地，单生或散生。毒性强。中毒后，潜伏期较长，为 10～40 小时，开始出现恶心、呕吐、腹泻等肠胃炎症状，以后出现便血、体温升高、瞳孔放大等症状，严重者可致死。

9. 花褶伞（异名：笑菌；俗名：狗屎台）

鬼伞科，菌盖钟形，烟灰色，顶部蛋壳色，有皱纹或裂纹；菌柄细长，有白色粉末，下部发暗，空心。（图 6-63）

春夏季节生于粪便上或肥沃的土地上，常群生。分布极其广泛，我国各地均有分布。

中毒后发病较快，一般无肠道反应，表现为精神反常，常无故大笑、狂舞，严重时说话困难或昏迷不醒，因此又称为笑菌。

图 6-63 花褶伞

（四）毒蘑菇的中毒症状及类型

野生菌含有生物碱和其他水溶性毒物，有些种类的毒素在菌体某些部位，如菌盖表皮内含量较多，有的晒干或烘干水分后毒性可以降低。使用时应去菌盖表皮或附属物；多洗几次；沸煮后漂洗，加调料；初次吃要少量；不要急火快炒。

如果不慎食用了有毒蘑菇，轻则容易出现皮肤过敏、恶心、呕吐、剧烈恶心、腹痛、腹泻、流口水、流泪、昏迷、出虚汗、抽风、全身痛痒发紫等症状；重则导致精神兴奋或精神错乱、肝脏损坏、呼吸与循环系统衰竭，甚至死亡。

可把蘑菇中毒病例分为以下 6 种类型。

肠胃中毒型。通常的中毒症状为剧烈恶心、呕吐、腹痛、腹泻等。毒粉褶菌、臭黄菇、毛头乳菇、黄盖粉孢牛肝菌和粉红枝瑚菌等毒蘑菇可引起此类中毒，已知有 80 余种。

神经精神型。已知有 60 余种。中毒症状为精神兴奋、精神错乱或精神抑制等神经性症状。如毒蝇鹅膏菌、半卵形斑褶菇中毒后可引起幻觉反应。

溶血型。主要症状是在 1～2 天内发生溶血性贫血，症状是突然寒战，发热，腹痛，头痛，腰背肢体痛，面色苍白，恶心，呕吐，全身无力，烦躁不安和气促。此类中毒症状主要是由鹿花菌引起的。

肝脏损害型。引起这类中毒的毒蘑菇有20余种。除上述已提到的含毒肽、毒伞肽的种类外,环柄菇属的某些种类也属此类。

呼吸与循环衰竭型。引起这种中毒症状的毒蘑菇主要是亚稀褶黑菇,死亡率较高。

过敏性皮炎型。我国目前发现的引起此类症状的是叶状耳盘菌。

(五) 毒蘑菇中毒后的紧急治疗

误食毒蘑菇后,应尽快设法排出毒物,除可用泻药、温水灌肠导泻外,中毒后不呕吐的人还要饮大量稀盐水或用手指按压咽喉深部引起呕吐,以免肌体继续吸收毒素。

另外,采用中草药治疗也有不错的效果。方法有:用生萝卜磨碎榨汁,加上花生油,服用一碗解毒;多喝绿豆汤;鲜空心菜(整棵)掺淘米水搓揉,喝半碗催吐;灌服鸡或牛的鲜血,目的是中和溶血毒素;嚼鲜金银花或饮金银花汤,每次300毫升;生甘草62.5克,白芷9.4克,煎汤,一次服下。

总之,进食可疑有毒蘑菇后或误食毒蘑菇后,除了采取应急措施外,要及时到医院诊治,以免造成更大的伤害。

第三节 海藻类食物

海藻是生长在海洋中的低等植物,它们没有根,但长有一个所谓的“固着器”。在海洋的潮间带(低潮线和高潮线之间的区域)和潮下带阳光可以涉及的水域,分布有大量的海藻。

海藻中的许多种类都可以食用,其中的部分种类,如海带、紫菜、裙带菜等已经成为人类的重要食品。

到目前为止,还没有食用海藻而中毒身亡的报道。如果不考虑适口性的问题,海藻应该是相对安全的野外给养食物,尤其是对在海岛生存的人员而言,海藻更是重要的食物来源。

在野外,海藻可以直接食用,如果能用水煮或者用其他方法做熟了再食用,适口性更好。

一、可食用的绿藻类

绿藻在分类学上隶属于绿藻门,一般都呈绿色,体积较小。绿藻类大部分分布在潮间带和潮下带的浅水区域,在退潮后,海岸的积水处就能采到,是比较容易采集的藻类。常见种类如下(图6-64)。

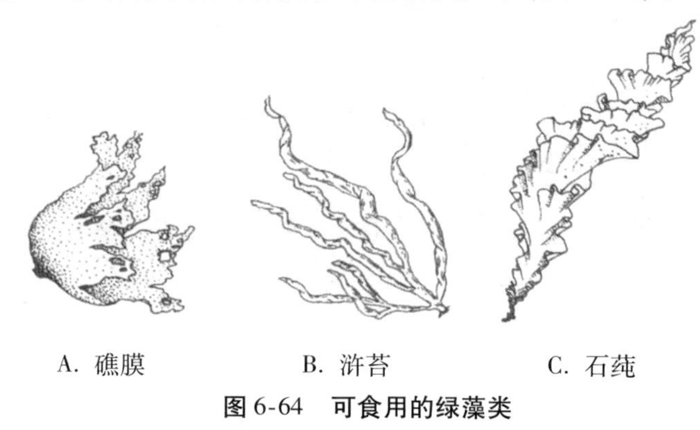

A. 礁膜　　B. 浒苔　　C. 石莼

图6-64　可食用的绿藻类

(一) 礁膜(俗名:石菜)

藻体高15~20厘米,绿色带黄;幼体长囊状;成体往往顶部破裂,形成数个裂片。

生于烂泥滩,固着在礁石或石块上,生长茂盛,分布广,味道美,适口性好。

(二) 浒苔(俗名:海青菜)

藻体高10~30厘米,最高达50厘米,亮绿色;藻体管状或者肠状,常有扭转现象,有部分分枝。

生于泥潭、沙滩的礁石或石砾上,产量大,分布广。

常见品种有:肠浒苔、管浒苔等。

（三）石莼（俗名：海白菜）

藻体高10～20厘米，最高达40厘米，碧绿色；无柄或柄不明显，为不规则椭圆形，藻体上常有大小不等、排列不规则的孔。

石莼生于潮间带的石缝隙和石槽中，常大量生长使海岸呈大面积绿色，产量极大，沿海居民常采集作为蔬菜，全世界分布。

常见品种有：石莼、孔石莼、长石莼等。

二、可食用的红藻类

红藻类在植物分类学上隶属于红藻门，一般呈红色、老红色、紫色、紫红色，体积小。红藻类有分布在潮间带和潮下带浅水区域的，也有在深水水域的。像绿藻一样，在退潮后，海岸的积水处也能采到，也是比较容易采集的藻类。常见种类如下（图6-65）。

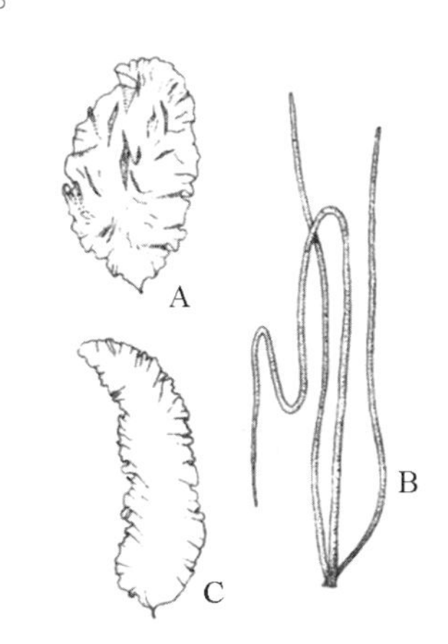

A. 鸡毛菜　B. 江蓠　C. 海罗

图6-65　可食用的红藻类

（一）鸡毛菜（俗名：牛毛菜）

藻体高5～15厘米，最高达30厘米，紫红色，扁平，有2～3次羽状分枝，整体呈金字塔形。

生于潮间带石缝隙中，分布极广。

（二）江蓠（俗名：龙须菜）

藻体高10～20厘米，最高达90厘米，紫红色；有主杆和侧枝之分，老杆扁平，上面常有附着物。

基部有固着器，固着在石块和贝壳上生长；产量较高，为沿海居民普遍采集食用。

常见品种有：江蓠、真江蓠、扁江蓠等。

（三）海罗（俗名：牛毛菜）

藻体高4～10厘米，最高达15厘米，紫红色；丛生，分枝不规则，顶枝常有二叉状分枝，在分枝处常有缢缩（重要特征）。沿海居民把颜色相同的海罗和鸡毛菜统称为“牛毛菜”。

生于潮间带石缝隙中，分布极广。

（四）角叉菜（俗名：海石花、海木耳）

藻体高5～10厘米，淡紫色；新枝紫色中透绿；革质坚韧；有短叉状分枝。

生于潮间带，基部有固着器，固着在石块或贝壳上生长；分布较广，产量较高，为沿海居民普遍采集食用，国内海滨城市（如大连、青岛等）市场均有销售。

（五）紫菜（俗名：塔膜菜）

藻体高20～30厘米，宽10～20厘米，淡红色，发黑；藻体膜质极薄；形态变化很大，有长卵形、不规则圆形、披针形等；边缘有皱褶。

生于平静的海湾，固着在岩石上，产量高，分布广，口味佳。

（六）海膜（俗名：海粉皮）

藻体高10～50厘米，宽3～7厘米，紫红色；长披针形或带形，外形不规则，黏滑，丛生；基部有1～2厘米的小柄，以固着在岩石上。

生于潮间带石沼中，分布广，口味佳。

（七）海索面（俗名：海面条）

藻体高20～50厘米，紫中带绿；藻体面条形，直径0.3～0.5厘米，无分枝。

生于潮间带和潮下带的礁石上，固着。分布广，产量高，适口性一般。

三、可食用的褐藻类

褐藻类在植物分类学上隶属于褐藻门，一般呈褐色、黄褐色、黑褐色、绿褐色，也有部分呈绿色，但绝不像绿藻那样亮，多为暗绿。褐藻体积较大，最高可达数米（如海带）。

褐藻类大部分分布在潮下带的深水区域，是比较难采集的藻类，一般需要借助工具采集。常见种类如下（图6-66）。

A. 萱藻 B. 鹿角菜 C. 裙带菜
D. 马尾藻 E. 海带

图6-66 可食用的褐藻类

（一）萱藻（俗名：海麻绳）

藻体高5～30厘米，直径0.3～0.9厘米，黄褐色；无分枝，单条丛生，常缢缩成节（外观像多节香肠）。

生于潮间带石沼中，也见于潮下带，分布广，口味佳。

（二）鹿角菜

藻体高6～7厘米，橄榄绿色；软骨质，2～4次叉状分枝，分枝不等长。

生于潮间带岩石上，分布广，口味佳。

（三）裙带菜

大型藻类，藻体高100～150厘米，宽50～100厘米，绿或绿褐色；藻体分固着器、柄和叶片三部分，叶片羽状分枝。

生于潮下带1～5米深的水域，固着在岩石上。分布广，产量高，营养丰富，适口性好，是理想的野外给养食物。

（四）马尾藻（羊栖菜）

藻体高15～50厘米，最高可达200厘米，黄褐色：主枝圆柱形，叶变异较大，有匙形、柳叶形、线形，有气囊；藻体肥厚多汁。

生于浪高流急的海域，固着在岩石上，分布广，适口性好。

（五）海带

大型藻类，藻体高200～400厘米，最高可达600厘米，宽20～50厘米，绿褐色或褐色；藻体分固着器、柄和叶片三部分，固着器有叉状假根；叶片狭长，中间有加厚的中带。

生于潮下带5～20米深的海域，固着在岩石上。分布广，产量高，我国已大面积养殖。

海带适口性好,营养丰富,是海岛生存的最佳食品,但不容易采集。在沿海地区,海带有时会被海浪冲上海滩,这样的海带多半是死亡后飘起来才被冲上岸的,大部分已经变质(藻体表面发白,并有部分破损),最好不要食用。

采集深水区域的海藻,可以用一个类似于锚的钩子(密度要大于海水,可以沉在海底),后面拴上绳子,抛进深水区,然后收起绳子,就可能会有收获。

第四节 动物类食物

在野外补给食物时,动物类食物可以为生存者提供更多的能量,因为动物类食物比植物含有更多的蛋白质和脂肪。在野外特殊的环境中,当生存受到饥饿威胁的时候,蛋白质和脂肪比淀粉和维生素更有救命的价值。

当然对于捕杀动物,仅指在人类生存受到威胁的情况下不得已才采取的行动,这是户外活动者在遇险求生时的被动选择。因此,在探险和野外生存活动中,野外捕猎动物应遵循下列原则:

第一,要了解和掌握活动地区野生动物的分布情况和国家保护动物的种类,自觉做好野生动物保护工作;

第二,在有其他种类的食物可供食用时,绝不捕杀野生动物;

第三,在尚未因饥饿危及生命时,绝不猎食野生动物;

第四,在不得已需要猎食野生动物以保持生命时,绝不猎杀国家保护动物。

捕食动物相对采食植物来说,难度要大一些。但在野外生存时,所有的食物都可能成为维持生命的食物源,而且有的动物捕捉并不困难。

一、如何寻找动物

野生动物几乎遍及地球的各个角落，而真正想要捕捉时，又发现有时连找到它们都很困难。想要捕捉到可以食用的动物，首先要知道它们在哪里生活，何时出来活动，在哪里活动，等等。对于这些知识了解得越多，成功捕捉它们的可能性就越大。

学会观察动物活动后留下的各种痕迹，可以为及时发现周围动物的踪迹提供很大的帮助。下面介绍几种主要方法。

（一）观察动物的足迹

动物在通过沼泽地、雪地和松软的地面时总会留下自己的足迹。而且，由于很多动物行进的路线一般比较固定，所以，发现了它们的足迹，就很容易找到它们。不同动物的足迹有着不同的特点，通过足迹可以发现很多宝贵的信息，如动物的种类、体态、年龄、性别、通过的时间等。（图 6-67）

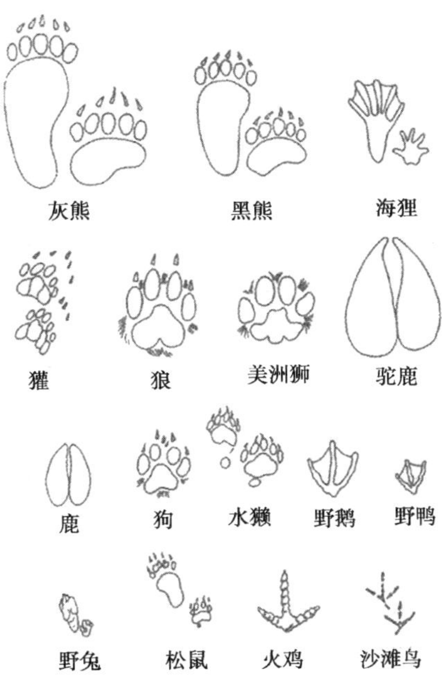

图 6-67　部分动物的足迹

如果足迹很清晰,没有被破坏,则说明动物刚通过不久,就可以做好捕捉的准备;如果足迹已经积水或布满蜘蛛网,则说明动物已经通过很久了,捕捉的希望不大。当然,只有通过足迹确定的动物是自己可以捕捉的动物时,才应做好捕捉准备。如果通过足迹辨认这是一种凶猛的动物,就应该立即离开,以免受到伤害。

(二)观察动物的排泄物

通过观察动物的排泄物可以较好地确认动物的类别以及通过的时间。从排泄物的多少和形状可以判断动物的体型大小,从排泄物的干燥程度可以判断动物离开这里的时间。

1. 哺乳动物排泄物

哺乳动物的排泄物通常有强烈的臭味,这是由它们肛门内侧附近的腺体分泌产生的。对于哺乳动物,这些臭味可以起到标记领地、发送信号等重要作用。植食动物,如牛、鹿、兔子等,其排泄物通常是椭圆形的。肉食动物,如猫、狐狸等,其排泄物通常是长条形的。杂食动物,如獾、熊等,其粪便的质地和形状取决于熊吃了些什么:植物性食物吃得多,粪便就呈管状;肉食吃得多,粪便就呈泥浆状。随着季节和食物的变化,其粪便在一年四季中也是不一样的。在春天,会吃许多草和昆虫,因此它们的粪便通常是绿色管状的;从夏末到秋季,主要吃多肉植物或浆果,其粪便通常呈褐色块状。翻开其干燥的排泄物,可以看出进食习性,这将有助于在捕捉时选用诱饵。

2. 鸟类排泄物

植食类鸟的排泄物体积通常较小,多数情况下新鲜排泄物为液态;肉食类大型猛禽的排泄物为卵状,其中还有未消化的肉类残渣。松散的排泄物说明在不远的地方可能会有水源,因为小鸟不会飞离水源太远,但肉食性鸟类就不受水源的限制。如果地面上鸟类排泄物较多,则说明周围有鸟类的巢穴。

(三)观察动物的啃食痕迹

动物在啃食食物以后会留下一定的痕迹,可以通过观察树皮剥落的方式、啃食后留下的坚果皮壳、部分吃剩的浆果及嫩枝上的牙痕、肉食性动物吃剩的猎物的尸体以及猎物巢穴被破坏的情况来判断附近生活的动物种类和它们的习性。

夏季,被鹿啃过的树皮会被撕成长条形,暴露出树干的木质部分;冬季,被鹿啃过的树皮只会被咬出一块疤痕,这时能见到大而清晰的垂直牙痕;雄鹿常常用自己的角磨蹭树干,在磨破的树皮与木质部分之间会留下条状疤痕;兔类啃食过的树皮边痕通常是光滑的;绵羊啃过树皮后留下的牙痕是歪斜的;鼬齿类动物啃食树皮的痕迹通常位于树干的下部;河狸啃过的树看起来像用小斧砍过一样;松鼠会爬到树干的顶部啃食树皮,木屑和树皮的碎片会掉落到树干底下;如果地上有掉落的松子或坚果,那很可能是喜欢吃坚果的鸟类的"杰作"。

(四) 观察洞穴

大部分在陆地上行走的动物都有洞穴,而且在洞穴的周围通常有它们排泄的粪便、行走的足迹。找到了动物的洞穴,捕捉起来就比较方便了。但有的动物,如兔子、松鼠等,它们的洞穴往往留有逃跑的"后路",在捕捉时先要找到它们的"后路",将其堵死,或者干脆在其"后路"上设下陷阱,这样就不会扑空了。

(五) 观察地面的土堆

许多动物在寻找食物时,会在地面上拱起土堆或留下小面积的扒痕,以寻找地表面的昆虫、蠕虫和各种植物的根茎。如果发现地上有新的潮湿的碎土或是大块的泥泞及动物滚过的痕迹,则说明刚有动物光临过。

(六) 留心异味

在动物生活过的地方,往往会留下它们的气味,在下风处,还可能会闻到顺风飘来的动物的特殊气味。有的肉食性动物身上气味很浓,只要注意利用自己的嗅觉,就不难发现它们的存在。有时候要充分相信自己的嗅觉,如果明显感觉可能是一种很凶猛的动物的气味,就应该立即离开那个不安全的地方。

此外,还可以在动物可能经常出没的地方隐藏起来观察。比如,在一片荒野中有一条小水沟,周围的各种动物一定会在口渴时来这里饮水,只要耐心等待,就一定能发现它们。需要提醒的是,在观察的时候一定要隐蔽好,因为不小心暴露自己会吓跑小动物,同时也可能在无意中使自己成为一些猛兽的袭击目标。

二、哺乳类动物

哺乳类动物也称兽类,是一种体温恒定、体外披毛、胎生、哺乳的动物群类。取食哺乳类动物较接近人类的饮食习惯,也可以为野外生存提供大量的蛋白质和脂肪。

哺乳类动物中有许多种类是国家级保护动物,在没有一定动物知识的情况下,一定不要贸然捕猎哺乳类动物。

这里主要介绍一些分布广、数量大,以及一些不在动物保护目录内的哺乳类动物,供户外探险者在野外补充给养时参考。

(一) 鼹鼠(地串、瞎耗子)

鼩形目,体长17厘米左右;吻尖,眼睛小,无耳壳,尾短小,体毛短,棕褐色,前肢粗壮,掌趾外翻,爪强大。(图6-68)

图6-68 鼹鼠

生活在地下,常在土质疏松、潮湿、昆虫较多的林地出没,穴道接近地表,常使地表土隆起呈松散的带状,地道交织成网,巢穴位于网中央部分。分布较广。

鼹鼠行动迟缓,可徒手捕捉,但其经常隐蔽在穴道内,不容易被发现。发现鼹鼠穴道时,可在一端用力跺脚,待其向另一方向逃跑时将其捉住。

食用时,剥皮、去内脏后,可水煮、烧烤。营养丰富,适口性好。

（二）达乌尔黄鼠（豆鼠子、大眼贼）

啮齿目，体长20厘米左右；身材粗短；头大；眼睛大；耳壳短，边缘呈皱褶状；尾短，末端毛蓬松；体背深黄色，腹部沙黄色；有立身远望的习性。（图6-69A）

生活于草原、丘陵地带，数量大，分布广。对农作物有害，为重要的农业害鼠。活动敏捷，性机警，不易徒手捕捉，可在洞穴附近下套或诱捕（用瓜子、豆类、玉米等做诱饵）。

食用时，剥皮、去内脏后，可水煮、烧烤。达乌尔鼠携带细菌，食用前必须高温处理。营养丰富，适口性好。

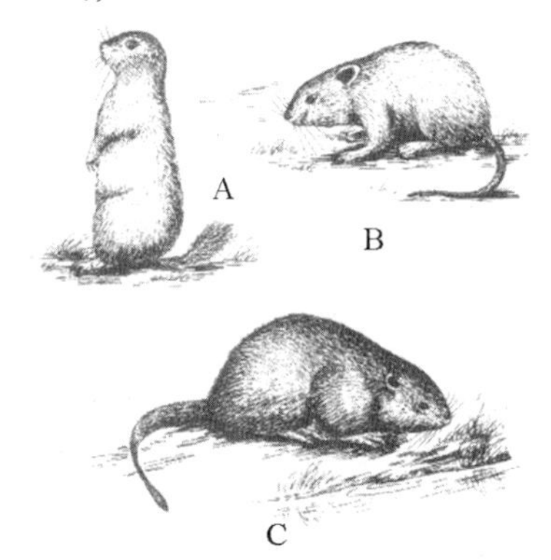

A. 达乌尔黄鼠　B. 田鼠　C. 麝鼠

图6-69　可食用的啮齿目动物

（三）田鼠

啮齿目，体长12～15厘米；四肢短；尾长，为身体长的一半；体背棕褐色，体侧稍淡，腹部污白色。（图6-69B）

喜欢居住在低洼多水的环境，湿草甸、河边林地、稻田里往往有大量分布。分布广，数量大，为我国重要的农林鼠害。活动敏捷，不易徒手捕捉，可用套、夹捕捉，也可用弹弓射杀。

食用时剥皮、去内脏后，可水煮、烧烤。田鼠携带细菌，食用前必须高温处理。肉白嫩，营养丰富，适口性好。

（四）麝鼠（水耗子、水鼠）

啮齿目，体大而粗壮，体长30～40厘米；后肢较长，趾间有蹼；尾侧扁，适合游泳；体背深褐色，腹部棕灰色。（图6-69C）

半水栖，喜欢生活在水生植物丰富的河流、池塘、水库、湖泊、水田、沟渠、沼泽等地。以软体动物、鱼、虾、含淀粉丰富的植物为食。分布广，对水利设施有害。

受惊吓时会跳进水里，不易徒手捕捉，可用套、夹捕捉，也可以用弓箭、弹弓射杀。

食用时，剥皮、去内脏后，可水煮、烧烤。麝鼠肉多而白嫩，营养丰富，适口性好，是理想的野外给养食品。

三、爬行类动物

爬行类动物的代谢强度比较低，可以长时间不进食（龟、鳖、蛇类可以一年不吃东西），并且有完备的防止水分蒸发的调节机能，所以，爬行类动物可以生活在生存条件十分恶劣（如沙漠）的环境里。爬行类动物虽能为野外探险者提供食物补给，但千万不要贸然捕猎，因为其中很多都是保护动物。

四、可食用的昆虫及食用方法

昆虫的营养价值非常高，尤其是幼虫和蛹。有人做过实验，幼虫和蛹的蛋白质含量大大高于同等质量的牛肉。民间也有“三个茧蛹一个蛋”的说法。但是，由于人们长期的饮食习惯，食用昆虫的幼虫和蛹往往会难以下咽，尤其是那些看上去很丑陋的幼虫。

对于野外生存的给养补充来说，昆虫是非常好的能量来源，而吃昆虫又有许多优点：昆虫分布极其广泛，几乎有植物的地方都有昆虫；昆虫虽然个体小，但生物量很大，收集多了就有了很大的蛋白质源；昆虫之中有许多是害虫（如蝗虫、甲虫），而且许多昆虫，尤其是幼虫往往行动迟缓，容易捕捉，收集它们不会消耗太多的体力。

昆虫的生长有一定的季节性，冬季可以寻找它们的蛹。

（一）蝗虫类（俗名：蚂蚱、蚱蜢）

通俗地讲，凡是后足比较强大、可以跳跃的一般都多属蝗虫家族。（图6-70）

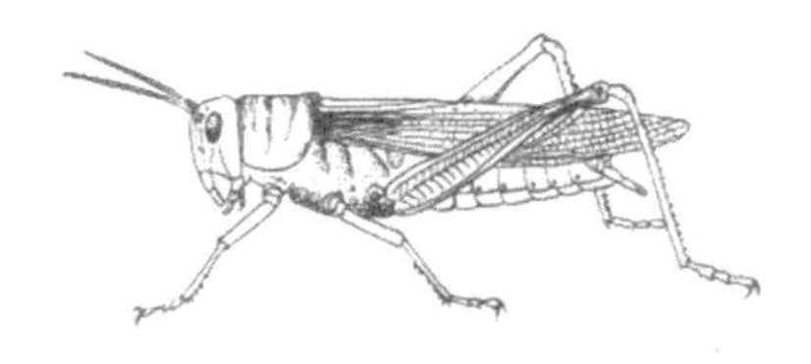
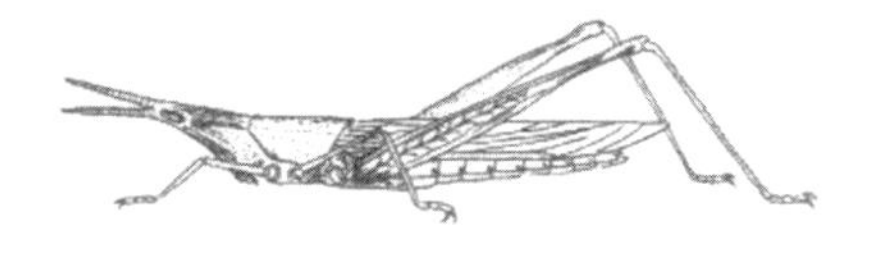

图 6-70　蝗虫(左)与蚱蜢(右)

蝗虫类没有有毒的种类,如果不考虑适口性的问题,几乎所有的蝗虫都可以食用。如果考虑到个体大小、适口性、分布范围、种群密度等因素,一般比较适合食用的有:飞蝗、棉蝗、稻蝗、笨蝗、斑腿蝗、翘尾蝗、蚱蜢、蝈蝈等。

食用蝗虫时,可以直接将其穿成串在火上烤熟后食用,平时更常见的是油炸蝗虫,香脆可口,适口性极佳。

(二) 甲虫类

习惯上把鞘翅目的昆虫称为甲虫,它们共同的特点是前翅不是飞行器,而是角质的鞘翅。鞘翅目在昆虫纲中是种类最多、分布最广的类群,也相对容易捕捉。(图 6-71)

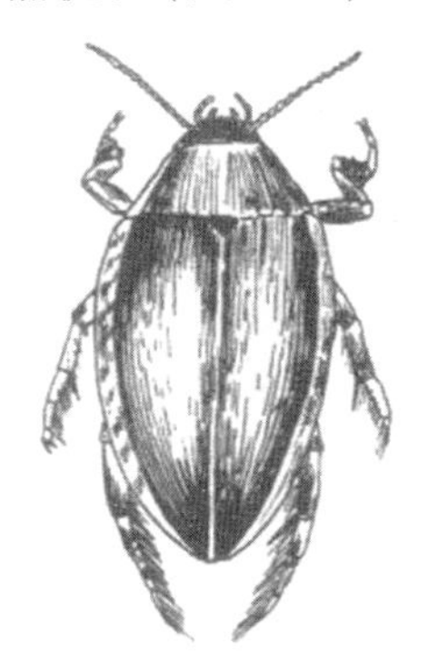
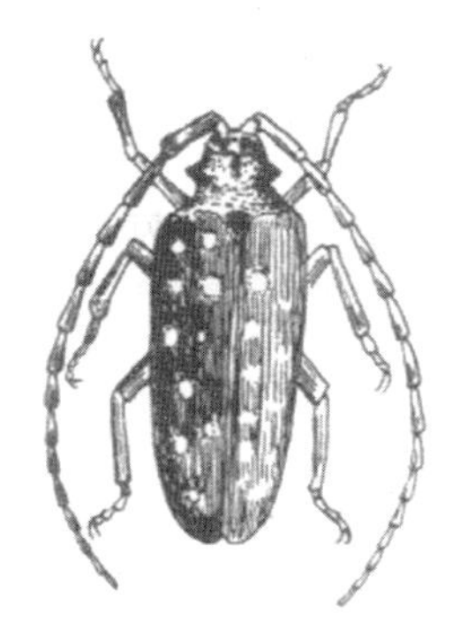

图 6-71　龙虱(左)与天牛(右)

在野外,吃甲虫的方法与吃蝗虫相同,要注意的是食用时应去掉坚硬的鞘翅。在鞘翅目中,口感较好、个体较大的是金龟子、天牛。

（三）白蚁

等翅目，小型昆虫，触角念珠状。（图6-72）白蚁为社会性昆虫（成员有分工、有合作，集体生活），各类成员均可食用。

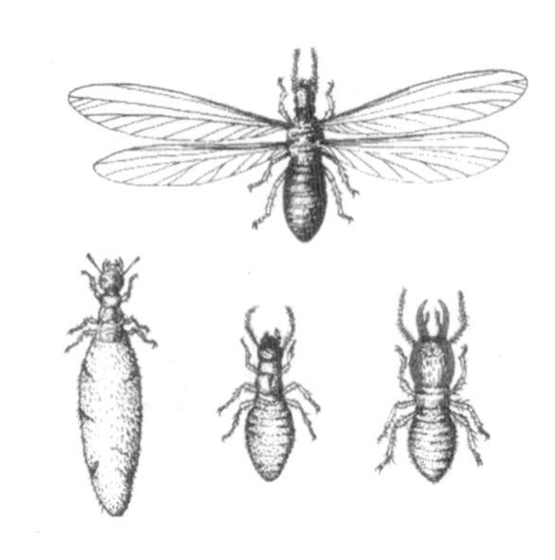

图6-72　白蚁各个成员形态（均可食用）

白蚁的个体虽小，但白蚁是群居的社会性昆虫，在野外白蚁的巨大巢穴里蕴藏着无数的白蚁，生物量极大，收集起来也是不错的蛋白质源。白蚁可以把土堆垒得很高，捕捉时，把土堆打碎，往里面灌水就可以把白蚁驱赶出来。取一块白蚁的巢穴放在火炭上烤会产生芳香的烟雾，可用以驱赶蚊子。也可以往白蚁巢穴里插一根枝条，轻轻地把白蚁引诱出来，白蚁会咬住枝条，挂在枝条上面，但是量不多。

白蚁体内蛋白质含量极高，营养丰富，是补充体力的优质食品，可以直接食用。食用时，可煮食、炒食或烤食，但要把它们的翅膀除去。白蚁的卵有丰富的营养价值。

（四）其他可食昆虫

原则上昆虫都可以食用，但是考虑到体积、适口性、分布等因素，以下几种昆虫均可食用。（图6-73）

（1）螳螂。烤着吃味道好，尤其是秋天的雌性螳螂。

（2）蝼蛄。味道好，又是害虫，不存在保护的问题。

（3）蜻蜓。口感好，但蜻蜓是益虫，应该保护。

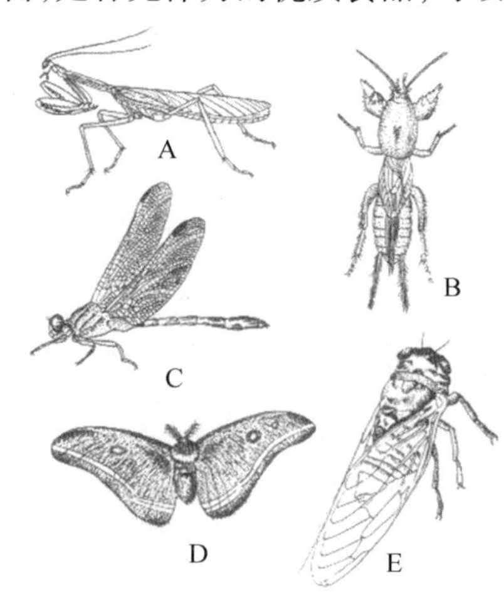

A. 螳螂　B. 蝼蛄　C. 蜻蜓
D. 蛾　E. 蝉

图6-73　部分可食用的昆虫

（4）蚕蛾。味道极佳，适口性好，但季节性很强。

（5）蝉。不仅味美，而且保健，但捕捉较困难。

（6）大竹节虫。虫体大，适口性好，但不易发现，可用震落法捕捉。

（7）大黄蜂。适口性好，但不宜捕捉，且有被攻击的危险。

（五）昆虫幼虫

昆虫幼虫比成虫更有营养，口感也比成虫要好。但对于大多数人来说，食用昆虫幼虫感觉会很不舒服。但是，幼虫的蛋白质含量十分丰富，关键时刻对人体蛋白质的补充会起到十分重要的作用。有些令人恶心的幼虫营养价值非常高，例如蝇蛆。

需要注意的是，松毛虫的幼虫有毒刺，不可食用；烤幼虫时不要穿成串，以免液体流失，最好在石（铁）板上烤。

五、鱼类

鱼类含有丰富的蛋白质、维生素和脂肪，是很好的野外生存资源。几乎所有的淡水鱼都可以食用，只有部分热带鱼具有一定的危险性，不可以食用。不同种类的鱼有不同的生活习性，会在不同的水域、水层和不同的时间出来活动。因此，捕鱼的方法也是多种多样的，可以根据水域、鱼种、季节等的不同，采用不同的捕捉方法。

（一）钓鱼

在沿海、岛屿及有江、河、湖泊的地区，可以采用垂钓的方法捕鱼。如果没有钓鱼用具，可以因地制宜，土法制作。比如，用针或在海边寻找丢弃的鱼骨和小硬木刺制作简易钓鱼钩（图 6-74）。加工时，若无小刀，可将贝壳打破，用贝壳的锐角精心制作成小刀。钓线可用韧性较强的蔓草代替。先将蔓草晾干，再用石块锤击使其变软，捻成坚韧的钓线。长度最好在 2 ~ 3 米。有了钓钩和钓线之后，制作钓坠、浮子（鱼漂）和钓竿的代用品就简单多了：小石子等重物可代替钓坠（安装在距离鱼钩 10 ~ 15 厘米处）；鸭、鹅、雁等禽鸟的羽毛管，松树和杨树的皮以及玉米秆等都可以制成浮子；钓竿可以用任何一种柔韧的竹竿或树木的枝条代替。鱼饵通常是蚯蚓，但其他各种昆虫，如蜻蜓、蝗虫、牛虻以及蠕虫、鲦鱼、蛆虫等也可以作为诱饵。

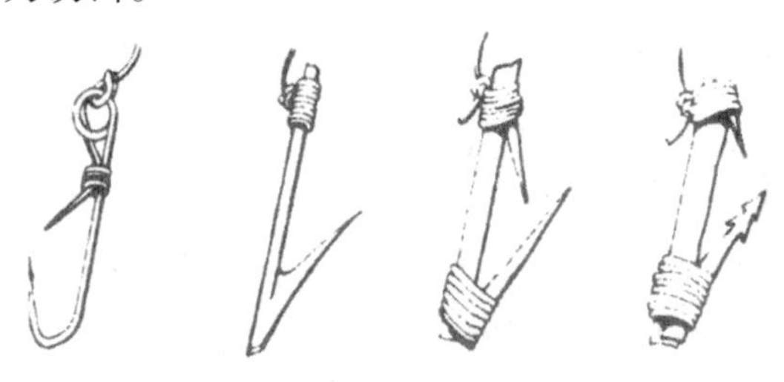

图 6-74 几种简易鱼钩

（二）浑水捉鱼

在小而浅的池塘、小河或溪流中估计可能有鱼的地方，用石块或泥块围起一个堤坝，然后下水，用脚或用木棍将池底的污泥搅起来，使水变浑，等鱼到水面寻找清水时，再用手捉或用木棍敲击进行捕捉。也可以将“水坝”内的水淘干，捕捉里面的鱼，有时在淤泥里还能捕捉到泥鳅。

（三）叉鱼

如果水质清澈，能看到游动的鱼，就可以用长尖刀、削尖的竹子、分叉的硬木（如胡桃楸、花曲柳、柞木等）制作成鱼叉（图 6-75），在可以俯瞰鱼儿往来的位置，用鱼叉来叉鱼。夜晚，用火把或电灯在水面上照射，可以引出水中的鱼，然后用鱼叉或其他工具捕捉。

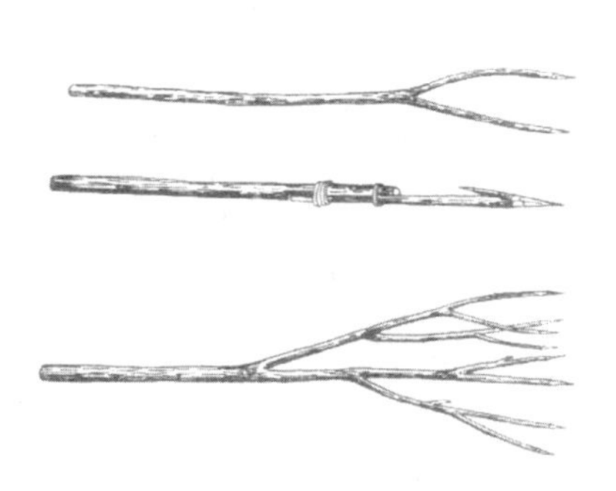

图 6-75 各种简易鱼叉

为了防止鱼被刺中后脱落，可以制作成有倒刺的鱼叉。

（四）徒手摸鱼

用手摸鱼是一种较为原始的捕鱼方法，但有时十分有效。在水中用双手在石缝、草丛以及洞穴中慢慢地摸，一旦发现鱼，就用双手将其捉住。但徒手摸鱼要有一定的捕鱼经验：抓鱼时，双手一前一后，虎口相对，手掌靠近水底，手指向上，拇指张开，小心逐渐搜索，发现有鱼时，逐步收缩包围圈，在有把握的距离上突然将鱼按住。鱼类体表会分泌黏液，在水中非常滑，抓鱼时要用双手，其中一只手按住头部。对于较大的鱼，可以将手指伸进鱼嘴，或者扣住鱼鳃。

一旦抓住鱼后，应迅速将鱼抛到远离水源的地面上，以防鱼儿从手中滑走逃脱。

（五）鱼笼

鱼笼的原理从本质上讲就是好进不好出。在野外，可以用嫩树枝制作一个鱼笼。用长的枝条做成笼体，用长枝的分叉（短枝）做倒刺。（图6-76）在笼中放置少量的鱼饵，然后将鱼笼放在有鱼出没的水中。最好堵住其他通道，让水流集中从鱼笼的入口通过，也可将鱼笼放在静水中，沉入水底，等到第二天把鱼笼取出时总会有意外的收获。

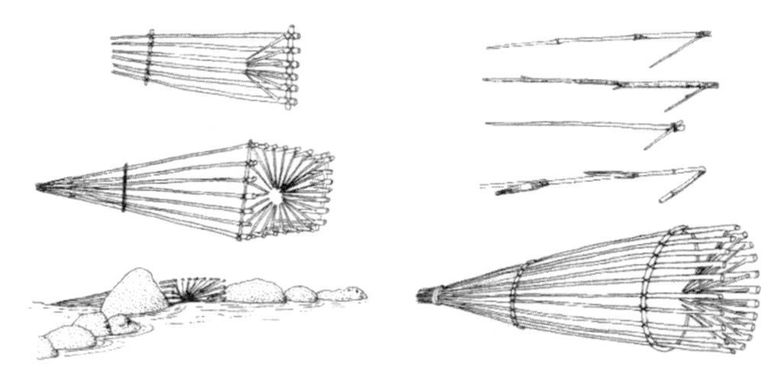

图6-76 鱼笼的制作方法

在编制鱼笼时，要注意把入口的大小设计适当，不能让鱼进入后再有机会逃出去。同时，枝条的间隔也不能太大，否则鱼会从间隙中逃走。

第七章 野外用火与野炊

第一节 野外取火

对于在野外探险的人来说,火的作用不仅仅是取暖、烤干衣物、加热水源、制作食物,有时候火还可以驱走可能对生命有巨大危险的各种野兽;让受困者在深夜里更容易被救援者发现,为摆脱险境提供帮助。所以,必须学会在野外条件下取火。

一、材料准备

要顺利地生火,必须同时具备三个条件:氧气、燃料和热量。氧气在空气中含有,要做的就是找到适合的燃料并产生一定的热量。取火前,首先要收集火种、引火物和维持燃烧的燃料。

(一)引燃物

引燃物必须是特别容易燃烧的物质,它可以在热量的作用下生成微弱的火花,其用量并不大。寻找引燃物时,不要走得很远,因为只要有一点点就可以了,甚至只要把自己的衣兜或裤缝翻过来,取下里面的棉绒就解决问题了。实际上,碎纸片、鸟类的羽毛、枯草、桦树皮、木头刨花、烧焦的布料、干木屑、蜡质、昆虫打洞留下的粉末等都是很好的引燃物。

（二）引火物

引火物的作用是将火种的火势增大。引火物不宜过大，因为那样不能及时将火种的火势增强。十分干燥的枯树枝、较软的木材以及含有松脂的木头都是理想的引火物。为了增强引火效果，可以将树枝拆分得更加细小，使之更加容易被引燃。

（三）燃料

燃料主要是让火势持续旺盛。燃料一般要经得住燃烧，一些较大的树枝、食草动物的粪便、泥炭（通常出现在干燥的沼泽地区，它是一种褐色、松软且富有弹性的物质）、煤、枯死的仙人掌、页岩以及动物的脂肪和各种油料都能充当燃料。燃料不一定要求太干，如果周围的蚊虫较多，可以燃烧一些不太干的燃料，这样会发出浓烟，以帮助赶走那些让人心烦的害虫。

二、缺乏火种时的取火方法

准备好所需的各种材料后，就可以进行点火了。点火的方法很多，如果带有火柴或打火机，那么一切就再简单不过了。这里主要介绍在没有上述物品、缺乏火种的情况下取火的方法。

（一）敲击法

金属和石头相互敲击时会产生许多火花，火花落在易燃物上就有引燃易燃物的可能。在自然界，由火花引发的火灾屡见不鲜。

找一块石头，用金属物在石头上不断敲击，如果没有火花产生就另找一块，直到找到容易发出火花的石头。

操作时，将石头放在干燥的地方，周围用引燃物围好，不断敲击石头使其产生火花，直至引燃物冒烟，随即用嘴对着引燃物轻轻、短促地吹，直至吹出火苗，然后点燃事先准备好的引火物。（图 7-1 左）

图 7-1 敲击法取火(左)与聚焦法取火(右)

(二) 聚焦法

凸透镜能聚集太阳的光线,并在焦点处产生高温,从而点燃易燃物。使用凸透镜需要阳光的配合,没有太阳的时候无法使用这种方法。

经常从事野外工作或开展探险活动的人,应该在带上火柴、打火机的同时,带上一块凸透镜。凸透镜只要不丢失或损坏就可以一直用下去,这是它比火柴、打火机具有的最大优势。如果没有携带凸透镜,老花镜、照相机镜头、玻璃瓶底也可用来试试,或许也能聚焦取火。

采用凸透镜取火时,先选择一处干燥、避风的地方,准备好引燃物和引火物,边上再准备好细柴燃料。用凸透镜将太阳光聚集到一点,并将这一点照在引燃物的同一部位上,不用多久就会冒出烟来,再轻轻吹出火苗。(图 7-1 右)

(三) 锯竹(木)取火法(火锯)

这是印度原住民发明的取火方法,据资料记载,印度原住民可以用这样的方法在几分钟内成功取火。

具体方法是用一块带锐缘的竹子在另一块竹子凸起的地方来回摩擦,下面放一些引燃物,锯屑落在引燃物上很快就会冒烟,然后轻轻吹起火苗。(图 7-2 左)如果没有竹子,坚硬的木头也可以利用,只是比较费力。

(四) 摩擦取火法

在火柴发明以前,佤族人主要采用这种方法取火。

取火时，劈开木头的一端，并在裂口里夹上细木棍，在裂缝里放上火绒（用纤维捣碎），用结实的绳子（如动物筋腱等）来回摩擦，里面的火绒就会逐渐发热、冒烟，最后起火。（图 7-2 右）

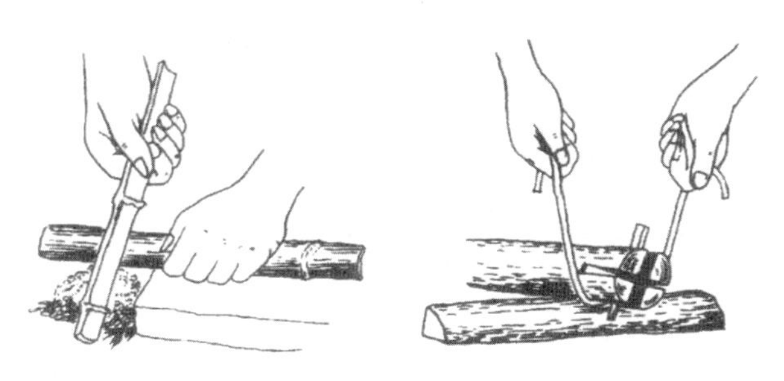

图 7-2 锯竹法取火（左）与摩擦法取火（右）

（五）钻木取火法

根据资料记载，这是黎族最擅长的取火方法。

用一根硬木棒，下面削尖，两手夹住，在一个边缘有开放性小孔的木板上来回搓转，在木板的开口处放好引燃物，搓转到一定的时候，引燃物就会发热、冒烟、起火。（图 7-3）

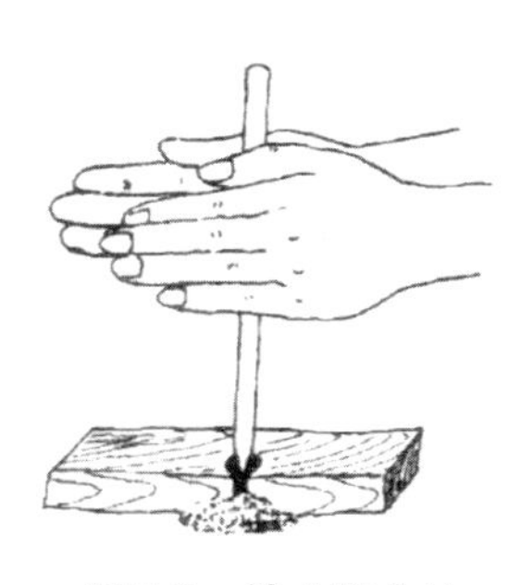

图 7-3 钻木取火法

这种方法取火难度较大，如果给木棒配上能使其快速旋转的装置，如火弓，就会方便许多。

（六）火弓取火法

这是钻木取火法的延伸，在用手直接钻木取火的工具上增加了一个加速木杆旋转速度的弓。（图 7-4 左）这是我们祖先最常用的取火方法，也是成功率比较高的取火手段。

在野外，我们可以动手制作这样的火弓，方法很简单：找一根弹性较好的木杆，两端分别削去将近一半，使木杆更容易弯曲并且保持弹性，拴上一根耐摩擦的细绳即可。可以用植物纤维搓成细绳。使用时，把绳子在木杆上绕上一周，来回拉送火弓，木杆便会高速转动起来。为了增加木杆的压力，防止木杆伤手，可以在木杆上方加盖一个有凹槽的木片或者石片。此方法较费力，但效果较好。

（七）火犁法

一根木棒在具有沟槽的木板上来回摩擦，最后生热起火。引燃物放在沟槽的前方，并有部分散落在沟槽内。（图7-4右）

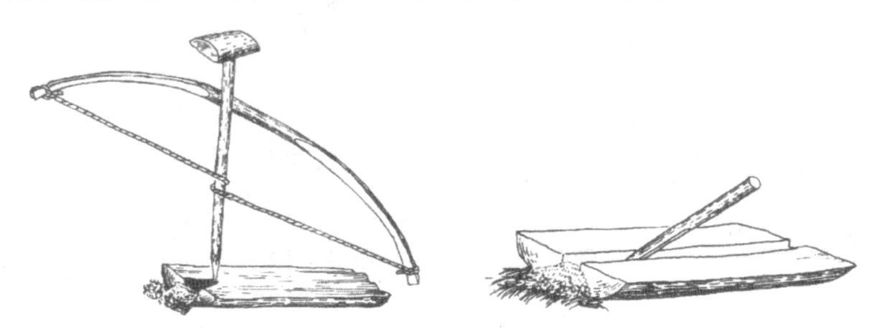

图7-4　火弓取火法（左）与火犁取火法（右）

根据资料记载，此方法曾经广泛流行于波利尼西亚、非洲、太平洋各岛屿。

（八）燧石法

该取火方法类似于敲击法，只不过是普通石头换成了燧石。

此方法是火地岛居民最钟爱的取火方法，因为那里可以找到燧石。用这种方法取火的成功率比较高，因为燧石经过打击能够产生大量的火花。（图7-5左）

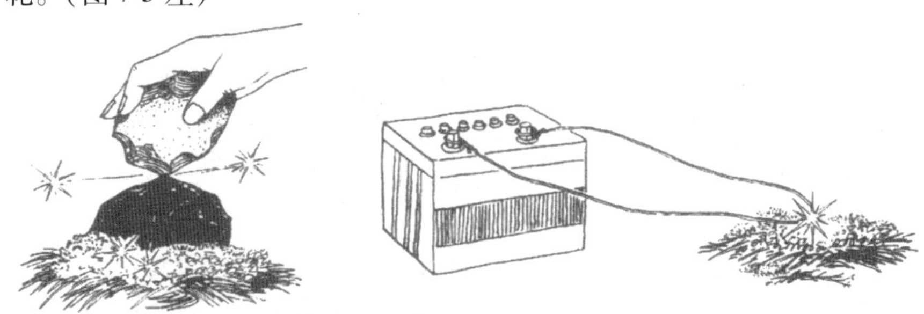

图7-5　燧石取火法（左）与利用电火花取火（右）

（九）利用电火花取火

电火花可以引起火灾，这常有报道，这就从侧面说明了电火花是可以用来取火的。关键的问题是在野外怎样制造电火花。

如果是驾车探险，那就比较简单。如果在没有其他取火条件时，可以用汽车的电瓶取火。用两根导线连接电瓶的两极，使导线的另两端裸露，让裸露的导线间歇性靠近、接触引燃物，可以产生大量的火花，很容易取火。（图 7-5 右）

如果是徒步探险，可以把手电筒里的备用电珠取出，在细砂石上将顶端磨破，然后把火药填入电珠内，通电后即能着火。如有电量较大的电池，可将正负两极接在削净了木皮的铅笔芯两端，顷刻间铅笔芯就会像电炉丝一样通红，用这种方法引火既方便又保险。

第二节 篝火的点火方法

在野外生存中，点篝火是最重要的生存手段：在寒冷的地区，篝火可以用来取暖，防止体温降低；在野兽出没的地方，篝火可以驱赶野兽；在黑暗中，篝火可以用来照明；衣服弄湿了，篝火可以烤干衣服；遇险时，篝火可以在晚间发出求救信号；在篝火上面加上湿柴就成了白天的烟雾信号。另外，煮食物、烧烤食物、烧水、处理伤口等很多工作都用得着篝火。对于经常从事野外活动或探险的人来说，懂得怎样利用篝火，并掌握各种点篝火的方法是非常必要的。

一、收集点火材料（燃料）

（一）木材

木材是野外最普遍的点火材料，在山地、森林里很容易找到已经干透的木头。一般情况下，需要在野外过夜的地方都有植被，只要有植被，就能找到枯枝和倒木，可以在不破坏植被的情况下，收集到很多木头。

收集木头时，应该同时收集一些引燃物和细柴（用来引火和引燃较粗的木头）。

同样是干柴，较重的干柴（如栎树、楸树、梨树等）燃烧时间长，释放的热量多，但不容易点燃；较轻的干柴（如杨树、椴树、椿树等）燃烧时间短，释放的热量少，但容易燃烧。松树重量适中，热量也不小，而且含有树脂，半干甚至潮湿的也能够燃烧。

（二）枯草

枯草比木头更容易收集，但是枯草的燃烧时间太短，费很大力气收集到的枯草，也许只能燃烧很短的时间，除非数量很多或不得已，一般枯草不用作主燃料，只用于引火。

（三）干粪便

蒙古族、藏族、鄂伦春族等一些少数民族有用干粪便生火的习惯。在草原、沙漠、西部地区的戈壁、山地等处，可以收集到很多大型牲畜（黄牛、牦牛、骆驼、驯鹿等）的干燥粪便。

干燥的粪便在燃烧时虽然没有太大的火苗，但热量足够取暖、烧开水，燃烧的味道也不像想象的那样难闻。如果用石头建一个炉灶，粪便的热量完全可以做饭，而且燃烧的时间也会延长。

（四）煤炭

能找到煤炭的地方很少，但在野外有时的确可以找到有煤炭的地方。用煤炭点篝火需要准备引火物，并要注意防止一氧化碳中毒。

（五）油

如果条件许可，汽油、柴油等都是很好的用来点篝火的材料。

直接点汽油是很危险的，可以用石头砌一个炉灶，把汽油掺在泥土里，放进炉灶里点燃。如果是柴油，可以把柴油倒在一个容器（金属、玻璃、石头等容器）里，再用棉布、毛巾等做几个油芯。

（六）垃圾

在海岛，尤其是在没有多少植被的孤岛生存时，很难收集到燃料。

但是，潮汐、海浪会把漂浮在海水里的垃圾推上沙滩，而高潮线上的垃圾往往都是比较干燥的。通常，漂浮的垃圾多数是可以燃烧的。这些垃圾里往往包括干燥的死鱼、朽木、尼龙线头等，有时还有一些废纸、纸杯、塑料、破布等生活垃圾。

二、不同条件下生火的方法

（一）在潮湿地点生火

如果要在沼泽、雪地、地面有积水的地方生火，关键是要做好火床，将生火的位置与潮湿的地面隔绝开来。方法是先在地面上铺一层大石块，然后再用小石块把表面填平或用粗树木铺垫在潮湿的地面上，做成一个“床”，然后在上面生火。

（二）强风时生火

大风天尽量不生火，如果必须生火，应选择一个相对避风的地方，如利用大岩石的背后。但是有时因地形不同，无法找到避风的场所生火，这时可以采用一些简单的方法，如用石块垒一道防风墙或用圆木直立排成“墙”，就能起到防风的作用。

另外，还可以在与风向垂直的方向的地面上挖一条长 2 米、宽 0.5 米、深度 0.5 米左右（风越大，沟应该挖得越深）的沟，由于大风天不存在缺氧的问题，这样就可以在沟内生火了。

（三）在山地生火

在山地生火一定要远离树木、草丛，尽可能离树林远一些。因为篝火会形成热气流，扬起灰烬，在有风的天气里这种情况更加严重。干树叶燃烧后会形成很轻的灰烬，并带有火星，热气流会带着这些火星漫天飞舞，所以，在有风的天气生火，不要往火里添加干树叶。

（四）在草地上生火

在草地上生火必须引起高度警惕的是防止引起草原大火。除了夏季外，其他季节的草地同样非常容易引起火灾。

在草地上生火，一定要做好生火前的清理工作，在点火地点周围清除所有的杂草，清理半径至少达到 15 米。如果时间和人手都来得及，尽量大范围地清理杂草，同时，清理后的杂草正好作为燃料的补充。

三、篝火柴的堆积方法

为了点火的方便并提高燃烧效率，应该把木柴搭成通风透气的结构。

（一）井字形堆积法

把两根较粗的木头按一定的距离平行排列（距离根据需要设定），另外两根木头也按相同的距离平行排列。但是，上面这两根木头要与下面的两根木头垂直，使四根木头形成一个井字。重复上面的步骤，继续加高，可堆积成一个“深井”。根据木头的粗细，界定堆积的层数，一般为 4～8层，高度为 50～80 厘米。在“深井”内放置细柴和引火物，很容易点燃。垂直交叉排列的木头之间留有与木头直径相同的间隙，透气通风，可以使燃烧物充分燃烧。

井字形堆积法用于点燃单纯营地的篝火，适合较粗的木头，但不能靠近取暖或做饭，因为燃烧起来的圆木不知道什么时候会倒塌。

（二）圆锥形堆积法

这是野外活动和探险时最常用的堆积方法，它的优点在于：干燥的柴火不够时，外面可以搭上湿柴，使湿柴逐渐被烘干；燃烧到一定程度，木头向内倒塌，没有危险，可以靠近取暖；上面吊饭盒可以煮饭、烧水，也方便直接烧烤食物。（图 7-6）

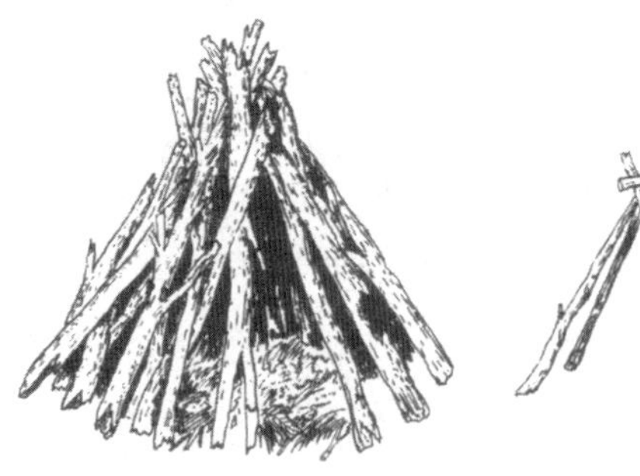

图 7-6　圆锥形堆积法

堆积这样的柴堆要遵循内干外湿（在干柴不足的情况下）、内细外粗的原则，内部要事先放好引火物，并在来风方向留下一个“门”，以方便通风和点火。

（三）轴心堆积法

如果想长时间保持火种（天亮后火还不会熄灭），可以找一根粗大的木头或者大型树根充当篝火的轴心，把收集到的干柴搭在这个轴心上，在轴心与干柴之间放上引火物，然后将其点燃。在野外采用这种方法点燃篝火，外面的干柴可以不断添加，经过一段时间的燃烧，轴心会被点燃，并保持很长的时间，有时一个晚上都不会熄灭。

四、建造野炊炉灶的方法

取火的最终目的是用火。有了火，还要学会建造各种炉灶的方法，用炉灶去烧烤食物、取暖、烘干衣物。尤其是在燃料不足的情况下，建造一个炉灶可以集中热量，节约能源，因为单纯的篝火消耗的能源太多。

（一）简易避风火炉

如果周围风比较大，可以在地上挖一个坑，深度以火苗不被吹灭为宜。然后在坑里点燃火堆，这就是一个最简单的避风火炉，它能有效地排除风的干扰。在避风火炉上，可以用一根青树枝串着食物烘烤，或是将潮湿的衣物搭在上面烘干。

（二）蛇形火炉

这种火炉也有很好的防风效果，但建造起来比较麻烦。找一个土质比较厚实的土坎，在背风的一侧挖一个深约半米的洞，洞口大小可根据燃料的大小而定，然后用一根细木棒从土坎上面插入洞中，做成一个通风的烟囱，就可以在洞里点燃燃料了。这种火炉可以用来取暖，也可以用来烘烤食物。

（三）野战灶

这是最简易、快捷，也是最常用的炉灶，行军打仗的士兵、野外考察的科研人员、户外运动的探险者，都经常用这种方法做饭。找三块大小、

高矮相似的石头,较垂直、平整的一面向内,架上炊具,调整石块使之平整稳定。(图7-7左)

图7-7 野战灶(左)与马蹄灶(右)

(四)马蹄灶

用石块砌成高约40厘米、内径约30厘米的半圆形,最上面一层向内收缩,以方便架锅。石块间留有缝隙,方便通风;开口处方便添柴,并朝向来风方向。

马蹄灶(图7-7右)可以节约燃料,集中热量,有风天还可以防止失火。

(五)八卦炉

这是民间常用的一种野外炉灶,在修建水库、桥梁、铁路等野外工地上,工人经常搭建这样的炉灶烧开水、做饭。由于这种炉灶的中心温度极高,填入煤炭可以融化钢铁,工人们根据《西游记》里的故事,称之为"八卦炉"(图7-8)。

搭建方法:选择大小相近的近长方形石头,在点火地点摆成直径1米左右的圆圈,石头之间要有意留出5厘米左右的空隙,以方便通风。第二层石头要压在底层石头的空隙上面,并稍微向圈里收缩,以此类推,堆砌七、八层以后,一个高1米左右、上口内径40厘米左右的八卦炉就堆砌成了。

这种炉灶火力猛,热效率高,开口处热量集中,烧水、做饭都十分快捷;不用时,可以用泥土封住,能够长时间保持火源,较少的雨水也不能将其淋灭。在封炉期间,外面的石头有相当大的热量辐射,可以取暖、烤干衣服,石头之间的缝隙里还可以烤熟食物。这种炉灶比较适合时间较长、地点固定的野外生活。

如果有足够的石头,时间也允许,搭建一个这样的八卦炉,既可以满足烹饪、取暖、烤衣服的需要,又省去了天天重新引火的麻烦。

图 7-8 八卦炉

(六) 看山灶

如果长期在野外工作,也许会有机会接触到一些远离居住区的“野外人”:看护山林的、养林蛙的、种植药材的、打猎的、采药的、放蜂采蜜的、地质勘测的、生物考察的、考古的……这些人各怀野外生存的绝技。在这些人当中,有许多人需要较长时间住在同一个地方,他们除了要建立一个相对牢靠的庇护所外,还要搭建一个多功能的高效炉灶。

在搭建炉灶方面,可以模仿看山护林员的方法:用石头、水和黏土搭建一个灶台,灶门开向季节风方向,在灶门相反方向修一个火道(沉淀火星,防止失火),火道前竖立一个中空的枯树作为烟囱。

图 7-9 看山灶

在所有野外炉灶中,看山灶(图 7-9)是最节约燃料的,也是比较安全的,甚至有些地区的山民(长白山地区的朝鲜族)夏天也在庭院里使用这样的炉灶。这种炉灶不仅可以用来做饭、烧水,火道(山里人称为火脖子)上还可以烘干衣物,灶膛里也可以烧烤,硬木火炭可以在灶膛里保持 5 个小时。

(七) 简易火炉

建造简易火炉的方法很多,但需要充分利用身边的各种器材。找一些小石头，将它们垒成环状(高度最好不要低于30厘米)，在环内将火点燃，再把锅架在石头上就可以烹制食物了。如果能找到几块砖头，也可以把它们垒起来，做成一个小灶。如果身边还有一个废旧的小铁桶，将其顶部去掉，再在其下部一侧开一个进柴的小口，就制成一个十分标准的火炉了。在野外生活中，只要肯想办法、动脑筋，就可以做成各种各样方便实用的炉灶。

第三节 野外食物的处理与野炊

野外生存时同样要注意饮食卫生和饮食安全，不到万不得已，尽量不要吃生食。熟食不仅适合人类的饮食习惯，而且符合健康要求：熟食比生食更容易消化；经过高温处理，可以消灭食物中的细菌、寄生虫；有些毒素经过高温也可以被破坏掉。总之，在炊具极其简陋或者没有的情况下，应千方百计把食物加工熟了再吃，这也是野外生存的重要技能之一。

一、食物的处理与保存

(一)食物的处理方法

捕捉到的各种猎物在变成野炊中的食物之前，都要经过一定的处理。如果处理不当，不仅会影响食欲和饮食，还有可能导致身体不适或其他不良反应。

1. 野兽类动物的处理

首先要刺破野兽的喉咙进行放血。放完血后，再剥去动物的皮，剥皮时应先从腿部开始，再剥躯体上的皮。剥皮时，一面用刀子割，一面用手指伸入肌肉和皮之间，将皮撑开。剥尽后，将兽体侧放或仰置，从其头到尾沿腹部割开，并由腿部桡关节割开，然后取出动物的内脏。接下来，将动物清洗干净，用刀分成小块，就可以开始烹饪了。

对于有些动物的处理，如野猪等要多加小心，因为这些动物的体内会有很多寄生虫或肝吸虫，必须认真清理。

2. 禽类的处理

对于猎获的禽类，应先拔除大羽毛，然后用火烧去残存的绒毛。如果用手拔不掉羽毛，可以先用开水烫一下，这样拔起毛来会比较容易。对于较大的鸟，先进行放血处理，然后再拔去其羽毛，并将其内脏全部掏出（心脏和肝脏可以留下）；对于较小的鸟，可以直接将其皮和毛一起剥去，并将其内脏全部扔掉。洗净后即可加工了。

3. 鱼类的处理

如果捕捉到的鱼较小（一般小于5厘米），只要将其内脏和鱼鳃用手挤出来，就可以整条加工了。如果捕捉到的鱼比较大，要沿其腹部肛门至鱼头喉咙切口处的连线切开鱼腹，除去所有的内脏（开鱼腹时，注意不要将胆囊弄破，鱼卵可以留下食用）。有些鱼还要剥皮，可以用树枝将其穿住并架起来，用力从其头部后端切开鱼皮，直接用手撕至鱼尾就可以了。

4. 蛇的处理

处理蛇时，先用一只手将蛇头紧紧抓住，再用脚踩住蛇尾，用另一只手拿刀，从头开始剖皮，当剖至蛇腹的中部时（凸出部），用刀尖将蛇胆挑出来。把蛇腹部全部剖开后，取出全部内脏，再将蛇头剁去，并在蛇尾割一圈，在割的部位掀起蛇皮，将蛇皮全部撕掉，然后用水将蛇肉洗净。

5. 贝类的处理

贝类在食用前最好用水将其煮熟，以除去各种有害物质。如果不是急着食用，可以用清水养着，让其将体内的杂物“吐”出来。如果发现在加工前贝壳已经打开，说明已经死亡，应立即扔掉，不要食用。

（二）食物的保存

在野外，食物是很重要的，在填饱肚子以后，剩下的食物还应该妥善保存，以备后用。食物保存的方法有很多，在野外，可以采用以下几种方法：

1. 晾干法

大多数食物含有较多的水分，当它们失去水分后，不仅不容易腐烂变质,而且重量和体积都会变小。所以,可以将含水分较多的食物悬挂起来,让风将它吹干;也可以将其放在大石头上,让阳光把它慢慢晒干;或者干脆用烹制完食物后的余火将其烘干。对于已经失去大部分水分的食物,要做好防潮措施,如果不小心受潮,就会前功尽弃。

2. 烟熏法

肉类被烟熏过以后,其内部会干化,且表面也好像有了一层防护衣,细菌不容易侵入,能起到有效的保护作用。挖一个蛇形火炉,在其烟囱上方用树枝搭一个三脚架,用布或者树皮将三脚架的三个面包起来(起到聚烟的作用)。再把肉用绳子吊在三脚架内,当火炉中的树叶等易燃物燃烧时,烟就会顺着烟囱进入三脚架内,肉在烟长时间的作用下,就会被熏干。用烟熏干的肉,比在太阳下晒干的肉保存效果更好。

3. 腌制法

大家都有这样的经验,腌制后的食物更容易长时间保存。将肉类食物浸泡在浓盐水中(或在其表面撒上一层细盐),然后再在风中晾干,食物就腌制好了。如果没有盐,用野生酸橙或者柠檬中的柠檬酸也可以。对于含水分较高的蔬菜,用醋腌制它们,同样可以长期保存。

另外,完整的水果会在日光、热气流或余火的作用下变干,变干后的水果虽然口感要差一些,但随时可以食用。地衣类食物也可以先将其晒干,然后碾成粉末状,食用时直接加入到沸水中就可以了。真菌类食物也可以先晒干,食用时将其加入汤中,或是先用水浸泡,待恢复原状后再进行烹饪。将水果、菌类食物晒干或碾成粉末状,既减轻了重量,方便携带,又便于长期保存,适合于野外生活。

二、蒸煮食物的方法

如果在野外活动时带有炊具,只要搭建一个适当的炉灶就可以加工食物了。但是,如果因为意外而被困野外,短时间内无法得到救援,且又没有炊具时,绝不能坐以待毙,一方面要寻找脱离险境的办法,一方面要有在原地生存的心理准备。

在食物方面,如果找到的食物必须经过蒸煮才能食用时,就要想尽办法,利用身边现有的条件和能找到的物品来把这些食物煮熟。

一切盒状、桶状、盆状、盘状的金属制品都可以作为炊具。可以利用吃过的罐头盒、用过的油桶、饼干盒等,只要是方便蒸煮食物的容器,都可以利用。

有些植物也可以用来蒸煮食物,例如用竹筒煮食物就是一个非常好的办法。有些地区直到现在还有用竹筒煮食物的习惯。竹节间在内部自然形成的隔层使每个竹节都是一个现成的炊具,把上面的隔打开,放进要煮的食物,加上水(根据食物的性质决定水和食物之间的比例),然后用适当的木头塞子塞好开口,放在火边(旺火时)或火上(小火时)慢慢地烤。(图7-10)

图7-10　用竹筒煮食物的方法

用竹筒煮食物时,不要在竹筒内加入太多的食物,因为随着温度的不断升高,植物的种子会不断膨胀,如果竹筒被涨开,就会浪费食物。另外,此方法不易用来炖煮羊肉,因为羊肉与竹子起反应后会产生毒素。

如果手中有刀,可以在木头中间挖一个凹槽,也是一个不错的“锅”,用这样的“锅”来煮食物,不用担心锅的安全,因为里面有水,不会轻易烧漏。

三、烧烤食物的方法

烧烤是野外生存中最常用的烹饪方法，不需要任何炊具，只要能生着火就可以进行。在被动型(意外被困在野外)野外生存中，烧烤在很多时候是唯一的烹饪手段。

人们最熟悉的是直接烧烤法，即用削尖的树枝(竹枝)串上食物直接在火上烧烤，这种方法容易造成浪费(容易将食物烤焦)，也不容易烤熟较大的食物，对无法穿成串的食物更是无计可施。

经验丰富的野外工作者会根据不同的食物，使用不同的烧烤方法。

(一) 炭烤

鲜嫩、多汁的食物(鱼、蛹、肉等)不适合在火上直接烧烤，其他烧烤方法也不是最佳，最理想的方法就是炭烤。

炭烤时必须使用余烬，尽量没有火苗，把食物放在木头搭成的架子上慢慢地烤。(图 7-11 左)

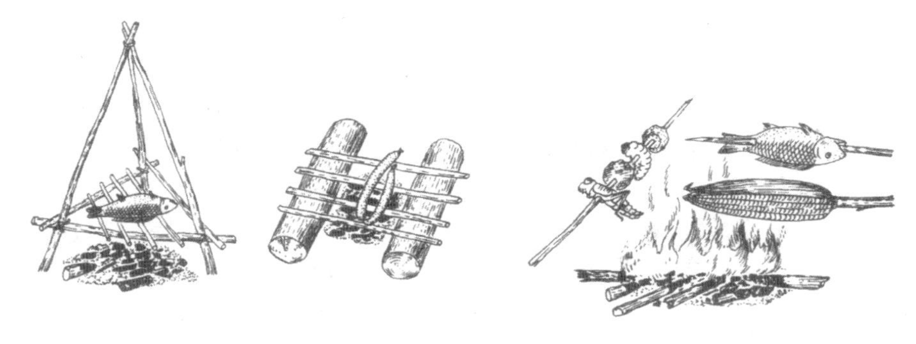

图 7-11　炭烤(左)与串烤(右)

(二) 串烤

把肉切成适合的宽带片状，用削尖的树枝(竹枝)串起来，放在明火上烤成焦皮，以防肉的油外流。然后将肉放到离火较远处慢烤，或是把树枝插在地上或架在空中，定时翻转，直到烤熟为止。最后在肉的表面撒一点盐，就可以食用了。对青蛙、蛇、鱼等小动物，可直接用细树枝串上烤熟，不必再切成块。在烤肉时要勤翻转，用手撕开肉，如果发现肉心已改变颜色，可以断定已经烤熟，否则还要继续烤，直到烤熟方可食用。（图 7-11 右）

（三）石板烧

找一块石板，用石头架起来，在石板下面点火，烧热的石板会逐渐烫熟上面的食物。这种方法适合一些个体较小（如水蚤、种子、小鱼虾等）或者不易串烧的食物（如昆虫幼虫、蛹等穿成串会流失大量蛋白质），也适合烙饼（粉末食物、鸟蛋等）。在烙饼时，为了防止干硬，加快熟透，上面可以罩上湿毛巾（可以靠近，不可以贴上）。（图 7-12 左）

如果没有大型的石板，也可以用小石板，先把小石板在火中烧热，然后用树枝制成的“火筷子”夹出来，把食物放在上面，再在食物上面盖上树叶即可。（图 7-12 右）

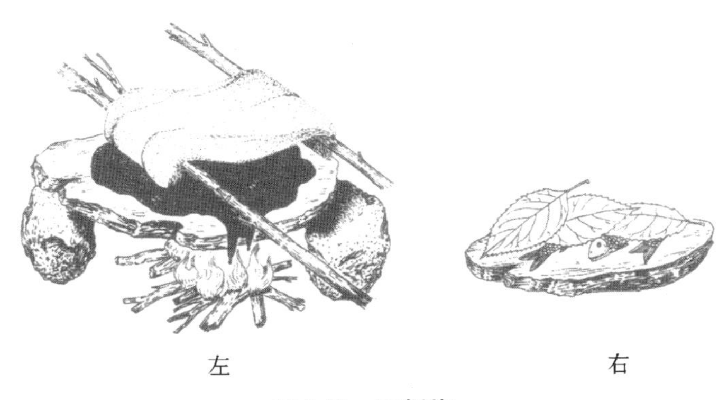

图 7-12　石板烧

（四）埋烧

把要烧烤的食物用树皮、树叶包好，上面均匀地摆上一层石头，在石头上面生火。（图 7-13 左）用此方法烧烤的优点是节约（食物不易烧焦），而且食物鲜嫩、没有烟味。缺点是食物熟透的时间较长。

（五）泥烧（叫花烧）

将肉切成 6 厘米左右的方块，用黄泥、红泥等黏性比较好的泥土和

图 7-13　埋烧(左)与泥烧(右)

成软泥,均匀地涂抹在食物上,将食物包起来(泥的厚度在 4 厘米左右),然后放入火堆中,用暗火盖起来(因为过去叫花子经常用这种方法烧烤食物,所以民间也称这种方法为叫花烧)。约 40 分钟后将食物取出,剥去泥土,撒一些盐即可食用。(图 7-13 右)

这种方法比较适合大小适中的山鸡、山鹑、田鼠、松鼠等皮毛不能食用的动物。例如,整只麻雀用泥包裹好丢入火坑,取出后剥开泥土,羽毛会被泥土粘掉,省去拔毛的环节,很方便。为了防止在烧烤时泥巴脱落或开裂,可在和泥时添加一些韧性较好的草茎。

但是,食腐性和有毒的动物不能采用这种方法,因为有些病菌和毒素遇热后非但不会死亡或消失,反而会加快繁殖或扩散,导致食用者中毒或造成更大的伤害。另外,在泥烧中型动物时,泥要包得厚一些,火要保持恒温不变,中型动物有时要一天才能烤熟。水生动物也可以进行泥烧,应视动物的大小确定包泥的厚度和泥烧的时间。

(六) 沙烤

在沙漠里,太阳直射的沙子表面温度很高,夏季沙漠里一般能达到 70℃以上的表面温度。据资料记载,我国吐鲁番县在 1974 年 7 月 14 日 16 时 30 分,沙漠表面温度达到 82. 3℃。

沙漠地区的居民经常利用沙子烙饼、烤鸡蛋。

四、不宜混食的食物

在野外炊事中,有些可食用的动、植物不能同时烹调和食用,因为容易发生化学反应而产生毒素，食用后会损伤身体，有时甚至会危及生命。在野外不能混合食用的动、植物主要有以下种类：

① 毛蟹与香瓜、泥鳅、蜂蜜、茄子、花生仁；② 田螺与木耳、猪肉、蛤蜊；③ 蜂蜜与鲫鱼、葱；④ 李子与鸡肉、鸡蛋、麻雀肉；⑤ 牛肉与韭菜、鲇鱼；⑥ 甲鱼与芹菜；⑦ 鳗鱼与牛肝、干梅；⑧ 鳝鱼与红枣；⑨ 猪肉与甘草；⑩ 狗肉与蒜头；⑪ 羊肉与竹笋；⑫ 鸡肉与狗肾等。

上述食物混合烹调食用，或同时食用后，会产生不同的疾病。例如，同时食用香瓜与虾类后会导致痢疾，毛蟹与香瓜混吃有毒，萝卜与橘子同食易引起甲状腺肿大，韭菜与菠菜同食易引起腹泻，南瓜与羊肉同食会引黄疸，等等，所以在野外生存选择食物时，必须注意不可混食的食物，以免损害身体健康。

第八章 野外伤病救治与求救

对于一名户外探险者来说，懂得如何防止疾病的发生，发病和受伤后如何处理，如何及时进行自救互救是十分重要的。因为在野外环境下，疾病和创伤随时都有可能发生，而且因远离居民区，在很难得到外界的帮助和支援的情况下，就不得不依靠自己的力量来医治各种疾病，解决许多意想不到的困难。

第一节 野外疾病的防治

一、晕车晕船的防治

在乘车、乘船的时候，有些人经常会出现头昏、恶心、呕吐等症状，在车停下或上岸后症状又慢慢地消失，人们把这种症状称为晕动症。晕动症对不同的人有不同的表现，有些人不论乘坐什么交通工具都会晕，有的人则只晕其中的一种，并且发生的频率和程度也不同。对于有过晕动症的人来说，每次乘坐交通工具时要注意以下几点。

（1）服用药品。乘坐前半小时服用茶苯海明（或治疗晕动症的同类药物）2 粒。如果乘坐时间超过 4 ~6 小时，可再服一次药。

（2）选择适当的位置。乘汽车时，要避免受汽油味的刺激，同时又要选择颠簸较小的位置，如车辆的中前部。上车后靠窗坐，窗外的微风可以减轻症状。乘船时，应选择船的中部偏下，与水面平行的位置会减少晃动的幅度。

(3)采取适宜的乘坐姿势。当车辆开动后应轻闭双目,不看窗外的物体。要放松,随着车辆的颠簸“同步而动”。坐船时,在进入波浪区之前(如从内河到大海)应平卧,如能入睡可明显减轻症状。

(4)进行心理暗示。如暗示“我已服药了”“这辆车较好”“我今天精神很好”“有可能不会晕车或晕车较轻”等,还可以通过回忆美好的往事建立兴奋灶,这样也有利于抑制晕动病的症状。

(5)注意饮食。乘坐车、船前饮食不宜过饱,但也不宜饥饿,以清淡少食为好。

二、冻伤的防治

在寒冷天气里开展户外探险和野外生存活动,身体的组织末端,如手、脚、耳、鼻等处,由于散热较快而血液循环又不畅,容易发生冻伤。

冻伤的发生有时伴随着失温现象,急救时应首先处理后者。单纯的冻伤可以按下述方法进行救治。

首先慢慢地温暖患处,防止深层组织继续遭到破坏。可用体温温暖,但对Ⅲ度以上(重度冻伤)的冻伤者,施温者要注意时间不能过长。一般以30~40℃的温水浸泡患处或以温毛巾热敷,温度不能太高,也不可用火烤来使患处温暖,冻伤处受热过快会产生剧痛。当患处恢复血色和知觉后停止施温,在冻伤处涂上冻伤药膏,然后用纱布或质地较软的衣物轻裹患处。特别注意不可摩擦或按揉患处,也不要挑破水泡。

争取冻伤部位能够在5~6分钟内复温,最迟不应超过20分钟。

很多人以为用雪球擦拭患处可以使之快速升温,其实这是一种错误的做法。因为冻伤部位用雪擦后会散发更多的体热,从而加重冻伤。冻伤部位处理后不宜再暴露在寒冷中,要注意保暖,更不要用复温不久的脚走路。

为防止冻伤,在野外活动中要经常按摩搓揉易冻伤的部位,以促进血液循环。在高海拔地区,由于空气稀薄,组织缺氧和血液循环不畅而更易冻伤,此时能吸氧补充则为佳。冬季切勿穿过紧的鞋袜,鞋带也不要系得太紧，如果血液循环不通畅，双脚就会发冷，易冻伤。

三、呃逆、呕吐、头痛、胃痛、心绞痛、晕厥及便秘的防治

（1）指压少商穴治呃逆。呃逆发作时，指压少商穴即可自止（少商穴在大拇指外侧，距指甲 30 ~ 40 毫米处）。患者可用拇指和食指紧压少商穴，至有酸痛感为度，持续 1 分钟，呃逆可止。

（2）指压内关穴止吐。因不适引起呕吐，可用拇指压内关穴止呕吐（内关穴位于小臂内侧距掌根纹 2 寸、尺骨与桡骨之间）。压至有酸胀感说明压正了穴位，约 1 分钟即可止吐。

（3）指压太阳穴止头痛。一般头痛，患者自己可用双手食指分别按压头部双侧太阳穴（太阳穴位于眉梢与外眼角中间向后 1 寸凹陷处），压至胀痛并按顺时针方向旋转约 1 分钟，头痛症状便可减缓。

（4）按揉足三里穴止胃痛。胃痛时，用双手拇指揉患者双腿足三里穴（足三里穴位于膝盖下 3 寸，胫骨外侧一横指处），待有酸胀感后按压 3 ~ 5 分钟，胃痛可明显减轻至消失。

（5）掐中指甲根缓解心绞痛。当心绞痛发作时，一时无法找到硝酸甘油片时，他人可用拇指甲掐患者中指甲根部，让其有明显痛感，亦可一压一放，坚持 3 ~ 5 分钟症状减缓。

（6）掐压虎口治晕厥。晕厥即面色苍白，恶心欲呕，出冷汗甚至不省人事。此时，他人可用拇指、食指掐压患者手虎口处（合谷穴），掐压十余下时，患者一般可以苏醒。

（7）点压天枢穴治便秘。便秘者在大便时以左手中指点压左侧天枢穴（天枢穴位于肚脐旁 3 厘米、下方 1 厘米处），至有明显酸胀感即按住不动，坚持 1 分钟左右，就有便意，然后屏气，增加腹压，即可排便。

四、流鼻血的自治

（1）出鼻血时不要惊慌，头不要往后仰，也不要低头，而应让血液顺从地从鼻腔流出。用冰袋敷鼻梁及前额，这样可以反射性地引起血管收

缩而止血。

(2) 把双侧鼻翼捏向鼻中隔,一般压迫 3 ~5 分钟,出血就会停止。

(3) 用细绳扎住无名指根部,左鼻孔出血扎右手,右鼻孔出血扎左手。如无细绳,用手捏住也可以。

(4) 将蘸有 3 ~4 滴肾上腺素的棉团塞入出血的鼻腔,可迅速止血。

(5) 用拇指和食指捏患者脚后跟(踝关节与足跟骨之间的凹陷处),左鼻孔出血捏右脚跟,右鼻孔出血捏左脚跟,也可起到较好的止血效果。

(6) 左鼻孔出血上举右臂,右鼻孔出血上举左臂,两鼻孔出血上举双臂,对止血有明显效果。要求举臂时身体直立,举起的手臂与地面垂直,与身体平行。

五、水疱的防治

户外活动时,脚很容易被磨破,长出水疱,每走一步都疼痛难忍,为此要做好防治工作。

(1) 预防工作:可在容易出水疱的地方事先贴一张创可贴或伤湿止痛膏。睡前用热水烫脚,再对足掌部位轻轻按摩,以促进血液循环。

(2) 水疱的治疗:一旦发生脚疱,主要的治疗方法是穿刺,排出体液。首先用热水烫脚 5 ~10 分钟,然后用碘酒和酒精对脚疱进行局部消毒,再用消毒过的针(针可用沸水煮、酒精泡或用火烧一下)刺破脚泡,使体液流出。然后用创可贴或清洁纱布包好。切勿剪去泡皮,以免感染。

六、“上火”的防治

有些人在路途或野外,容易出现心跳加快,颜面潮红,全身燥热,心绪不宁,食欲下降,小便发黄,大便秘结等症状;还有些人嘴唇、口角,甚至脸上起疮症。这就是俗称的“上火”,会给户外活动带来烦恼。“上火”是人体各器官不协调造成的,医学上称之为应激性疾病。因为户外活动中频繁地更换地点和改变生活环境,再加上跋山涉水,需要消耗大量的精力和体力,全身各系统常常处在紧张和变化之中,即处于“应激状态”。人的肌体一旦进入应激状态,就会破坏体内环境的平衡和稳定,导致疾病发生。

因此,户外探险活动要做好充分准备。事先明确活动的线路、搭乘交通工具的时间、携带的衣物等。日程安排最好按事前准备好的作息制度进行,不要随便改变活动计划。注意劳逸结合,保证睡眠时间,以免因过度疲劳、抵抗力下降而致病。

多吃清火食物,如新鲜的绿叶蔬菜、水果和绿茶等。每天吃一些清凉解毒的中药,如杞菊地黄丸、夏桑菊冲剂、金菊冲剂等。

七、腿脚肿的防治

在户外活动,行走、站立或坐的时间一长,腿脚便会肿起来。为了防止户外活动时腿脚肿,须注意以下几点。

(1) 妥善安排活动的时间和路线,不要赶得太急,合理安排休息地点和休息时间,注意劳逸结合。

(2) 活动过程中要注意体位的变化,站立和行走一段时间后,要坐一会或平躺一会,并把两腿翘起来。长时间坐车、船时,要把两腿抬高,便于腿脚静脉的血液回流。

(3) 需要长时间行走或登山时,最好打上松紧合适的绑腿,或用宽布带在小腿上缠绕几圈,再固定住。

(4) 每天活动结束以后,只要条件许可,最好用热水烫脚,扩张脚部的血管,便于血液回流。

(5) 万一发生了腿脚肿,要平卧休息一两天,抬高腿脚,使其高于心脏的位置,便于血液回流,一两天便可好转。若腿脚肿仍不减轻,就要请医生治疗。

八、腹泻的防治

腹泻是户外运动中最常见的疾病,尤其是在夏秋季节,极易发生。户外运动中,急性腹泻主要是因食用了污染的食物和水而感染的。要预防腹泻,首先要注意饮食卫生,养成良好的个人卫生习惯,严防病从口入。其次,在野外生存时,如果进食后感到胃肠不适,可以适量服用黄连素、诺氟沙星胶囊等药物,预防腹泻。

如果染上急性腹泻,又未能及时治疗,则很容易转化成慢性肠炎。因此及时采取措施、急症急治是十分必要的。急性腹泻会使人全身乏力虚弱,除治疗外,还需要卧床休息,多喝糖水,还可以进食少量流质食物并避免吃不易消化的东西。

如无随身携带的药物,可采用按摩治疗,效果也较理想。方法是病人俯卧,两肘撑在床上,两掌托腮,用枕头或其他软物(约 20 厘米厚)垫靠在靠近膝盖的大腿下,使腰部弯曲;施治者用两大拇指按在病人第二腰椎棘突(棘突即脊梁骨上突起的、能用手触摸到或可看见的隆起骨)的两侧,以强力朝脚方向按压 2 分钟。如此重复一次,止泻的效果较明显。

九、花粉过敏的防治

在自然界,花粉是一种主要的致敏原。每当春暖花开之际,容易引起花粉过敏的多为常见开花乔木,如柳树、杨树、法国梧桐等。这些植物花粉量大、体积小,在空气中含量高,在起风的日子更容易传播,所以春天郊游时出现花粉过敏者较多。

花粉中含有的油质和多糖物质被人吸入后,可被鼻腔黏膜的分泌物消化,随后释放出十多种抗体,如果这些抗体和入侵的花粉再次相遇,并大量积蓄,就会引起过敏。

专家研究表明,其主要原因有两个:一方面是由于人们生活水平的提高,摄入了大量的鸡蛋、肉制品等高蛋白、高热量食物,导致体内产生抗体的能力亢进,因而遇到花粉等抗原时,就容易发生变态反应;另一方面是因为大气污染、水质污染及食品添加剂的大量使用,导致人体接触更多的抗原物质,促使发生变态反应性疾病。

预防花粉过敏,要注意平时尽量少吃高蛋白、高热量食物,并少食用精加工食物。有过敏史的人,尽量少去花草树木茂盛的地方,更不要随便去闻花草。户外活动时带上脱敏药物,如苯海拉明、息斯敏等。若遇皮肤过痒、全身发热、咳嗽气急时,应迅速离开此地,如症状较轻,可自行口服息斯敏或氯苯那敏,一旦出现哮喘症状,应及时到医院诊治。

十、热昏厥的防治

户外活动时若运动剧烈,体力消耗较大,尤其是未能及时补充体内损失的水分或盐分,容易发生热昏厥。热昏厥的主要症状为:感觉筋疲力尽,烦躁不安,头痛、晕眩或恶心。面色苍白,皮肤感觉湿冷。呼吸快而浅,脉搏快而弱。有时还伴有下肢和腹部的肌肉抽搐。体温正常或下降。

为避免发生昏厥,一些体质较弱的人在户外活动过程中,尤其是在登山等高强度的运动中,应特别注意避免体力消耗过大,注意休息和节奏,保存体力。应多喝一些含有盐分的水和饮料,及时补充体内的电解质。

一旦发生昏厥,应尽快将患者移至阴凉处躺下。若患者意识清醒,应让其慢慢喝一些凉开水。若患者大量出汗,或抽筋、腹泻、呕吐,应在水中加盐给其饮用。若患者已失去意识,应让其平躺,充分休息直至症状缓解,再送医院救治。

十一、中暑的防治

中暑的主要症状为头痛、眩晕、烦躁不安、脉搏强而有力、呼吸有杂音,体温可能上升至40℃以上,皮肤干燥泛红。中暑的人如果得不到及时救治,可能很快会失去意识,如果程度很深,可能会危及生命。

中暑是夏季户外活动中最为常见的疾病,在出发前一定要准备好预防和治疗中暑的药物,如十滴水、清凉油、仁丹等。

一旦有人中暑,应尽快将其移至荫凉通风处,将其衣服用冷水浸湿,裹住身体,并保持潮湿;或不停地扇风散热,并用冷毛巾擦拭患者,直到其体温降到38℃以下。中暑者若意识清醒,应让其保持坐姿休息,头与肩部给予支撑。若中暑者已失去意识,则应让其平躺。

通过以上救治措施,中暑者的体温如已下降,则改用干衣物覆盖,并充分休息。或者重复以上措施,并尽快送医院救治。

中暑重在预防,长时间在阳光照射的夏天开展探险等户外活动,要计划和安排充分的休息时间,并要选择荫凉的地点,同时要注意行进中的遮阳和降温，可以用一块湿毛巾顶在头上，适当多喝一些水，适度敞开衣服并穿短衣、短裤。

十二、对高原反应的预防

在海拔3 000米以上的地区，称为高原地区。其特点为气压低，空气中氧气的含量也低，易导致人体缺氧，引起高原病，包括急性高原反应、高原肺水肿、高原脑水肿等。短时间进入3 000米以上高原均可能产生头痛、头昏、心悸、气短等反应。重者还有食欲减退、恶心、呕吐、失眠、疲乏、腹胀和胸闷等症状。检查有口唇轻度发绀及面部浮肿等体征，则有急性高原反应。

对急性高原病应以预防为主，应注意以下几个方面。

(1) 要参加高原地区户外探险活动的人员应通过仔细的体检，对于有不适宜到高原地区活动的疾病的人员应予以劝退。

(2) 从低海拔到高海拔地区可实行阶段上升，等身体适应后再进入到更高的海拔地区。

(3) 如必须尽快到达3 000米以上地区，应携带氧气及预防药物，如利尿剂、镇痛剂、肾上腺皮质激素、维生素等。

(4) 到达高原地区后，体力活动要循序渐进，尽量减少寒冷刺激及上呼吸道感染。

第二节 对危险动物的防范

在户外探险活动中，经常会受到危险动物的威胁。以下主要介绍几种常见危险动物的防范方法。

一、毒蛇

爬行纲，蛇目。世界上的蛇类有2 000多种，约有200种有毒。我国的蛇类有160种,其中毒蛇约有50种,剧毒蛇十几种。

(一)毒蛇的种类

毒蛇按其毒素分类主要有三种。

(1)神经性毒素:主要有金环蛇、银环蛇、海蛇等。

(2)血液毒素:主要有蝰蛇、尖吻蝮蛇、竹叶青、烙铁头等。

(3)混合毒素:主要有眼镜蛇、眼镜王蛇、蝮蛇等。

在野外,被毒蛇咬伤而死亡的概率在动物伤害的死亡率中是最高的。所以,对于野外工作者和户外运动爱好者来说,掌握有关毒蛇方面的知识是非常重要的。

首先要学会鉴别毒蛇和无毒蛇,(表8-1)一旦被蛇咬了,先通过蛇的头型和被咬的牙痕判断前来攻击的是毒蛇还是无毒蛇。(图8-1)

表8-1 毒蛇与无毒蛇区别表

鉴别项目	毒蛇	无毒蛇
头型	三角形、心形	近圆形
吻形	吻尖、吻端上翘	吻端圆,不上翘
尾形	突然变细	逐渐变细
体色	鲜艳、常具纹斑	暗淡、斑纹不显著
颈部	可以竖立、有变化	不竖立、无变化
攻击性	攻击性较强	攻击性差

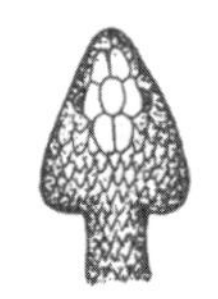

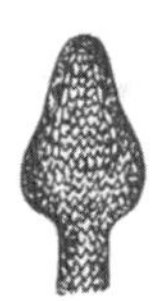
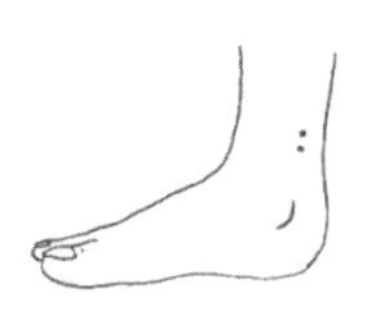
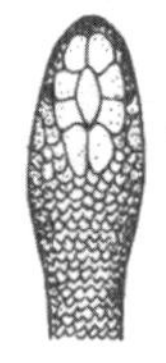
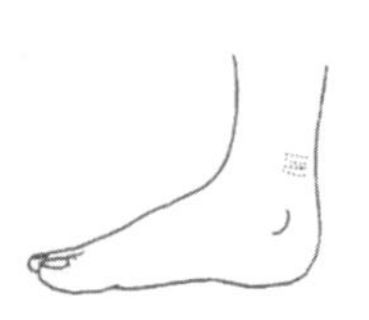

左:毒蛇　　右:无毒蛇

图8-1 通过蛇的头型和牙痕判断

(二)中毒症状

(1)毒蛇咬伤的普遍症状一般为:局部充血、水肿,时间稍长伤口逐渐变黑。伤口胀痛，附近淋巴结肿大。

（2）如果被有神经性毒液的蛇咬伤，一般表现为：伤口无红肿迹象，稍感疼痛，主要反应是麻木，但很快就会出现头晕、发汗、胸闷、视觉模糊、低血压、昏迷，最后因呼吸麻痹而死亡。

（3）如果被有血液毒液的蛇咬伤，一般表现为伤口剧烈疼痛，有烧灼感，并伴有局部肿胀、水泡、发热、流鼻血、尿血、吐血等症状，最后休克、循环衰竭而导致死亡。

（4）如果被有混合毒液的蛇咬伤，以上两方面的症状都可能出现，最后会休克，危及生命。

（三）处理方法

（1）判断：被咬后，首先确定是否被毒蛇咬伤。如果确定被毒蛇咬伤，马上让受伤者安定下来，过多的活动会导致毒液迅速扩散。

（2）结扎：结扎伤口近心脏方向的一端，以阻止毒液扩散。一般情况下被蛇咬伤的部位多为手、脚、小腿等部位。结扎部位一般为：

手指：结扎手指根；

手掌：结扎手腕；

小臂：结扎肘关节附近；

足部：结扎脚腕；

小腿：结扎膝关节。

结扎的原则是，阻止淋巴液回流，因为蛇毒在淋巴液的扩散是快速、致命的。结扎的时间可以持续 8 ~ 10 小时，并且要每 30 分钟放松 1 ~ 2 分钟以防肢体坏死。

（3）冲洗伤口：用清水冲洗伤口，任凭血液外流。

（4）排除毒素：想办法尽可能排出毒液，可以在伤口作十字切开使毒液流出。如果身边有罐头瓶或水杯，可以用拔火罐的方法，加速毒液的排出。

另一种方法是用燃烧的木炭灼烧伤口，因为高温可以使毒液变性，降低毒性。

也可使人吮吸伤口，但这不是最好的方法，因为这样很容易使吮吸者中毒,尤其是口腔中有溃疡面或牙龈有破损者更是十分危险。所以不到万不得已不要采用这种方法。

(5) 药物治疗:蛇药是参加户外探险活动必备的药品之一。蛇药的种类较多,主要有上海产的“蛇药片”、广州产的“蛇药散”、南通产的“季德胜蛇药”等等,具体的使用方法见于药品包装上的使用说明。

另外,如果有一些中草药知识也可以找一些草药进行急救。例如,将半边莲捣碎外敷,煎汤内服,就有一定的疗效。

(6) 送医院救治。

(四) 预防措施

(1) 了解毒蛇的栖息地:蛇类是变温动物,在比较凉的季节和早晨,蛇类要靠太阳提高体温,所以,在这种情况下它们会选择较高的地方或草丛的开阔处活动。蛇类的主要食物是蛙类、鼠类、鸟类,有这些动物出没的地方要小心。蛇类耐饥饿,但不耐干渴,所以毒蛇一般喜欢栖息在离水源不远的石丛中。

(2) 了解蛇类的习性:蛇类对静止的东西不敏感,喜欢攻击活动的物体。如果与毒蛇相遇,不要突然移动。要保持镇静,原地不动,毒蛇便会自己离开。

毒蛇一般不会主动攻击人类,但是,如果无意中踩到蛇就很可能被咬伤。所以在毒蛇较多的地区,走路要小心,不要踩到蛇。

(3) 了解攻击部位:蛇类咬人的部位以膝盖以下为主,翻动石块和草丛时则容易被咬到手。所以,在毒蛇比较多的区域活动时,要穿上较厚的皮靴,最好能打涂胶裹腿,这样即使被咬,也不会有大问题,但徒手工作时要格外注意。

(4) 打草惊蛇:在蛇较多的地区活动时,最好找一根木棍,一边走路,一边用木棍在身体前方扫打草丛,被惊动的蛇一般都会跑开。

(5) 利用工具:用分枝的树枝制作蛇叉,杆长 1 ~1.5 米,分枝长 10 厘米左右。一旦有蛇向你扑来时,看准了迅速叉住蛇,就很容易将其制服。

(6) 对于蟒蛇,主要是防止被它缠绕。一般情况下,人类不过分靠近蟒蛇,是不会受到伤害的。

二、野猪

野猪(图8-2)与家猪很相近,但比家猪头型大、口裂深、耳朵小,有发达的犬齿,并外突形成獠牙。野猪身高1米左右,体长1.5~1.8米。

野猪非常凶悍,在森林中,大型食肉动物也要让其三分。但野猪一般不会主动攻击人类,只有在下列情况下才可能发生:被人类逼得无退路;进食、饮水时受到干扰和惊吓;和幼崽在一起。

野猪进攻的主要方式是用獠牙挑刺对手,其下颌的力量可以咬断人类的腿骨。

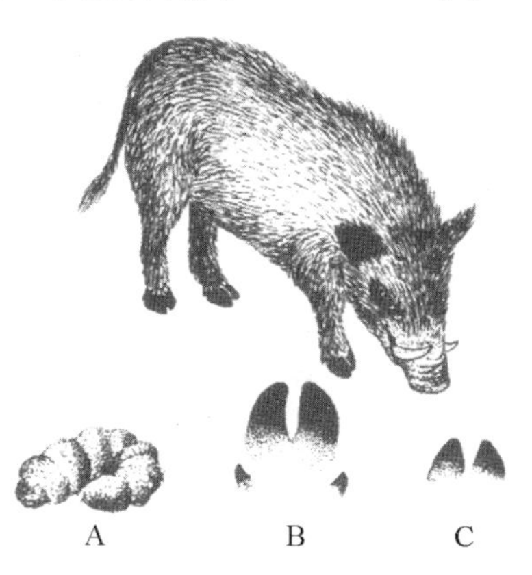

A. 野猪的粪便 B. 软地上的脚印
C. 硬地上的脚印
图8-2 野猪

在野外与野猪相遇时,最好是悄悄地躲开,只要不去有意骚扰它,一般是不会有麻烦的。只要不去惊动它,野猪往往也会自己走开。在遇到野猪时应注意:

(1) 野猪远距离害怕人类,但与人类距离较近时反而具有攻击性。所以,不要离野猪太近。

(2) 野猪晚上比白天兴奋,最好不要在有野猪出没的地方过夜。

(3) 野猪遇事喜欢看个究竟,遇见人时它可能会停在那里观察一会。这时不要害怕,要冷静,它马上就会离开。

(4) 野猪在自己熟悉的地方要比在不熟悉的地方有更大的攻击性,因此,尽量不要在野猪活动的地盘上多停留。野猪待过的地方往往有许多被压倒的植物,地面也不整齐,还有不规则形状的排泄物。

(5) 野猪的幼崽是许多食肉动物的猎物,所以野猪的幼崽不会离它们的母亲太远,不要靠近它们。

三、狼

狼(图8-3)与狗很相似,颈部多生长密毛;口裂比狗深。单个的狼害怕人类,通常遇见人它就会先回避。但是,狼有群体生活的习性,尤其是草原狼。一般来说,狼群不会害怕没有武器的人类,所以遇到狼群是非常麻烦的事。

在户外探险活动中如果遇到狼群时,要注意以下环节:

(1) 狼比较谨慎,即使要攻击人类也不会马上动手,这是最好的离开机会。

(2) 如果不能离开,必须学会与狼周旋。最好的方法是让狼不断地感到好奇。当它们对猎物的动作习惯了的时候就是开始进攻的时候了。狼一般会与猎物保持一段距离,既不进攻也不会离开。如果此时有几个人同行,可以做出不同的动作:唱歌、跳舞、走动、拍手——此时要不断观察狼的动作,同时收集一切可以燃烧的东西。当"演出"结束时点起熊熊的篝火。

(3) 当受到攻击的时候,也不要放弃最后的机会。狼最不抗击打的部位是鼻子和小腹,找准机会予以猛力击打。

当手臂被咬住时,不要用力回拉,而是向狼嘴里塞。因为在狼嘴里的东西,越往外拉,它就咬得越紧。往里塞,它反而要吐出来。

(4) 发现有狼的痕迹的地方,不要在那里过夜或夜间穿越。

图8-3 狼

四、熊

虽然遇见野熊的机会较少,但是由于近年来各地加强了对野生动物的保护,野熊的种群数量逐渐扩大,在野外遇见熊的概率也大了许多。万一在野外遇见熊,应注意以下几个方面：

（1）与熊相遇，首先考虑的是怎么逃跑，不要指望徒手与熊搏斗能够获胜，尤其是发怒的熊。

（2）看到熊再逃跑，或者是熊已接近自己时才想到离开，这时已经非常被动。其实，有经验的人在没有看见熊的时候，或者说在熊还没有发现自己的时候已经知道附近有熊了。在野外，声音会传得很远，熊在附近活动就会有噼噼啪啪的声音。也可以通过熊的粪便和足迹判断是否有熊（图8-4A），并根据粪便的新鲜程度和足迹的新旧、方向来判断熊的位置、距离等信息。

A. 熊的足迹　B. 猫科动物的足迹　C. 狼的足迹　D. 狼粪便

图8-4　动物的痕迹

（3）研究表明，熊不怕火，但害怕没有听到过的声音。想办法弄出各种各样奇怪的声音也许会吓跑它们。如果身上有救生哨，在熊要扑向你的时候突然吹响，熊肯定会大吃一惊，在它定神的时候赶紧逃跑。

五、毒虫叮咬

在野外活动时，尤其是夏秋之时，容易被毒蚊毒虫等叮咬。遇到这种情况，可以用下述方法急救。

被毒蚊虫叮咬，将随身携带的清凉油、风油精或红花油反复涂擦患处。如有三棱针，亦可先点刺放血，挤出黄水（毒汁）后再涂抹以上药品，疗效更好。如果被蝎子、马蜂、蜜蜂蜇伤，一定要用锋利的针将伤处刺透,挤压肿块,将毒汁与毒水尽量挤干净,然后用碱水洗伤口,或涂上肥皂水、小苏打水或氨水。无针之时,也可以用煤油将碱面调成糊状涂抹患处,有解毒、止痛、消肿、止痒的作用,亦可用2片阿司匹林研成粉末,用凉水调成糊状涂患处。

民间验方中有用葱叶、葱头或大蒜捣成泥状涂抹患处,或用新鲜乳汁反复滴涂于蜇伤部位,或用新鲜仙人掌洗净去刺,捣成泥状涂于伤处(每日换2~3次),均有解毒止痛、杀菌消肿、止痒的作用。

若不慎被毒蜘蛛、蜈蚣、蚰蜒、蜂、蝎等所谓的“五毒”虫咬后,肿痛难忍,肤色碧绿,甚至溃烂,在交通不便不能直接送往医院的情况下,最方便和有效的办法是用火柴或烟头烧灼伤口,以高温破坏其毒素。但这个办法必须抢在毒素未扩散之前,在被咬伤后1~2分钟内进行。亦可取蜗牛数只,火烧研磨后涂患处。如系蜈蚣咬伤,可立即用肥皂水清洗伤口,局部应用冷湿敷伤口,亦可用鱼腥草、蒲公英捣烂外敷。如有条件,可将白矾、生姜、半夏各等份,研成粉末用醋调后涂患处,即可止痛。

另外,当被蝎子蜇伤后,应立即用绳在伤口的上方3~5厘米处扎紧,以防蝎毒随血液流入心脏,并用双手在伤口的周围用力挤压伤口,直到挤出血水,而后应涂些浓肥皂水或碱水,用苏打水洗涤,再用5%浓度的高锰酸钾浸泡,也有一定的效果。

六、蚂蟥叮咬

蚂蟥是危害很大的虫类。遇到蚂蟥叮咬时,不要硬拔,可用手拍或用肥皂液、盐水、烟油、酒精滴在其前吸盘处,或用燃烧的香烟烫,让其自行脱落,然后压迫伤口止血,并用碘酒涂搽伤口以防感染。在野外行进中,应经常查看有无蚂蟥爬到脚上。如在鞋面上涂些肥皂、防蚊油,可以防止蚂蟥叮咬。涂一次的有效时间为4~8小时。此外,将大蒜汁涂抹于鞋袜和裤脚管,也能起到驱赶蚂蟥的作用。

第三节 野外自救与互救

作为一个户外探险者,必须学会处理各种创伤,并在必要的时候进行自救与互救。通常在野外进行紧急救护时,应该按照以下基本程序进行。

首先,确定自己或伤员所处的环境是否处于安全状态,如果不是,应该立即转移到安全地点,然后再进行救治,绝不能在没有摆脱危险的情况下就进行自救或互救。

其次,以最快的速度检查一下伤员的气管、呼吸和血液循环情况,判断伤员的呼吸是否正常,口中是否有食物、呕吐物、脱落的牙齿等障碍物,脉搏是否平稳,主要伤害部位和失血情况等。

如果有必要,应立即采取一定的口腔清理措施或立即对伤员进行心肺复苏抢救,使其恢复或维持正常的呼吸。

如果能得到外界的治疗救援,应该在安置好重伤员后,迅速与外界取得联系,以确保伤员能够得到全面而专业的检查治疗。

如果得不到外界的治疗救援,则应尽一切努力先稳住伤员的伤势,以防伤势进一步恶化,然后再有针对性地采取合理的救治措施。

一、人工呼吸

如果一个人较长时间停止呼吸,身体得不到氧气,就会死亡。人工呼吸就是为了使伤病人员恢复或继续正常呼吸而采取的一种人为的帮助呼吸的方法。人工呼吸的方法有很多种,常见的有以下几种方法。

(一) 口对口吹气法

这种方法操作简便,比较容易掌握,而且气体交换量较大,接近或等于正常人呼吸的气体量。在急救中,采取这种方法往往效果较好。具体操作方法如下。

将伤病人员采取仰卧姿势(胸腹朝天),放置于较坚实的平地上。将伤病人员呼吸道内的异物清理完毕,用手掌按住其前额,使其头部向后仰,让其下颚自然抬起来。(图 8-5A)

图 8-5　口对口人工呼吸法

站在伤病人员头部一侧,在用手按住伤病人员前额的同时,用拇指和食指捏住其鼻子(主要为了使吹入的气体不会从鼻孔中漏出)。

自己先深吸一口气,然后对着伤病人员的口(两嘴对紧不要漏气)将气从其口部吹入肺部,造成吸气。(图 8-5B)吹气时,吹气力量的大小应依伤员的具体情况而定,一般以吹进气后伤员的胸廓稍微隆起为最适合。嘴离开时,将捏住鼻子的手放开,并同时用一手按压伤病人员的胸部,以帮助其排除气体,形成被动呼吸。这样反复进行,每分钟进行 14 ~ 16 次,直到伤病人员恢复自主呼吸为止。

在做人工呼吸时,一个易犯的错误是忘记捏住伤病人员的鼻子。如果不捏紧,吹进伤病人员口中的空气就会从其鼻子里冒出去。如果在捏住鼻子的情况下,人工呼吸仍无法使其恢复呼吸,这时应及时检查伤病人员的呼吸道是否已确实清理通畅,以及其头部是否仰向正后方。

(二) 仰卧压胸法

这种方法便于在救治的同时观察伤病人员的表情,而且气体交换量也接近于正常的呼吸量。但是这种方法最大的缺点是,伤病人员的舌头会因为后仰而后坠,阻碍空气的出入,所以采用这种方法时一定要将伤病人员的舌头拉出。同时,这种方法对于胸部受伤和肋骨骨折的人不宜使用。仰卧压胸法人工呼吸的具体操作方法如下。

伤病人员仰卧，背部垫上衣服使其胸部抬高，上肢放在身体两侧。抢救者跪在伤病人员头部上方或是伤病人员大腿两侧，两手平放在伤病人员胸部下方，借上半身身体的重力，用力压下伤病人员胸部约 3 厘米，约 2 秒钟，使伤病人员胸部的气体排出。（图 8-6A）然后，拉起伤病人员的双臂向后上方，使伤病人员胸部扩张，约 2 秒钟，已达到使空气进入肺部的目的。（图 8-6B）重复上述动作，每分钟约 15 次，直至伤病人员可以自主呼吸为止。

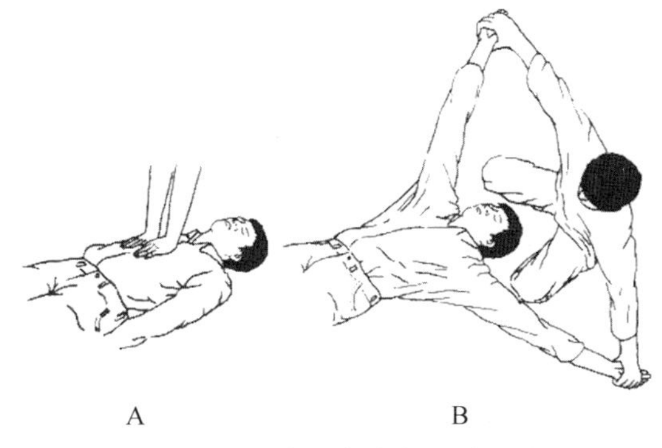

图 8-6　仰卧压胸式人工呼吸法

（三）俯卧压背法

这种方法在急救中较为普遍，是一种古老的人工呼吸方法。采用这种方法时伤病人员必须俯卧，舌头能略向外坠出，不会堵塞呼吸道。但对于胸背受伤的人员不宜采用这种方法。俯卧压背法进行人工呼吸的方法如下。

首先，将伤病人员俯卧，使其两肩前伸过头，一臂微屈，脸偏向一边，头部枕在弯曲的手臂上。

两腿分开，在伤病人员的头部两侧跪下，面向伤病人员的头部，两手平放在其背部左右两侧（肋骨部位）。大拇指靠近脊椎，其余四指略分开，微屈。

俯身向前，慢慢用力向前压缩，然后放松压力，使胸部扩张（也可拉伸伤病人员的两臂,增加扩张效果)。(图 8-7)如此反复进行,每分钟 15 次左右,直到伤病人员恢复自主呼吸为止。

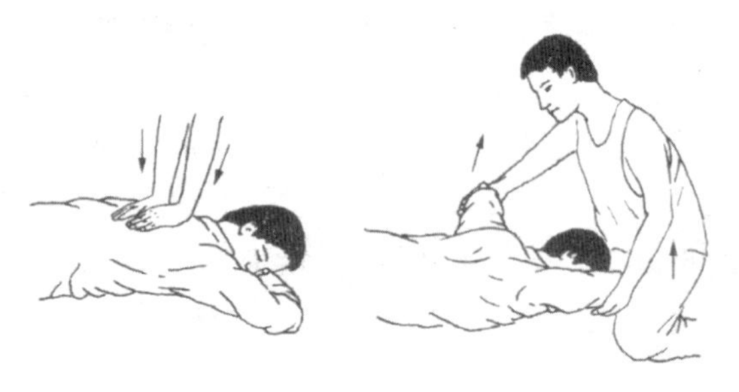

图 8-7 俯卧压背式人工呼吸法

二、伤口止血与包扎

在野外难免会受伤流血。人体的血液有 5 000 ~ 6 000 毫升,如果受伤后流血不止,失血超过 800 ~ 1 000 毫升,就会引起休克或者死亡。许多时候,流血不止是造成伤病员死亡的主要原因之一。人体的伤口流血通常可以分为从毛细血管中缓缓流出、从较粗大的血管中快速流出和从动脉血管中喷涌而出。其中,从动脉血管中喷涌而出的情况最为危险,如果不能及时止住流血,人很快会死亡。

从毛细血管出血时,血液会呈水珠样流出,并且能够自动凝固止血;静脉血管受伤流血时,血液会缓缓不断地外流,并呈紫红色,需要较长时间才会自动凝固,有时甚至不能自动凝固;如果动脉血管破裂出血,血液会像喷泉一样涌出,颜色鲜红,能在短时间内造成大量出血。当出现受伤流血的情况时,应首先以最快的速度将血止住,然后再将伤口包扎好,等待其慢慢愈合。

(一) 止血

1. 指压止血法

指压止血法是指根据出血的部位,在伤口上方的近心脏一端,找到跳动的血管,以手指直接将动脉按压在深处的骨骼上,通过阻断血液的流动，从而达到止血的目的。也可以用经过消毒的纱布直接按压在伤口上止血，这是一种简单有效的临时止血方法，主要用于头、颈、四肢的动脉出血。但这只是紧急的临时止血方法，同时还应准备材料，换用其他方法进一步彻底止血。

通常，动脉血管流经骨骼并靠近皮肤的位置均为按压点。按压的方法是将手指置于按压点，施以足够的压力，15 分钟后，慢慢放开手指。如果再度流血，则重复上述步骤。这种方法的止血效果较好，但需要明确的是，将手部伤口上方的动脉血管按压在骨骼上，可以减少上肢流向伤口的血量；压迫腹股沟间的动脉血管，可以减少流向下肢的血量。采用指压止血法时，救护人员必须熟悉人体各部位血管出血的压迫点。（图 8-8）

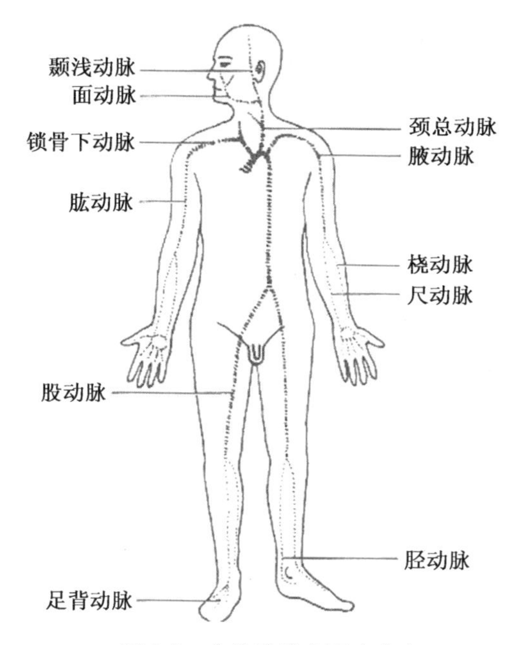

图 8-8　人体动脉主要止血点

常用的指压止血方法如下。（图 8-9）

（1）颈总动脉压迫止血法：操作的方法是用拇指和其余四指配合，

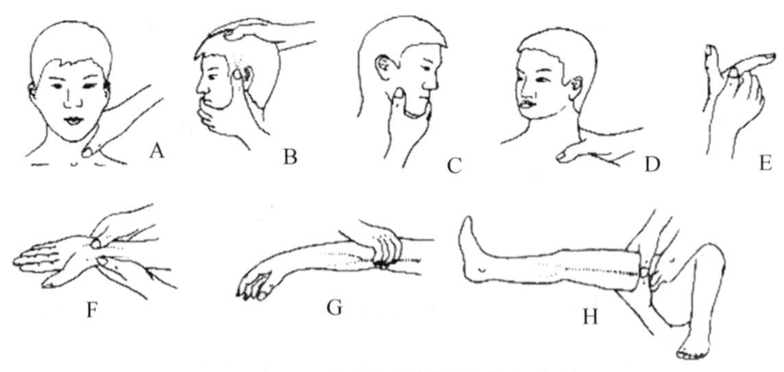

图 8-9 几种常见的指压止血方法

压迫同侧气管外侧与胸锁乳突肌中点之前缘，此处可摸到一个强烈跳动的脉搏，将血管向下按压在颈椎上。（图 8-9A）这种方法适用于头颈部同侧出血。压迫颈总动脉止血，仅限于紧急情况下使用，压迫时要避开气管，禁止同时压迫两侧颈总动脉，压迫的位置不可高于环状软骨。

（2）颞浅动脉压迫止血法：操作的方法是用拇指在耳前对准下颚关节上方，向下方按压。（图 8-9B）这种方法主要用于同侧额部、颞部出血。

（3）面动脉压迫止血法：操作的方法是在下颌角前 2 厘米处，用拇指将动脉压在下颌骨上，必要时可两侧同时压迫。（图 8-9C）这种方法通常用于眼部以下的面部出血。

（4）锁骨下动脉压迫止血法：操作的方法是用拇指或其余四指按压在锁骨上窝，胸锁乳突肌下端后缘。（图 8-9D）将锁骨下动脉向内下方按压在第一根肋骨上。这种方法主要用于同侧肩部和上肢出血。

（5）指动脉压迫止血法：操作的方法是用拇指和食指捏在出血的指根两侧。（图 8-9E）这种方法主要用于手指出血。

（6）尺桡动脉压迫止血法：操作的方法是用拇指和食指压迫在腕部的尺桡动脉上。（图 8-9F）这种方法主要用于手部出血。

（7）肱动脉压迫止血法：操作的方法是用拇指在肘部外侧、四指在内侧，用四指将肱动脉用力压向深部。（图 8-9G）这种方法用于小臂和手部出血。

（8）股动脉压迫止血法：操作的方法是用双手拇指重叠用力压迫在

大腿上端腹股沟中点稍下方，将股动脉用力压在股骨上。（图 8-9H）这种方法主要用于同侧下肢出血。

2. 加压包扎止血法

加压包扎止血法（图 8-10）是用消过毒的纱布或急救包填塞伤口，再用纱布卷或毛巾折成垫子，放在出血部位的外面，用三角巾或绷带加压包扎的止血方法。加压包扎止血法主要用于静脉、毛细血管或小动脉出血。包扎前，应该将伤肢抬高，包扎时用力要均匀，包扎的范围要大一些。在用加压包扎止血法包扎伤口时，如果用急救包压迫伤口包扎效果不明显，可以加敷料再用绷带加压包扎。

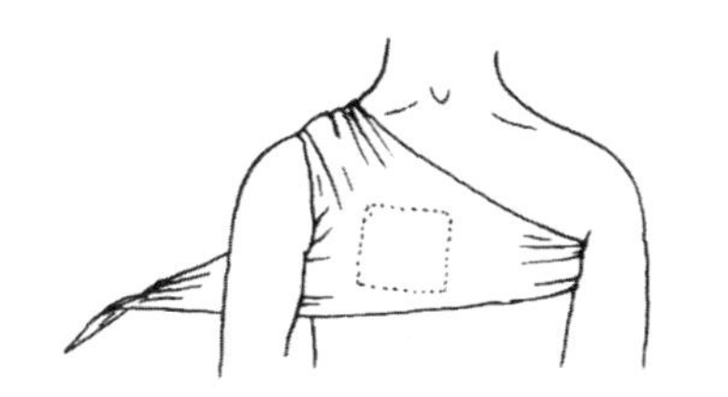
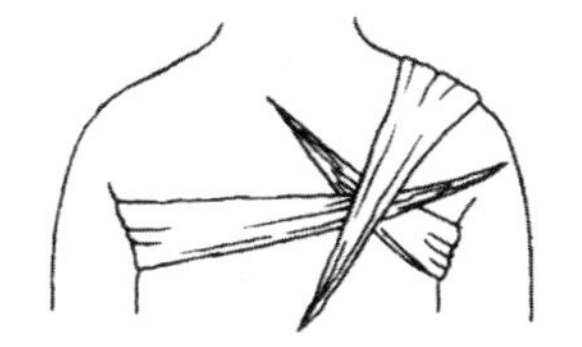

图 8-10　用三角巾加压包扎止血法

3. 屈肢加压止血法

屈肢加压止血法（图 8-11）是在肘窝处加垫或绷带卷，将肘关节尽量屈曲，用绷带固定成屈肘姿势，以达到止血的目的。它主要适用于肘、大腿及以下部位出血。但要特别注意的是，在骨骼和关节受伤的情况下，不能使用这个方法。

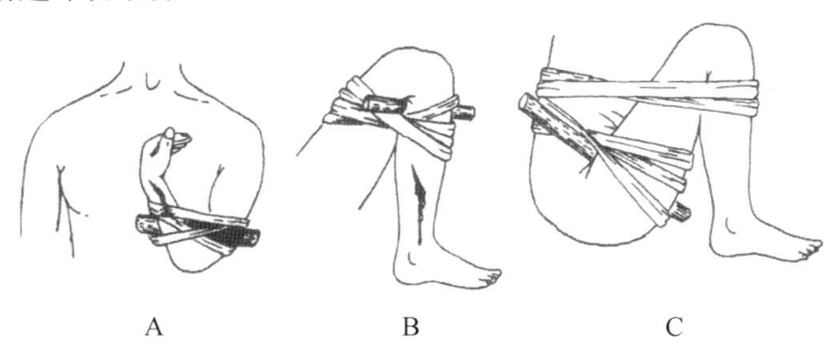

图 8-11　屈肢加压止血法

4. 止血带止血法

用止血带紧缠在肢体上,使血管中断流血,也可以达到止血的目的。如果没有止血带,可以用三角巾、绷带、布条等代替。采用止血带止血时,止血带应缠绕在伤口的上部。(图 8-12)止血带的下面要垫上铺平的衣服、毛巾或纱布,不能直接将止血带紧缠在皮肤上,以免勒伤皮肤。缠好止血带后,血液就不会流通,时间久了肢体就可能坏死,所以每隔一刻钟到半个小时就应该让止血带松开一次,但是,松开的时间不能太长,只要血流一通就应该立即再将止血带缠绕好,并要抓紧时间,赶快把伤员送到医院救治。缠好止血带后,应该注明一个标记,说明缠好止血带的时间,以便引起别人的注意。

止血带止血法多用于四肢较大的动脉出血,使用止血带时应注意:捆扎止血带的位置应在伤口的近心端,应先扎止血带,后包扎,松紧要适度。扎止血带的部位应加衬垫,捆扎后肢体呈蜡白色为正常,呈紫红色时,要重新捆扎。上肢扎止血带时,应该 30 分钟放松 1 次;下肢使用止血带时,应该 1 个小时放松 1 次,以免肢体坏死。在野外,经常使用的止血带主要有皮管、绷带等,具体操作方法如下。

(1) 用皮管止血的操作方法:先将患肢抬高,然后在出血部位的近心端加垫,再用皮管捆扎牢固。(图 8-12 左)

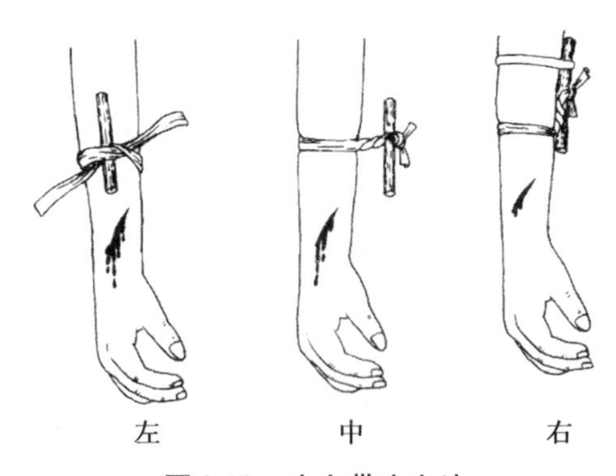

图 8-12 止血带止血法

(2) 用绷带绞紧止血的操作方法:在伤口的上部,用绷带绕肢体一圈,两端向前拉紧,打一个活结,然后,用一根木棒的一端插入活结内,用力绞紧。最后,再用另一端打结固定住木棒。(图 8-12 中)

(3) 用绷带勒紧止血的操作方法:在伤口的上部,用绷带缠绕两圈,第一道做垫,第二道在第一道的基础上勒紧。(图 8-12 右)

(二) 外伤包扎

包扎是野外救生的主要措施之一。包扎可以保护伤口、压迫止血、固定骨折、减轻疼痛、防止污染。包扎的主要材料是纱布、绷带、三角巾、胶布等。在野外,如果没有现成的包扎物品,可以就地取材,用手帕、干净衣服、毛巾、床单等代替。具体的包扎方法如下。

(1) 头、面部包扎法:十字包扎法可以有效地防止包扎脱落,并可以施压而达到止血效果。(图 8-13 上)帽式包扎法主要是针对头顶,并且有保温作用。(图 8-13 下)

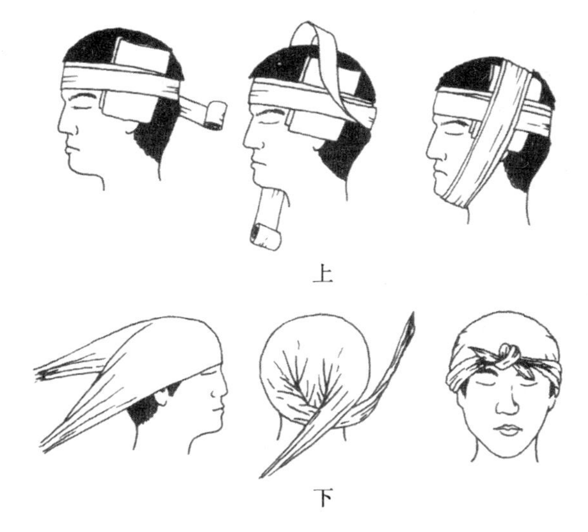

图 8-13　头、面部包扎法

(2) 胸、背部包扎法:胸、背部包扎时,包扎物不好缠绕,经常采用三角巾包扎法。将三角巾一角放在肩上,另外两角绕向背后,三角在背后打结。背部包扎与之相同,只是三角巾前后相反,在胸前打结。(图 8-10)

如果伤口处于胸部较下，靠近腹部的区域，可用绷带直接缠绕式包扎。注意：无论哪种包扎方法，都应该在伤口加敷料和垫物。

（3）臀部包扎法：一般的臀部包扎也经常使用三角巾包扎法。将三角巾的一角放在两腿之间，另外两角沿腰部围绕，三角巾在小腹部打结。（图 8-14）

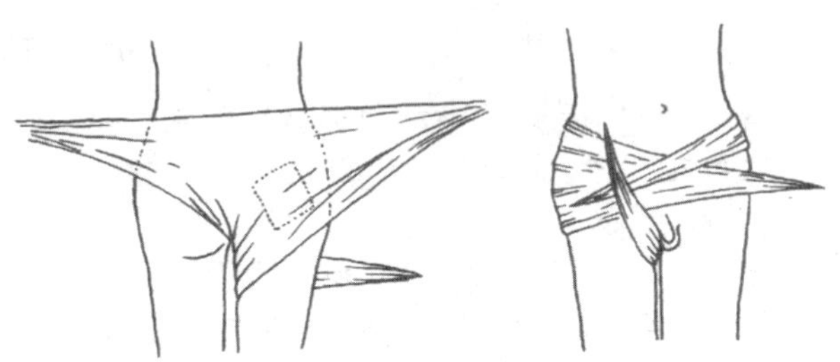

图 8-14 臀部三角巾包扎法

（4）8 字包扎法：在四肢的关节处，用普通的环形缠绕式包扎不能保证包扎得牢固和稳定，采用 8 字包扎法可以解决这个问题。（图 8-15）具体方法：先在敷料上环形包扎两周；绷带在关节一端环形包扎一周后，绕向关节的另一端；每周覆盖上周的二分之一或者三分之二；末端用胶布固定或者劈开绷带打结。

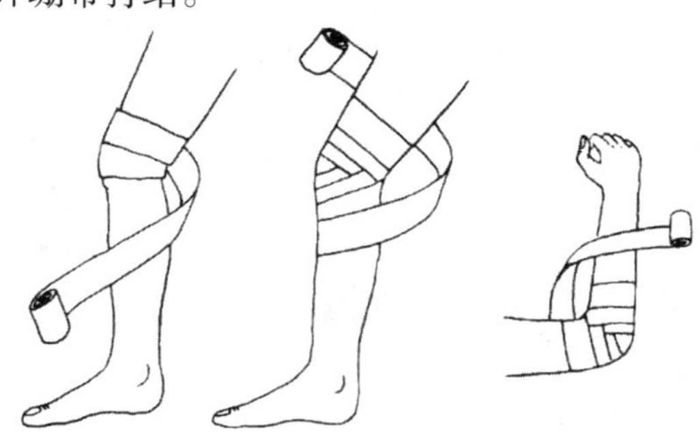

图 8-15 关节处 8 字包扎法

（5）回反包扎法：包扎部位两端直径相差较大时，环形包扎有一边的绷带会松懈，可以用回反包扎法包扎。具体方法：在细端环形包扎两周；斜行绷带在一侧向回反折；每周覆盖上周的二分之一或者三分之二。（图 8-16）

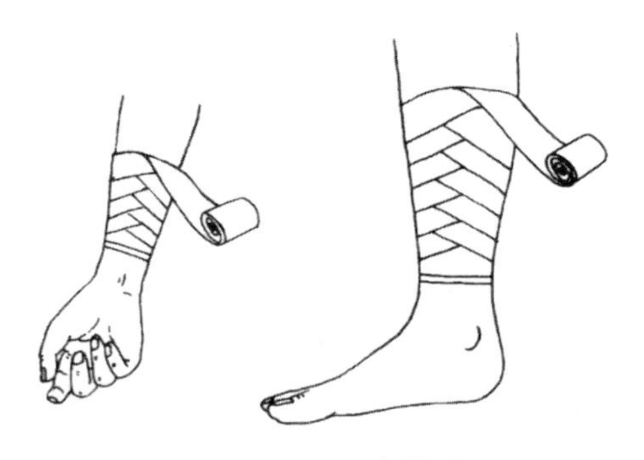

图 8-16 回反包扎法

(6) 足跟包扎法：足跟部位的包扎一般采用四头巾包扎法。(图 8-17)在野外,如果没有专用的四头巾,手帕、方巾就是现成的包扎物。

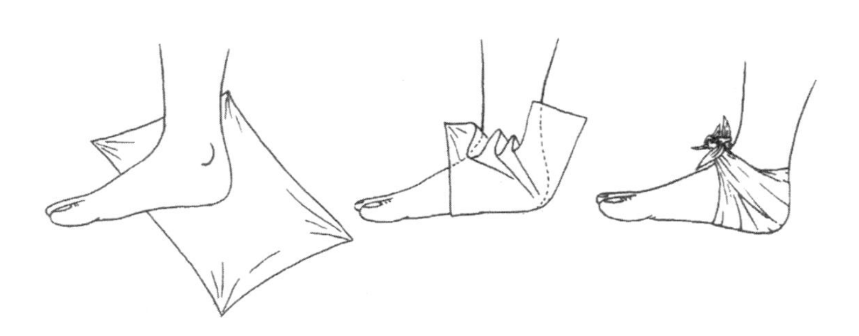

图 8-17 足跟的四头巾包扎法

三、骨折的急救

骨折和关节损伤以及肌肉拉伤是户外探险活动中比较常见的损伤之一。骨折通常由坠落、摔倒、撞击、挤压、羁绊等导致。

骨折除了影响患者正常的运动功能外,还可能造成进一步的组织损伤,如锋利的骨片会刺伤血管、肌肉、神经,甚至内脏器官。

(一) 骨折的主要类型

(1) 单纯性骨折：也叫无创骨折,是指骨头直接沿一定角度折断。一般由羁绊、摔倒等轻微外力所致。

（2）粉碎性骨折：骨头在折断处形成多块骨碎片。一般由坠落、撞击、挤压等重创所致。

（3）封闭性骨折：也叫闭合式骨折，是指没有皮肤开裂的骨折。

（4）开放性骨折：是指折断的骨骼刺穿组织和皮肤，并有部分骨骼外露。

（5）稳定性骨折：骨骼在折断处没有相对滑动的骨折。这样的骨折不会造成周围组织的损伤，一般受伤者还可以继续使用伤肢。

（6）活动性骨折：骨骼在折断处可以相对移动。活动性骨折往往会造成周围组织、肌肉、神经、血管的损伤，必须及时固定。

（二）骨折的处理方法

（1）止血：骨折，尤其是开放性骨折往往引发大量出血，必须马上为患者止血（按前面章节介绍的方法止血）。

（2）止痛：骨折的剧烈疼痛往往会引起休克，有条件的话，应该为患者止痛（口服止痛药或者肌肉注射止痛针剂），并注意保暖。

（3）复位：在一般情况下，骨折的复位应该是专业医生的工作，如果患者离医院比较近，直接送医院或叫救护车是最妥善的办法。但是，在野外生存的艰苦环境下，有时不可能很快得到医生的救治，更多的情况是，不得不长距离搬运伤员，有时还需要伤员的配合（例如，一对一救援）。

复位时，先牵引肢体，然后缓缓地把伤肢恢复到原来位置。为了恢复得尽量准确，可以请另一个人用双手覆在伤员的骨骼折断处，感觉两端的断骨是否对齐。这样做往往会引起剧烈疼痛，这个代价是应该付出的。

有时，关节处的异常扭曲和移位并非就是骨折，脱臼也可以造成移位。无论是骨折还是脱臼，用牵引复位的方法都能收到比较好的效果。如图 8-18 所示是指关节错位的复位方法，骨折和其他肢体复位的方法也是同样的原理。复位成功后应马上进行固定。

（4）包扎：对于开放性骨折的伤员，应该进行包扎处理，以免伤口受到污染。同时，包扎也有止血和安慰患者的作用。

（5）临时固定方法：对于发生骨折的患者，在运输前必须进行固定。固定的意义在于：防止骨骼碎片损伤周围组织，缓解疼痛，方便运输。另

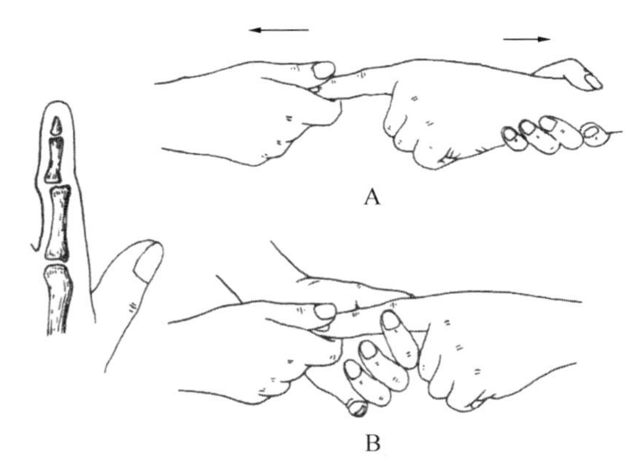

A. 拽开(牵引) B. 送回(复位)

图 8-18 指关节错位的复位方法

外,如果固定效果好,伤肢甚至可以有一部分运动功能。

固定的材料最好是特制的夹板。在野外可以就地取材,用树枝、木棒、草捆、纸卷等。实在找不到固定材料,也可以把伤肢与健康的肢体固定在一起(之间要用毛巾、软布等做垫物)。

注意:固定的松紧度要适宜,太紧影响血液循环,太松又达不到固定效果;固定时应该在肢体与固定物之间垫一些软的东西,以免皮肤淤血;捆绑点至少要两个以上,才能固定骨折部位上下两个关节。

(1)上肢骨折的固定方法(图 8-19):用可以找到的材料固定,并把伤肢吊起来(用布带挎在脖子上,吊在胸前)。

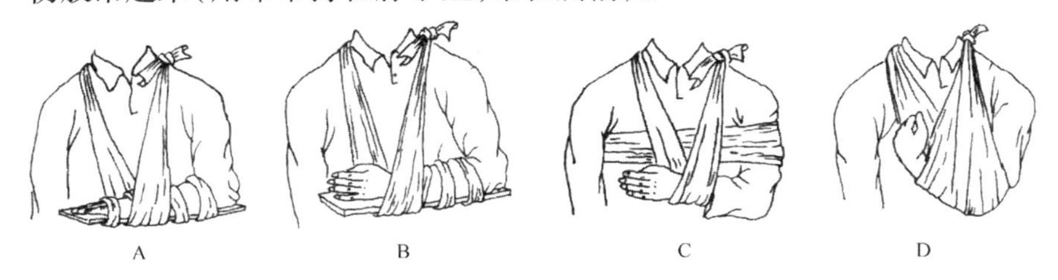

图 8-19 上肢骨折的固定方法

(2)锁骨骨折的固定方法(图 8-20):锁骨不能直接固定,一般采取固定大臂的方法，因为大臂的活动会连带锁骨活动。可采取束缚式、悬吊式方法固定。如果有条件，可制作 T 形板固定，效果更佳。

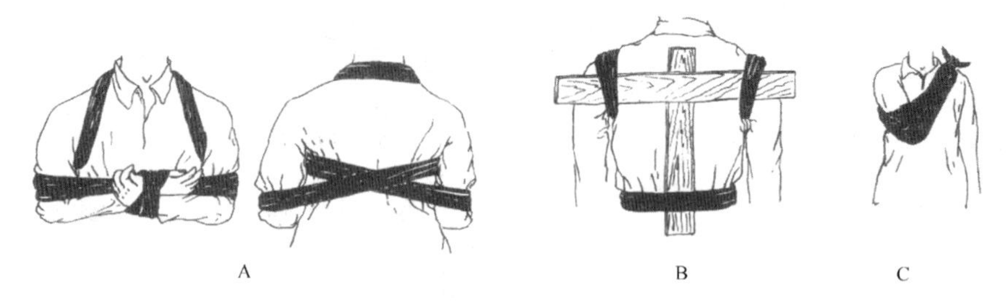

图 8-20　锁骨骨折的固定方法

（3）下肢骨折的固定方法（图 8-21）：根据骨折的部位，可采用侧面和下面两种固定方法，一般不在上面（膝盖一面）固定。找不到固定材料，可用健肢固定（两腿之间要有垫物，否则效果会大打折扣）。采用健肢固定方法，在运输伤员时要有担架配合，否则，这样的固定方法不便于运送伤员，而且伤员容易受伤。

A. 小腿骨折　　B. 用健肢固定　　C. 大腿骨折

图 8-21　下肢骨折的固定方法

（4）足部骨折的固定方法（图 8-22）。

图 8-22　足部骨折的固定方法

（5）颈部骨折的固定方法（图 8-23）：颈椎骨折非常危险，稍有不慎会损伤神经，甚至造成高位截瘫。固定颈椎时，可用毯子、多条毛巾、衣服等卷成一个 10 厘米左右宽的扁筒，把扁筒小心绕在受伤者的脖子上，再用布带缠好。要注意使伤员保持呼吸畅通。

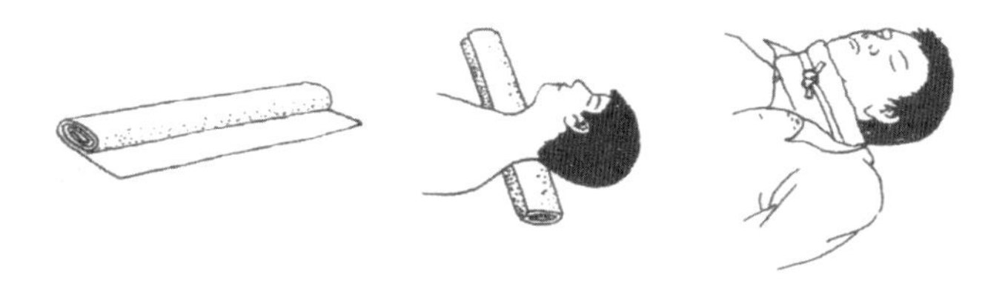

图 8-23 颈部骨折的固定方法

四、运输伤员

野外急救只是对生命的维护和延续,并非彻底的治疗。在实施急救措施后,或者是同时,应该及时将患者送医院继续抢救和治疗。因此,如何在野外运输伤员也是户外探险者应该了解并掌握的必要知识。

(一) 担架运输

运输下肢骨折和脊椎损伤的患者,最好使用担架。如果没有专门的担架,门板、床板、长条桌面都可以用来运送伤员。在野外,可以就地取材制作简易的临时担架(图 8-24)。

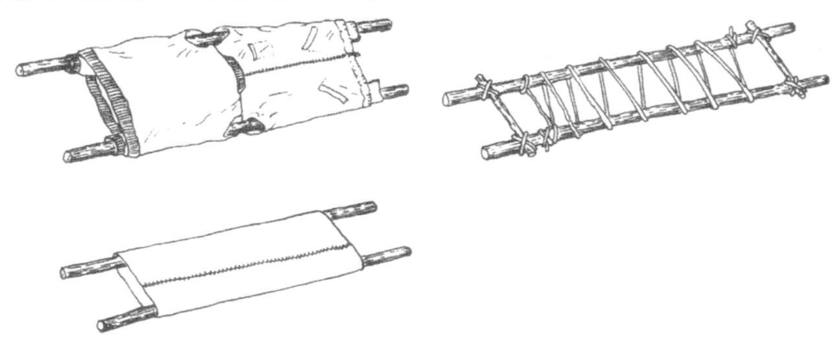

图 8-24 几种野外临时担架

用两根木棒和两件衣服就可以制作一个简易的担架;如果有绳子,把绳子缠绕在两根木头上也可以制作一个担架(两边最好用另外两根短木棒固定,以免长木棒移动);毯子筒(用线缝合起来的)加两根木棒也是不错的简易担架。

注意：用担架运输伤员时，要保持平衡，特别是在上下坡时，在低处抬担架的人可以通过肩扛的方式（抬高担架）来保持担架的水平；抬担架的人最好步调一致；伤员在担架上应头部向后、足部向前，以保证抬担架的人随时观察到伤员的表情。

（二）徒手运输

在没有担架时，可以徒手运输伤员，可根据救援人员的数量来决定运输方式。

1. 一人运输

在一对一的情况下，一个人也要想办法把伤员运送到可以获得援助的地方。一般情况下，用肩扛是最省力的方法。消防队员的实践中和部队士兵在训练转移伤员时，通常也用这样的方法。（图 8-25）

图 8-25 肩扛法运送伤员

注意：如果自己的体力不允许长距离运送眼前的伤员，要控制每次搬运的距离，注意休息，因为疲劳时动作会变形，容易失手而造成伤员受到进一步的伤害。如果伤员不能用肩扛的方式运输（如脊椎损伤），可以把伤员放在毯子、大衣、草帘子上，选择平坦的地面拖拉前进。

对于伤势较轻、能够配合的伤员，可以选择搀扶的方法。

2. 两人运输

两个人运输时，根据伤员的情况可以选择两人抬或者两人架的方法（图 8-26）。

两人架的方法是：每人抓住伤员的一只手腕，放在自己的肩上，另一只手扶住伤员。

两人抬的方法是：两人的手握在一起，让伤员坐在手上，抬起。伤员

A. 两人架　　　　B. 两人抬

图 8-26　两人运送伤员的方法

的手应该扶住救援者的肩膀,以保持稳定。

在两个人抬起伤员时,要注意手的握法,正确的握手方法不仅省力而且不容易松脱。(图 8-27)

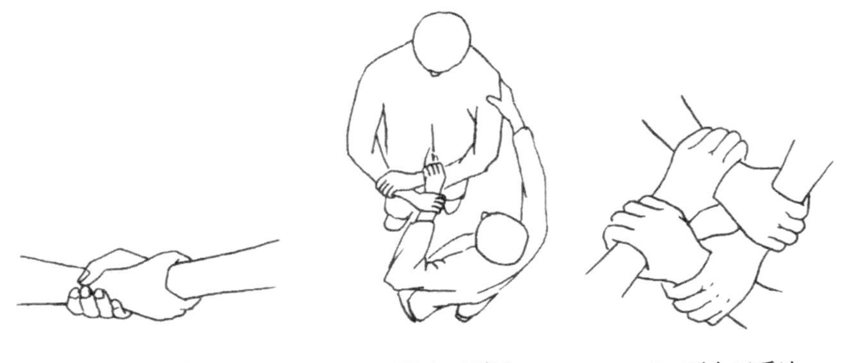

A. 两人两手法　　　　B. 两人三手法　　　　C. 两人四手法

图 8-27　两人运送伤员的握手方法

(三) 捆绑背负法

捆绑背负法就是把伤员和救援者用绳子、布带等捆绑在一起,并固定在救援者背上的运输方法。

在登山活动中,当山上的伤员需要运送到山下时,在路途中没有办法使用担架,也不允许多人同时经过的个别地方(陡坡下降、经过山嘴等),运输者的手必须用来协助通行或者开路。这时采用捆绑背负的方法是一个很好的选择。

复杂的捆绑一般用在背负伤员从悬崖下降等危险性大的路段时,需要捆绑得很牢固。其他情况下采用简单的捆绑就可以了。如图 8-28 所示的是两种背负方法:左边图示的是利用扁带兜住伤员的臀部和腰部,固定在救援者的双肩上;右边图示的是利用绳索套在伤员的两腿上,救援人员像背背包那样把伤员背起来。

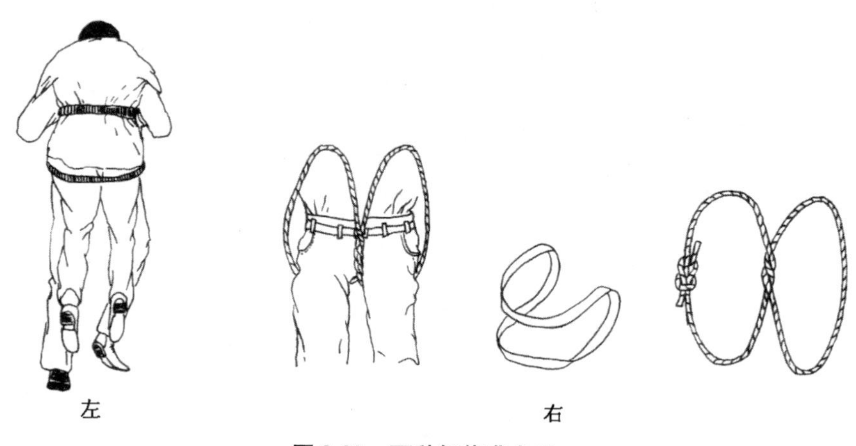

图 8-28　两种捆绑背负法

附:突发性肌肉痉挛

肌肉痉挛,俗称“抽筋”,是人体肌肉间歇性的抽搐。由于运动过度,体内缺盐、缺钙、脱水,低温刺激等引起肌肉痉挛,经常发生在下肢,尤其是脚和小腿。

肌肉痉挛一般不属于野外急救的范围,但是,如果痉挛发生在攀登、游泳、受攻击时,就很可能造成严重的后果。

处理方法：

（1）脚痉挛：向脚背方向扳动脚掌；反关节扳动脚趾；用力按压涌泉穴。

（2）小腿痉挛：将脚尖向膝盖方向反压；（图 8-29）用力捏脚跟处的肌腱；按摩小腿肌肉；用力按压足三里穴。

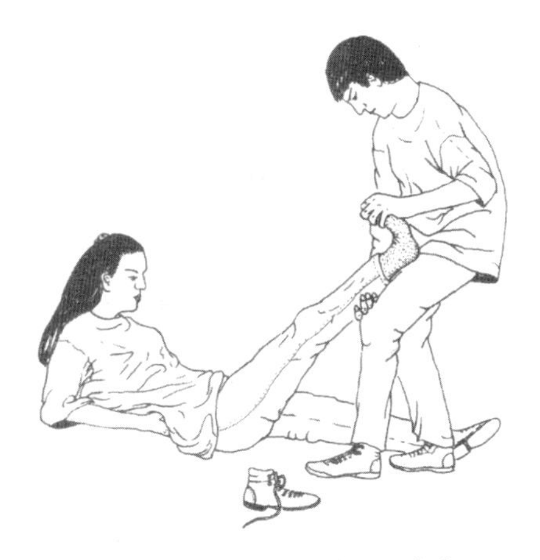

图 8-29　反压脚掌缓解腿痉挛

（3）大腿痉挛：将腿抬起，伸直，用力反关节按压膝盖；交替敲击大腿两侧的肌肉；用手指勾膝盖窝里的两根肌腱。如果有人帮助，如图 8-29 的做法（不同的是，手要放在膝盖上，并下压）也很有效。

第四节　野外求救

在野外探险的过程中，可能会因为很多复杂的原因使探险者身处意想不到的逆境。比如，在森林中迷失方向，尽管用尽了浑身解数，但仍然无法走出困境；又如，在深入无人区时，有队员出现了较重的伤病，但又无力将其运出险境进行救治；等等。当遇到这种极其困难和危险的情况时，就必须学会使用各种信号与外界取得联系，尽早摆脱危险的境地。

在户外探险活动中，经常会遇到手机等通信工具因信号或电池的问题无法使用的情况，这时如果出现险情，适时使用不同类型的信号，就能成功地与外界取得联系，从而尽快获得救援而脱离险境。因此，了解不同类型的信号及使用方法，是顺利走出逆境的第一步。

一、人体信号

如果正在寻求外界帮助时，上空突然有直升机或其他飞机经过，此时，就可以用人体信号进行联系。一般来说，飞行员对人体信号都能看懂，只要他们看到求援者发出的信号，就会对信号给予回应。倘若飞行员明白了信号的意思，就会使飞机翅膀稍微倾斜或者使绿灯持续闪亮；倘若飞行员看不清信号的意思，就会驾驶飞机来回盘旋或者使红灯持续闪亮。经常使用的人体信号主要有以下几种，如图 8-30 所示。

图 8-30　部分人体信号

二、火光信号

以等腰三角形排列的三堆火焰是国际通用的求救信号。为了使飞行员看得清楚，火堆的距离应该在 20 ~ 30 米之间，并堆放在比较开阔的地带。（图 8-31 上）使用火光信号时应注意：

（1）点火点不应该选择在山谷和树林里；

（2）要确保不会引起火灾；

（3）野外活动点篝火时，不可以点成三堆，以免发生误会；

（4）火光信号一般在晚上或者是光线比较暗时使用；

（5）必要时可利用火把代替篝火。

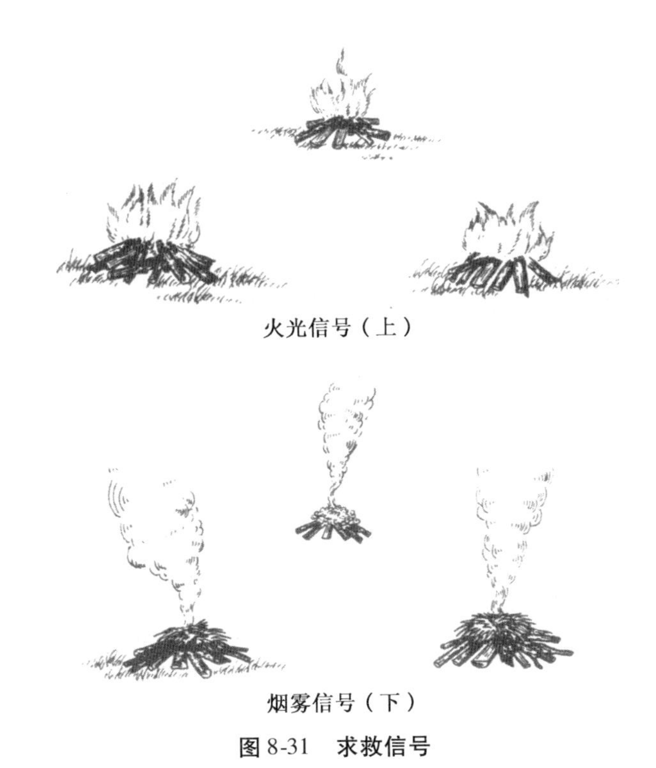

火光信号（上）

烟雾信号（下）

图 8-31　求救信号

三、烟雾信号

在白天因光线强烈，使用火光不明显，这时使用烟雾信号便可清晰地显示自己的位置。发出烟雾信号的方法与火光信号相同，不同的是在点燃篝火后在火堆上放一些湿柴、青草、橡胶等发烟材料，就会产生较大的烟雾。（图 8-31 下）如果身边能够找到汽油，可以将它沾在布条上，点燃后也会产生很浓的烟。烟雾信号在雪地或沙漠地区会起到很好的作用，如果有风，会把烟雾吹到很远的地方，增大被发现的概率。因此，使用烟雾信号时，应尽可能选择在较空旷的地带。

四、图形信号

图形信号包括文字和图形，其中国际通用且家喻户晓的著名求救信号就是用各种方法组成的三个英文字母“SOS”。中文的“救命”，英文的“HELP”也是在局部地区使用的文字求救信号，但是远远没有“SOS”通用。

在野外遇险需要救援时，应想办法组成这样的图形，尽量使之醒目，并设置在容易被发现的地方。例如，在雪地和沙滩上，可以直接写成很大的“SOS”，为了让飞行员能够看见，每个字母应该在10米左右。（图8-32左）在开阔的地面上也可以用石块摆成这样的三个字母。（图8-32右）

在雪地、沙滩上写成（左）　　用石头摆成（右）

图8-32　国际通用的求救信号

用三块石头加三根木棒再加三块石头呈“一”字排列的图形，也是国际通用的求救信号。（图8-33）

图8-33　可译成“SOS”的图形信号

其他可以发出“SOS”的方法：

（1）在室内的玻璃上写上“ZOZ”，路上的行人从外面看上去就是“SOS”。为了让人们看得清楚，“Z”的拐角可以写得圆一些，外面看起来就更像“S”了。

(2) 在地上挖出“SOS”形状的沟,在沟里倒上油,然后将其点燃,在晚上就形成醒目的“SOS”信号了。

(3) 如果被困在孤岛上,可以在漂浮物上写“SOS”及相关信息扔进大海。

五、声音信号

通过声音向他人发出求救信息,最原始、简单、直接的方法就是大喊“救命”。稍微有点难度的就是发出容易引起注意的声音,较难掌握的是用声音敲打出莫尔斯码。

使用声音信号的主要方法和注意事项:

(1) 大喊救命:突然一声“救命啊”就很容易引人注意。喊救命时,最好喊出求救的原因,由于某些原因,直接喊救命不一定会使听到的人马上跑过来。

(2) 只在可能有人听到的时候或地方呼喊,否则白白消耗体力。

(3) “SOS”发音法:三短——三长——三短是标准的声音求救信号。在需要援助的时候,利用周围的一切条件弄出响声。例如,被塌方废墟困在建筑物里时,可以用坚硬物体敲击水管、煤气管、暖气管等,先敲击出三声短促音“铛、铛、铛”,然后接三声长音“铛——铛——铛”,再接三声短促音“铛、铛、铛”,稍微停顿后,重复敲击。这样的声音信号最为标准,即使对方不懂得“SOS”的意思也很容易引起别人的注意。同样的道理,用汽车喇叭,哨子(求生哨子),敲击树干、梆子等都可以发出这样的声音信号。

(4) 利用工具:为了增加声音效果,用报纸、树皮等可以卷起来的材料卷个喇叭,不仅呼喊起来省力又能提高传音效果。

(5) 顺风呼喊:如果长期被困在某个无法逾越的区域,而可能有人的地方又恰恰超过了声音的范围,可以等到大风天呼救。如果正好赶上顺风天,就会增加被人听到的机会。

六、灯光信号

通过灯光也可以发出求救信号。我们可能看到过铁路工人使用信号灯的情景,还有在航海中经常使用灯光信号。职业的灯语有一套固定的表达方法,和旗语一样,我们没有必要掌握所有的灯光信号,只要了解最基本的求救信号就可以了。

使用灯光信号的主要方法:

(1)闪光求救信号:找一个能遮挡发光源的东西(板子、书报、衣服)盖在发光源(手电筒、灯头、蜡烛、灯笼)上,对准可能有人的地方,通过移动遮盖物,使灯光断断续续地发出。如此发出的闪光信号在远处看起来就是一闪一闪的亮光。如果你懂得灯语,而对方也是熟练的灯手,甚至可以通过灯光聊起天来。

(2)“SOS”信号:用灯光同样可以发出“SOS”的标准求救信号,即短促闪三下,接三长闪,再接短促的三闪。

(3)红色圆圈:把灯光用红布、红纸罩上,使光源发出红光,挥动手臂对可能有人的地方画圆圈。

(4)汽车紧急信号:两侧闪光灯同时闪烁——双闪,双闪是交通部门和驾驶员通识的紧急信号。在遇到汽车故障和交通意外时,打开双闪既是警示,也是求援。现在所有车辆上都配备了双闪按钮。

(5)“傻瓜”信号:如果没有任何灯光信号知识,也可以(其实不得不)这样想:即使我明白灯语,对方也不一定有这方面的常识。那么,在漆黑的夜晚,尤其是在野外,用光源乱晃、乱闪,都能引起别人的注意。

七、电话求救

电话求救是非常简单直接的方式,许多信息能够在电话里表达清楚,而且现在电话普及率很高,接受电话求救的机构也越来越多。每个地区和城市都有固定的而且已经统一的求救电话——“110”。

在野外,使用电话求救可能会遇到一些困难,因为探险和野外生存活动往往都在荒山野岭、人烟稀少、人迹罕至的地方,这样的地方一般没有电话,有的地方手机也没有信号。例如,在青藏高原的无人区、在长白山的原始森林、在塔克拉玛干沙漠深处打通手机的概率有时只有1%,尽管如此仍然不要放弃使用电话求救:走到接近有人居住的地方就可能有电话,绕过一个山头或是爬上一个沙丘说不定手机就有了微弱的信号。

八、其他求救方法

其实求救的方法非常多,这里介绍的只不过是一些国际通用的求救方法。其实,一切能够引起救援人员注意的并使之前来救援的方法都是好方法。下面介绍一些人们实际遇险时使用过的求救方法。

(一) 旗语求救

如同灯光信号一样,旗语也是比较常用的远距离交流方式。不同的是旗语在白天使用,灯光信号则在晚上使用。

在野外,如果随身没有携带旗子,可以用衣服、毛巾、床单、丝巾等,颜色尽量选择鲜艳的,绑在树枝上做成求救的旗子,并注意与所在地自然景色形成反差(在绿色背景下用红色和橘黄色,在黑色背景下用浅色,在雪地上用深色)。

简单的旗语信号求救方法是,在显眼的地方挥舞出8字。(图8-34)

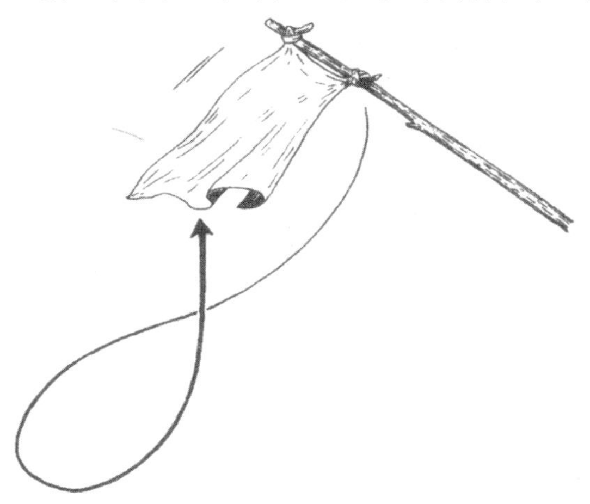

图8-34　求救旗语

（二）救命风筝

许多人都有过放风筝的经历，如果在野外被困，尽管人可以活动，但就是无法离开，其他求救方法也不奏效，不妨试着制作风筝：用纸或者薄布（衬衫、手帕）做个风筝，用救生包里的渔线或用毛衣拆下的线来放飞风筝，脱线的风筝会飞得很远。当然，风筝上可写上目前的处境以及现在的位置、求救的事项等。

（三）留下信息

在身处危险境地时，有时不会在一个地方停留太久。为了摆脱危险，会不断地从一个地点转移到另一个地点。但是，在转移时一定要记住留下一些指示方向的信号。这样，既可以让救援人员发现自己的踪迹，也便于自己记得曾走过的路，返回时，不会再次迷失方向。常用的指示方向的信号如下（图 8-35）。

（1）在路口用石头或小卵石摆成一个箭形，箭头方向指向自己前进的方向。

（2）用许多小石头垒成一个石堆，再在石堆的一侧放一个比较有特征的小石块，以指示自己的行动方向。

（3）在草丛中将一堆小草的顶端系在一起，并使其顶端的弯曲方向指向前进的方向。也可以在小草堆的一侧放一块石头用来指示前进的方向。

（4）用小刀在路过的树上刻下一个箭头，箭头的方向与前进的方向一致。

（5）在路口放一个带有分叉的树枝，使树杈的指向与前进的方向一致。

（6）将木棍或树枝支撑在树杈间，使其倾斜方向指向前进的方向。

（7）在地面上用小刀或树枝写几个字，告诉别人或提醒自己刚才已经从这里走过。

（8）另外，将一些用过的物品，如废纸、食品包装盒等留在曾经停留过的地方，也可以提醒自己或救援人员，有人曾经来过这里。

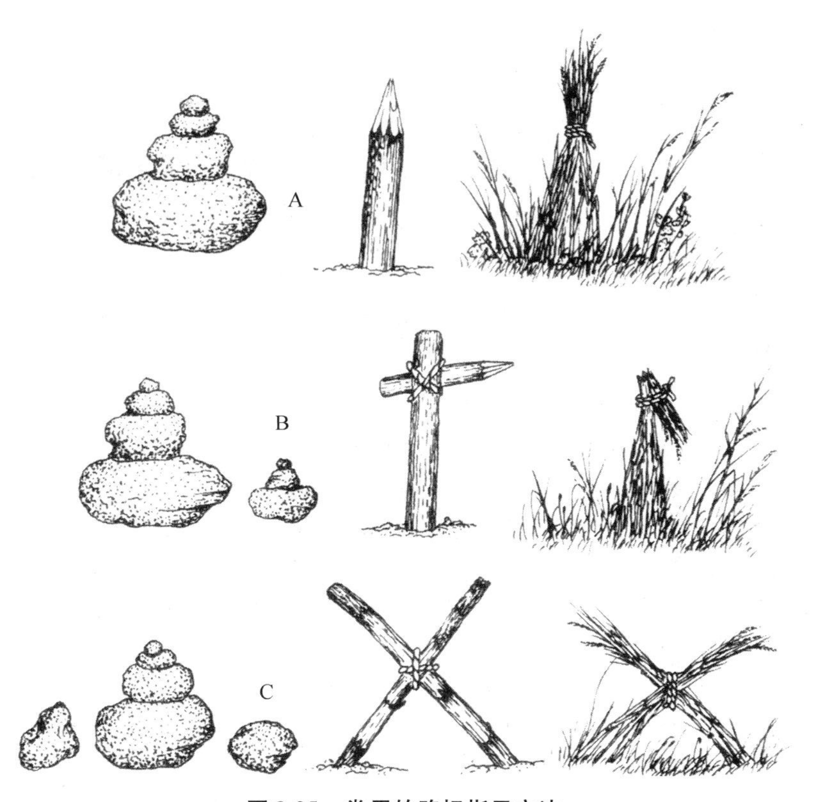

图 8-35　常用的路标指示方法

（四）反光镜

在野外求救时，可以做出闪闪发光的信号，向远方或者偶尔飞来的飞机求救（飞行员在飞机上很容易发现地面上的发光物）。通常，有反光涂料（镀银）的玻璃（镜子）是最好的反光器。还有如化妆的小镜子、汽车的反光镜、保温瓶内胆等。另外，手表、眼镜、玻璃碎片、罐头盒、盛水容器等都有反光效果。如果有条件，把三个反光源排列成等腰三角形，同时向飞机打反光，效果更好。

为了确保让对方发现闪光，可以冲着目标不断晃动手中的反光物。

第九章 户外探险运动的组织与实施

户外探险运动属于极限和亚极限运动,有很大的挑战性和刺激性,参与者还可以充分地融入、享受和拥抱大自然,因此户外探险运动越来越受到广大青年人的追捧。但是,由于一些队伍和个人缺乏周密的前期准备工作和严谨的过程管理,仓促上阵。在活动过程中法律意识淡薄,忽视、违反相关地区的管理、保护规定,缺乏最基本的避险常识和应急处置的方案,从而导致与户外探险运动相关的伤亡事故逐年增加。本章重点从户外探险运动的组织原则和前期准备工作、户外探险运动实施的过程管理、部分突发情况的处置方法和户外探险运动的风险与法律责任四个方面进行介绍。

第一节 户外探险运动的组织原则和前期准备工作

一、组织原则

1. 安全性原则

无数户外探险运动的经验告诉我们,不论开展何种类型的户外活动,首先要考虑的就是活动的安全性。安全地组织一次活动,没有发生任何事故(尤其是人员伤亡事故),对于组织者来说就是最大的成功,也是能否继续组织类似活动的前提。因此,强化活动中的安全教育和安全方面的准备工作是必不可少的。对于活动项目的确定,危险等级的把控，活动难度的大小，探险活动过程的安全性等环节，作为组织者都必须认真分析、判定，进行合理的安排，以确保活动的安全。

活动开始前常规的体检是必需的，而对于首次参与活动的人员来说则更为重要。有重大疾病史或高血压、心血管疾病等的人员，不要参加户外探险运动。

2. 计划性原则

凡事预则立，不预则废。对于户外探险运动来说更是如此。详细周密的计划是能否顺利完成本次活动的基本要素，也是参加活动的全体成员从思想上和物资上准备本次活动的主要依据。计划越详细越周密，本次活动取得圆满成功的可能性就越大。因此，要求组织者应全方位地考虑好活动的各个环节，周密进行计划。盲目计划或计划不周，是导致活动出现混乱或失败的最主要的原因之一。

3. 经济性原则

很多户外探险运动的成本是相当大的，经济性原则主要体现为少花钱多办事、办好事的思想。在选择和确定活动内容时要根据团队自身的经济状况，量力而行。组织者要精心设计活动内容、规划路线，较精确地做出经费预算。在编制预算时既要保证活动过程中各种合理的需要，又要防止不必要的浪费，尽可能减轻参与者的经济负担。如活动中的一些装备购买的费用都比较高，可以采用租用、合用的方式，通过科学安排使用的次数或方式等方法来降低装备使用的费用。

4. 灵活性原则

事物都是在不断地发展和变化的，户外探险运动进行的过程中更是有许多的不确定性，计划和预案以外的情况随时都会发生。这就要求组织者灵活地处理在活动中遇到的各种情况，适时对活动计划进行必要的调整，以保证活动安全顺利地进行。当然，这种对计划的调整不是随意的，而是极其慎重的。切记，凡是在活动进行之中要对计划进行调整，必须组织参与者共同讨论，充分发扬民主，共同作出决定。切不可自作主张，独断专行。

5. 遵纪守法的原则

遵纪守法是每个公民的义务。参与活动的每个成员，既要遵守国家的法律法规、遵守团队的纪律，还要尊重活动地区的乡规民俗。如果在宗教民族区域活动，更要尊重当地的规定和习俗。团队的规定和活动纪律更是每一位参与者必须遵守的，服从命令、听从指挥要成为大家的自觉意识，并贯穿于活动的全过程。在遇到突发事件时每位成员必须以大局为重，坚持少数服从多数，决不能擅自脱离团队，单独蛮干。

6. 环境保护的原则

热爱大自然，就必须珍爱和保护大自然，强化每一个队员的环境保护意识，自觉做好环保工作。不随便扔垃圾杂物，爱护植被花草、保护野生动物。尤其是到那些生态状况本身就很脆弱的地区，就更要注意。有时在不经意间，数十年、上百年形成的植被就被破坏了。因此必须强调环保和低碳的理念，学习和掌握环保知识。在组织户外探险活动时，保护环境、珍爱大自然必须成为每一个参与者的行为准则，杜绝任何破坏、污染环境的现象发生。

二、前期准备工作

（一）制订活动计划

（1）活动时间表。制订活动计划时，首先要确定活动的时间，明确时间跨度。而在确定户外探险和野外生存活动计划的时间时，更要考虑该时间段活动区域的气象和地质条件的变化情况及时差的变化情况，合理、科学地安排好起居和活动的时间。

（2）活动的主要目的。要明确活动的主要目的是以进行探险为主的极限挑战，还是主要锻炼野外生存的能力；是进行野外考察，还是组织专项体验活动；是组织单个项目的专题活动（登山、攀岩等），还是进行综合性的技能训练；等等。

（3）活动的性质和主要活动内容。活动内容的设定要突出重点，不要面面俱到。可根据各阶段活动的不同性质进行内容和重点的区分。如徒步行进阶段主要安排哪些活动、山地攀越阶段的活动怎样进行、野炊的过程如何设计、露营活动如何安排等等。要把活动内容进行细化，具体到每个时间段所要开展的活动项目和相关要求。

(4) 活动相关地区的情况简介。活动地区的相关情况要进行认真的了解并在计划中进行介绍，包括当地的地质、道路、民风民俗、治安、民族特点等，都要有针对性地重点说明。现在网络非常发达，很多信息都可以在网上了解。做到有备无患，高度重视，可以避免引起不必要的麻烦。对于这些资料，在活动开始前要组织参与者认真进行学习，熟悉情况。

(5) 活动的经费来源及管理。关于活动经费，一般来说主要是采取AA制(人均分担消费费用)的办法。当然如果能获得赞助，活动会更方便，但必须做到账目公开。要把经费用在活动上，任何人不得从中获取私利。切记个人不要从中获得任何商业利益，以免日后引发纠纷。队伍中要明确兼职会计，负责活动中的账目管理。

(6) 活动所需物品。要根据不同的活动的内容，不同的季节和地区，列出活动中必需用品的清单供参与者提前准备。有些装备可以统一租用、有的可以合用。有时，可采取分层准备的方法：团队统一准备什么，小组共同准备什么，个人又必须带什么，这样可以节省一些资源和费用。

(7) 安全须知及纪律要求。安全和纪律问题是每次组织活动都必须明确的，要根据不同的活动内容和活动区域分别进行制定。所有参与者必须签署《安全免责协议》并确认遵守活动纪律，自行购买保险方可参加活动，这应该成为活动准入的必要条件。

(二) 组建临时领导机构

一个强有力的领导机构是保证活动成功进行的关键。领导机构的规模可根据活动规模的大小情况而定。临时领导机构的组成一般有以下部分。

(1) 临时队委会：临时队委会通常由活动的组织者和团队的骨干成员构成，通常3~5人即可。其主要职责：采用民主集中制的原则，研究决定活动中的重要事项，如活动计划的执行或临时调整、处置活动中的重要工作和突发事件。分工负责、团结协作,带领全体队员顺利、安全地完成活动任务。

(2) 指挥组:一般由活动的组织者和有丰富活动经验的队员组成,主要负责团队的行动组织指挥,认真执行队委会的决定,严格按照活动计划组织活动。

(3) 安全保障组:通常由男队员组成。主要负责提高队员的安全意识,处理突发的安全事件,保护团队的安全。如果安排露营活动,夜间的站岗、巡逻任务主要由安全组负责。

(4) 医疗卫生组:对于规模较大的活动团队,应该配备专职医护人员参加。通常由掌握一定医疗卫生常识的队员担任。主要负责卫生宣传、饮食卫生的监督、疾病防护和应急情况的处置。

(5) 财务组:由掌握一定财务知识的队员担任。主要负责团队的日常财务管理,做到收支清晰。活动中定期向团队通报财务情况,做到账目公开。

(6) 生活保障组:负责团队的住宿、餐饮的安排。应根据活动计划的要求,提前做好住宿点的预定、餐饮的安排计划。如果安排有露营、野炊等活动,应提前做好相关的准备工作。

(7) 宣传文艺组:主要负责文艺宣传,鼓舞士气,活跃团队的气氛。利用活动的间隙组织文艺活动,人人参与。丰富多彩的文艺活动既可活跃气氛、消除疲劳,还可以增强队员的团队意识。

(8) 后勤保障组:主要负责团队的物资保障工作,根据活动计划的安排落实准备团队所需物资、器材。加强检查和保管,确保器材的完好和安全性。同时,负责检查、督促队员的个人物资、器材的准备情况。

(三) 队员的招募

(1) 招募队员的方式。

招募队员的方式可多种多样,没有统一的形式。主要有以下几种形式:单位的同事、同学组织的集体活动,老朋友、老熟人的相约而行,通过网络招募的队员等。由于不同方式招募的队员,在年龄、职业、兴趣、文化层次等方面都有明显的区别,因此对活动的目的和内容的要求也不一致。例如,通过网络招募的队员大多为思维比较活跃、性格外向、追求新奇的年轻人,他们大多文化层次较高,渴望在与大自然的亲密接触中体验惊险,追求刺激,挑战自我。

(2) 招募的人数。

招募的人数要根据活动的内容和难易程度,参与对象的年龄、身体状况,该项活动对基本运动技能的要求等因素进行综合考虑,以设定最佳的参加人数。如果人数过少,在遇到突发情况时会感到孤独无助。而人数太多,往往会增加组织工作的难度,甚至引起混乱。在招募队员时,一定要注意队员技能水平的搭配、男女的搭配、体力强弱的搭配,以保证队伍整体力量的平衡。

(3) 注重参与人员的基本素质。

首先是思想素质。积极向上和集体主义精神,乐于助人和坚定的意志,应该是每一名参与者应具备的最基本思想素质。志同道合,有共同的追求,有一致的兴趣,这样的团体才会更加融合,才会更有组织纪律性,才会更有战斗力,这也是保证活动成功的关键。

其次是身体素质。健康的体魄是保证活动成功的重要因素,在招募队员时应该根据不同的活动内容有重点地提出要求。尤其是对有心血管疾病,如高血压、心脏病等疾病的人员要倍加重视。对于一些身体有轻度残疾或是身体缺陷的人员,可根据活动的内容或强度分别确定。如有严重的扁平足、内(外)八字脚、拇外翻的人员,就不适应参加长距离的徒步行进活动。而在高海拔地区的活动,则应该严格控制有高血压、心脏病等心血管疾病人员参加。总的要求是报名参与者要具有合格的身体检查证明。

再次是参与者应该具有良好的心理素质。对于一些危险程度较高的运动项目,如登山、攀岩、溪降等项目就不适应有恐高症的人员参与。而心理素质差往往会加重高原反应的发展。对于心理疾病,不是通过几次培训和教育就能解决问题的。而且心理上的不稳定,或是恐惧的心理状态,有时会影响到整个队伍的情绪,甚至产生严重的后果。要明确,作为一支准备开展户外探险和野外生存的队伍,它没有为队员进行心理辅导甚至治疗的责任,它的任务只是针对活动帮助队员进行"适应性的心理调整"。因此,在招募队员时有必要对参与者进行心理测试,以保证团队的心理健康度。

(四)组织前期训练

根据活动项目和内容的安排,有针对性地组织前期训练非常有必要,是保证活动顺利进行的重要保证,只要条件允许都应组织安排。前期训练的内容通常有以下方面。

1. 团队训练

训练的目的主要是培养良好的团队精神,主要有以下方式。

(1)背摔。这项训练以12人一组为宜,两人一队面对面,双手交叉互相抓住对方手腕,5对队员相互靠拢,形成一个手臂搭起的担架。另两名队员一个负责保护,一个接受测试。在训练师的指导下,受试者站在1米高的土台或架子上,背向"担架",保持身体笔直,以双脚为轴倒向10名队员用双手搭建的担架。该训练可以培养对团队力量的信任度,对性格懦弱、孤僻、胆小的人效果更好。

(2)穿越封锁线。该项目适合较大的团队进行训练,以10~15人一组为宜。组织者先用绳子编成长6米、高2米,有大小不同网眼的不规则的网。大网眼可以让体形偏胖的人通过,小网眼只能让瘦小的人钻过。网眼的数量应该比每队参与的人数多3~5个,并设计1~2个无法通过的网眼,并在网上挂满铃铛。

训练(比赛)时每个网眼只能使用一次,无论是否成功过人,该网眼均宣布作废并用细线封闭。穿越过程中铃铛发出响声即为穿越该网眼失败,但训练可以继续进行。在相同时间里通过最多队员的一组获胜;或是全体队员穿越,用时最少的组获胜。训练可设集体奖和个人奖。

该训练最能检验一个集体是否有团队精神,因为个人奖的设立会使队员争先选择比较容易通过的大网眼,剩下的小网眼都留给体形较胖的队员,以致整队无法集体穿越成功。

(3)大挪移。本训练适合20人左右的团队训练。训练分成两组,每组发两块木板,每块木板上可站10人左右。

在地面上划出起点线和终点线（距离15米左右），在不允许任何人离开木板的前提下，从起点线到达终点线。在训练过程中，如果有一个队员下了木板就宣布这个队违规。这样在不许任何人离开木板踩到地面的情况下，必须通过齐心协力移动空木板，再有序地组织人员移动到另一块木板上，稍微不小心就会有人掉下木板。所以团队里必须有人指挥，大家必须齐心协力才能完成。

2. 耐力训练（意志力培养）

耐力训练是所有训练科目里最不受欢迎的训练方式，因为这些训练项目往往十分枯燥，没有多少技巧，也没有乐趣。但是，耐力训练是野外生存训练的重要组成部分。很多登山名将和探险家在大型活动前都要进行几个月的耐力训练，因为这种训练不仅可以增强体质，更能磨炼人的意志。

（1）干渴训练。此训练适合在没有水源的山地、沙漠进行，训练时间一般以一天为宜。早晨出发前允许受训人员喝水，然后每人发给一个水壶，水壶中的水量要相等（一般每天每人发一升水）。晚上训练结束后，规定时间统一回收水壶，检查水壶中的剩水量：水壶空者为不及格，剩下三分之一者为合格，剩下二分之一者为优秀，剩水最多者为冠军。

干渴训练可以和其他活动同时进行，但是不宜进行体力消耗过大、出汗过多的项目。整个训练过程要有专人监控，杜绝违例、犯规，并防止发生意外。训练不要在炎热的夏天进行，以免中暑。

（2）悬挂训练。把双手手指交叉握在树枝上，把整个身体悬挂起来。这是一个非常简单的训练，在野外很容易进行。关键是训练师如何指导，受训者的态度怎样。这个项目最关键的地方是在受训者即将坚持不住的时候，训练师和其他参与者如何一起进行鼓励，这个时候是最考验耐力的时候，多坚持一秒都是好的。

这是一个看起来很简单的训练，但真正做起来却非常考验人。没有耐力的人做完以后没有太大的反应，认真做的人手臂要两个小时后才能恢复正常功能。

（3）定力训练。人的皮下有许多敏感的神经末梢，并形成许多感觉小体,其中一部分在腋窝、两肋、脚心等处的感觉细胞最为敏感,此处的皮肤在受到刺激时会出现奇痒的感觉,令人难受。但是,这种感觉更多源自心理因素,远达不到生理忍受的极限。通过这种刺激,可以检验一个人的自我抑制能力。

可以让同性参与者在受训者身上挠痒并记录时间,看谁坚持的时间最长。如果受训者不愿意接受如此直接的接触方式,可采集一些草茎或草穗(禾本科草穗俗称“毛毛狗”),在受训者面部、颈部轻轻滑动,同样可以达到训练效果。

(4) 体能训练。这是一个不需要太多技术的项目,只要在训练中符合运动的生理要求,避免肌肉拉伤、脚底起疱、中暑就可以了。单纯的体能训练会很单调,可以结合一些有意义,趣味性、娱乐性相结合的方式进行。

可以根据当地野外的地形特点灵活地确定训练方式。如:冲顶比赛(找一个有一定坡度和高度的小山)、沙滩竞走(在沙滩上竞走最能锻炼脚趾和小腿的肌肉)、徒步(有意识地提前下车,把进入目的地的徒步距离加长,形成队员不得不参加的体能训练项目)等。

(五) 做好安全应急预案

任何户外探险运动都是以锻炼体魄,锤炼意志,挑战自我为目的,有些项目也带有一定的休闲、娱乐功能,而安全则是最为重要的。保证参与者的安全始终要放在最重要位置上,不容有任何松懈。因此做好安全应急保障预案显得尤为重要,主要包括以下几个方面。

(1) 检查活动计划的安全性。认真分析活动的全过程,找出可能发生安全事故的关节点,对活动计划进行优化,首先从计划安排上消除不安全的因素。

(2) 成立应对突发情况的小分队。从组织领导、人员配备、前期训练等方面重点做好应对突发事件的准备。

(3) 制定和完善安全应急预案。根据活动计划、活动地域的特点以及参与人员综合素质,设想各阶段可能发生哪些安全事故,并根据这些事故的发生制定详细的、切实可行的应对方案。预案的内容一般包括:

安全应急情况的种类、参与保障救援的人员、应急处置和救援的方法等。

（4）根据安全应急预案开展有针对性的训练。根据预案进行训练，可有效地提高团队安全防范的意识，同时在发生紧急情况时，可以从容地、有条不紊地实施应对，把不安全因素降至最低。

第二节 户外探险运动实施过程中的管理

强化户外探险运动实施过程中的管理，是确保活动按照预定计划安全、高效、有序进行的关键。作为活动的组织者，应集中精力，本着高度负责的精神，充分发挥管理团队的功能，分工负责，严格管理，杜绝一切安全隐患，确保活动顺利实施。

一、加强计划管理

强调执行计划的严肃性。计划是开展活动的依据，在户外探险活动必须严格按照活动计划有序地开展、进行。

（1）严格遵守活动时间。每天活动的起止时间，每项活动的时间把控，机动时间的合理运用，都必须严格、科学地执行，不得随意调整和修改。如果某项活动超时，应灵活地安排其他活动或利用机动时间进行调整，而不至于影响整个活动的进程。

（2）严格在规定的时间内完成规定的活动内容。作为活动的组织者，应该把工作的重点放在活动内容的完成及完成的质量上，严格按照计划安排的活动内容组织活动。对于个别确实无法全部按要求完成的内容，要认真分析原因，采取协助完成或安排替代项目的进行等弥补方法，而不应轻易放弃或自行取消。

（3）严格把握计划的严肃性和灵活性的关系。首先要强调的是计划一旦制订并得到团队的认可和通过就必须严格执行，任何人都不能随意改动。但是在户外探险活动实施的过程中,所遇到的情况是千变万化的,如天气的变化、自然灾害的发生、装备器材的损坏缺失、人员的伤病等,都会造成无法按照原定计划进行的情况。这时就要科学、合理地调整活动计划,以保证活动的延续性。要注意的是,一旦形成计划调整方案,必须经全体参与者通过方可施行。对于组织者来说,切不可自作主张,擅自作出决定。

二、加强思想教育管理

强有力的思想教育工作是户外探险运动能否顺利进行的重要保证,必须贯穿于活动的全过程。活动的组织者和团队的骨干不但是运动技能的强者,同时也应该是进行思想教育工作的能手。

(1) 强化风险困难教育,增强完成活动任务的信心。要实事求是地把活动中可能会遇到的风险、困难等不利因素如实地告知全体参与人员。组织大家认真分析产生风险的原因和可能出现的困难。共同商讨克服困难的手段、消除不安全因素的途径、战胜风险的方法。教育中,要充分调动团队正能量,强化团队意识,倡导集体主义精神。创造一个不怕困难,勇于吃苦,齐心协力,团结互助,斗志昂扬的战斗群体。

(2) 要有针对性地开展思想教育和帮护工作。由于户外探险运动本身具有的特殊性,使得在活动过程中随时会发生一些预想不到的新情况、新问题、新矛盾。如过度疲劳产生的思想波动、因伤病而引发的负面情绪、面对危险的高度紧张、面对困难产生的退缩、生命安全受到威胁时的心理崩溃等。这时,思想工作必须紧跟情况的变化,有针对性地、及时地开展。思想工作要细致,要从思想上解决问题,树立战胜困难、危险和伤病的信心。在生活上要关心、体贴,切实帮助参与人员解决实际问题。

(3) 要注重突发事件发生时的思想工作。有一些活动时间跨度长,地域跨度大。有些地区气象条件多变,地质构造复杂、稳定性差。因此在活动中经常会遇到突发性的气象、地质灾害。如突发洪水、泥石流、滑坡、塌方等。有些活动途经复杂地形,如悬崖峭壁、险路陡坡、无人区、高海拔地区等。当上述情况出现时,很容易发生群体性的恐慌、情绪低落,丧失完成活动任务信心的现象。这时,往往是考验组织者思想工作水平和能力的关键时刻。要采取集体动员和个别教育疏导相结合的方式进行教育,要充分发挥团队骨干的作用,采用不同的教育方式,消除大家的思想顾虑,树立克服困难,战胜险阻的信心。尽最大的努力遏制负面情绪的蔓延,迅速恢复团队的自信心和活力,保证活动的顺利进行。

三、加强户外探险活动中几个关键环节的管理

(一) 营地管理

(1) 健全管理队伍,落实管理制度。必须组建完善的营地管理队伍,明确营地纪律,配备必要的防卫、应急设备。对队员进行必要的技能培训,提高应对突发事件的能力。建立营地安全防范措施、突发事案件的应急方案,落实通宵执勤、巡逻值班制度。

(2) 搭建的帐篷进出口必须处于关闭状态。要养成良好的习惯,收营收帐、进出帐篷时要及时顺手把帐篷口的拉链拉闭好,这样可以防止蚊虫等小动物飞、爬进帐篷里骚扰、影响人员的休息和睡眠。很多情况下,在扎营时有的队员喜欢打开帐篷门聊天,这样半夜经常会被小动物骚扰而起来抓、拍,从而影响自己和其他队员的休息。

(3) 进帐篷休息时装备必须摆放有序:把登山、徒步鞋的鞋尖向外摆放好,除夜晚露营需要的睡袋、枕头等物品外,其他物品必须收拾整齐放在背包里,摆放在帐篷出口的外帐帐檐里。这样,如果夜间有紧急情况发生,起来就能顺脚穿上鞋子,背起背包就走。

(4) 进帐睡觉前养成良好的习惯,把头灯放在身边随手可取的位置,应急用的刀具压在枕头底下。这样如果晚上有应急情况发生,就可以迅速带上头灯、握着应急刀具冲出帐篷,帐篷打不开时可以用刀具迅速割开帐篷。

(5) 严格按照团队安排的作息时间执勤和休息,在晚上开始休息的时间至第二天起床收营的时间内,禁止在营区大声交谈和打闹,以免影响其他队友的正常休息。

(6) 晚上换班、换岗(包括夜间执勤交班),在没有轻声唤醒帐篷内

休息的队友前,不允许拉开队友的帐篷,以免惊扰里面的队友,使其误以为有人或者有猛兽偷袭而用刀误伤,导致意外发生。

(7) 原则上同住在一个帐篷里的队员应尽量安排在同一时间段里执勤或巡逻,以避免夜里交接班时因唤醒接班队员而影响其他队员的休息。

(8) 原则上把能力比较弱的队员安排在帐篷区的中心位置,如果在露营条件比较差或者安全系数相对较低的危险地点扎营时,应根据队员能力强弱搭配,结成帮护对子,合理安排帐篷的位置。这样,万一夜间有意外情况发生,可以及时相互照应。

(二) 装备管理

一个户外探险运动的团队根据活动内容的不同,会涉及很多个人装备和团队装备。个人装备事关个人利益,其责任十分明确,通常不会出现丢失和损坏的情况。而团队装备涉及每一个团队成员,如果丢失或者损坏将影响到整个活动能否正常进行,影响到每一个参与活动的人,因此团队装备的管理同样十分重要。

团队装备根据活动内容的不同而各有不同,通常包括多人用帐篷、绳索、安全带、下降器、上升器、安全帽、救生圈、炊具、脱困板、拖车绳等。对团队装备的管理要特别小心谨慎。

首先是分配任务。如帐篷、绳索等,应由几个人共同保管。具体可落实到个人,使大家清楚地知道谁在保管帐篷、谁保管绳索。通常团队装备必须交由成熟、稳重、可靠的队员保管。装备管理负责人必须定时检查团队装备的保管情况,除了保证所保管的装备安全无隐患外,还要确保装备一直保持良好的性能状态,以保障活动顺利展开,并维持到活动结束。团队装备中有一定危险性的,如小刀、火柴、斧头、锯子等,这类工具一定要由可靠的人专门保管。

其次是存放的位置。团队装备应尽量集中存放,必要时可适当分开放置,以便于管理和取用。如帐篷甲专门用于存放炊具(炉具、锅、水壶),而绳索、安全帽、安全带等开展活动的必备装备则存放于帐篷乙。下降器、上升器、钩环、快挂、扁带等小型但特别重要的物件则需用专门的小包放置。建议将各种急用和非急用物品按其各自的功能分门别类地放置,以便于日常使用。而有些物品则需要分开放置,以免发生危险,如炉具不再使用时,炉子与燃料瓶应该分开存放。

团队的装备应随时检修整理与保养维护。户外装备大都比较昂贵,而且关系到每一个参加者的生命安全。因此,要保持各种装备性能良好,就应该适时对其进行检修整理和保养维护。

使用前。尽管这些装备都会进行日常的检修和保养,但每次使用前仍需对其进行细致的检查。因为,户外探险活动通常要经过长距离的旅行才能到达目的地,在运输过程中有些装备可能会损坏。

使用中。无论质量多么可靠,户外运动装备都是有其使用寿命的,更何况大多数装备在违规使用时会提前结束使用寿命。比如,一个人数众多的团队高频率地使用岩降绳索,应该在使用过程中随时对其进行检查。

使用后。在活动结束返回营地后,要对装备数量进行清点,并认真进行保养。比如,帐篷破洞在下次使用前要补好;在通风环境下将炉具擦拭干净并确保其阀门关紧;将手持电台电源关闭,并取下电池分别存放;背包应存放在仓库的通风处等。

(三) 食品管理

1. 制订合理的饮食计划

参加户外探险运动,必备食品应具有以下特点:体积小易包装,重量轻易携带,易储存不易变质。具有高热量、高蛋白、高维生素,容易消化,味道可口,方便烹调。但不是所有的食品都满足以上的要求,因此在出发前要制订科学、完善的计划。制订食品计划的首要内容是数量,其次因户外运动体能消耗大,还必须考虑到食品的营养。

(1) 数量。绝大多数的食品是按照人头计算的,少数食品如咸菜、果汁、果酱、咖啡等则可以按组分发。

(2) 营养。在户外运动中,因四处奔波和体力消耗,如果膳食营养补充不合理,则会引起疲劳,导致身体出现不健康的症状,这就违背了户外运动的初衷。因此,除了保证队员充足的睡眠之外,膳食的合理安排和高质量的营养食品的及时补充也是非常重要的。

合理的营养首先来源于合理的饮食,即全面、平衡、适量的饮食。户外运动过程中,经常会打乱饮食规律,但要尽量做到定时定量,不要暴饮暴食,否则会造成消化功能紊乱,以及营养缺乏或者不平衡。户外活动中每次饮食的数量、时间等都要尽量保持个人平时的规律,不要饥一顿饱一顿或者食用寒凉食物。

经常从事户外活动的人员,对营养的要求有一定的特殊性,主要从以下几个方面考虑:

第一,能量和糖的补充。糖(主要指碳水化合物)在户外活动中是非常重要的物质,人体内的糖是满足日常活动能量供给最主要、最直接的来源。提前(活动前)补充糖分可以增加体内糖原储备和血糖来源;活动中补糖可以保持和提高血糖水平,延长户外活动的时间;运动后补糖可以加速体能恢复,迅速消除户外活动引起的疲劳。

糖的种类很多,合理、正确地补充糖,可以起到事半功倍的效果。葡萄糖是人体吸收最快的糖,因此含有葡萄糖的饮料易于与水果等含有果糖的食物共同食用。户外活动时,身体状态很重要,某些专业运动饮料中含有的低聚糖能为人体提供快速的糖补充,还不容易引起腹胀,并且口感清爽,很适合在户外活动中使用。淀粉类食物(如饼干、面包、烧饼等)除了含有多种糖分外,还含有维生素、无机盐、纤维素,可以在户外活动后的饮食中增加一些。但对于以减肥为目的的人来说,要适当控制活动前和活动中的糖补充。

第二,蛋白质的补充。在进行户外活动时,人体需要消耗很大的能量,所以应该准备一些蛋白质含量较高的便于携带的食品,如鸡蛋、火腿肠、肉松、牛肉干、牛奶等。研究资料显示,每天补充25克蛋白粉可以显著增强体质,如能加在饮料或牛奶中效果会更好。

第三,适当补充矿物质和维生素。人体在进行户外活动时,体内的矿物质和维生素会随着体内水分的流失和蒸发而减少。体内矿物质和维生素缺乏会导致机体的机能紊乱。合理的膳食搭配是补充矿物质、维生素的主要途径。所以在进行户外活动时,多样化的食品搭配是非常重要的。一些专门针对户外活动开发设计的合成制剂就充分考虑到健身人群的特殊需要和身体中各种矿物质、维生素的实际情况，做到有针对性地补充，避免了因使用普通产品造成的“补的不缺，缺的不补”的情况。

第四，补充水分。户外活动中因为出汗等会造成体内水分的大量流失，当人体感到口渴时，丢失的水分已经达到其体重的3%，处于轻度脱水状态，所以应提倡预防性补水。而短时间大量的补水会造成恶心和尿频现象，这样会影响户外活动的正常进行。正确的补水方法是“少量多次”，尽量避免补充纯水，应该将补水和补糖、补矿物质结合起来，单纯的补充纯水会进一步加重体内电解质的紊乱。

2. 储存的方法和在营地储存位置

户外活动使人大量消耗能量，因此合理地、高质量地补充营养，不仅能使参与者在大自然中尽情地投入，又能使之快速地从疲劳中恢复，保持充沛的体能，充分享受户外活动带给人们的各种乐趣。个人的食物通常用防水性能较好的塑料袋装好，放置在行囊的中上部，既可防止被其他物品压坏，又便于取出食用。集体食品在营地中应放置在专门的帐篷中，并指定专人负责看管。如果在野外露营，团队食品则是夜间执勤看护的重要目标，应加强巡逻警戒，以防止被野生动物偷食。

3. 一天食品使用的大致安排

(1) 用餐时间：

早餐，一般安排在出发前一小时；

中餐，随时补充（或集体用餐）；

晚餐，一般安排在睡觉前两小时。

(2) 户外活动的补水：

不要在感到口渴时才想起喝水；

在活动中应随时补水；

途中有水源可补充时，应减少水的携带量以减轻负重；

如需携带盛水容器，应尽量加满水；

不同的饮品有不同的营养功效，所以应携带多种类型的饮品（如冲剂、矿泉水、运动饮料等）。

第三节　户外探险活动中突发情况的处置

在户外探险活动中，由于受时间、地点、环境、气象、地质条件等因素的影响，经常会遇到突发的紧急情况。有自然因素造成的，有野生动物造成的，还有因人为因素导致的。本节重点就自然因素造成的突发情况及处置方法进行介绍。

作为活动的组织者，在组织活动时，应周密分析活动地区的气象、地理、地质等情况，认真了解活动区域内是否有灾害性天气发生记录和规律。如果在地质结构比较复杂、脆弱的地区开展活动，要详细了解地质灾害发生的主要原因，近期是否有发生的可能性和概率。同时，要主动学习和掌握一定的气象、地理、地质方面的知识。必要时，应有重点地组织全体队员进行学习，以增强大家主动应对和预防自然灾害的信心和能力。

一、洪水

洪水是由暴雨、急骤融冰化雪、风暴潮等自然因素引起的江河湖海水量迅速增加、水位迅猛上涨的水流现象。中国是一个水灾频发国家，每年因灾造成大量财产损失与人员伤亡，在户外探险活动中，山洪成为造成群体伤害的第一因素。（图 9-1）因此了解山洪的发生规律，掌握遇到山洪时的应对方法显得尤为重要。

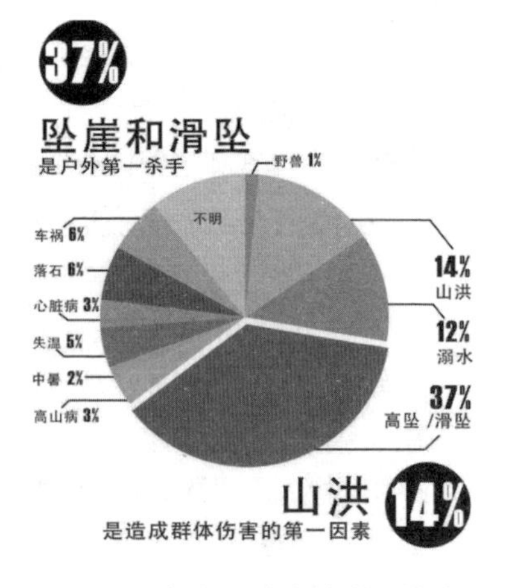

图 9-1　户外运动中的常见伤害

（1）掌握活动区域及其附近地

区的气象信息,重点了解是否有较长时间的降雨或短时间强降雨的情况,包括降雨量。了解气象信息至少从开始活动的两三天之前开始。根据掌握的信息,认真分析发生洪水灾害的可能性。

(2) 在山区活动时,要密切注意小溪、河流上游方向的气象情况。如果上游方向出现乌云密布、雷电现象时,预示着有下雨的迹象,要迅速做好预防山洪发生的准备。

(3) 如果发现原来清澈、水流平缓的小溪、河流,突然水流开始加大、水流湍急、混浊,并夹带泥沙时,就是山洪暴发的先兆,应迅速向河道两侧的高地转移,远离河道。

(4) 如果不慎掉入湍急的河水里,应紧抱和抓住河道中或岸边的大石块、树干或藤蔓,设法爬回岸边等待救援。不应低估山洪暴发的威力和速度,小溪的流水往往由于上游急降大雨,雨水急涌而下,于数分钟内演变成巨大的山洪,如此时站在溪中,极易被洪水冲走,引发伤亡事故。

因此,在开展户外探险活动中,除非是有准备的溯溪活动,否则不要沿溪涧河道远足。夏天雨季,或是暴雨后切勿涉足溪涧。不要逗留在河道边休息,尤其是在下游。开始下雨时应迅速离开河道,往两岸高地走,切勿尝试蹚过已被洪水漫过的桥梁。

二、泥石流

泥石流是暴雨、洪水将含有沙石且松软的土质山体饱和稀释后形成的洪流,它的面积、体积和流量都较大,而滑坡是经稀释后山体小面积的崩塌。泥石流流动的全过程一般只有几个小时,短的只有几分钟,是一种广泛分布于一些具有特殊地形、地貌状况地区的自然灾害。泥石流大多伴随山区洪水而发生。通常泥石流暴发突然、来势凶猛,携带巨大的石块。因其高速前进,具有强大的能量,因而破坏性极大。在山区开展户外探险活动时,尤其要引起高度重视。

雨天不要在沟谷中长时间停留;一旦听到上游传来异常声响,应迅速向两岸上坡方向逃离。雨季穿越沟谷时,先要仔细观察,确认安全后再快速通过。山区降雨普遍具有局部性特点,沟谷下游是晴天,沟谷上游不一定也是晴天,“一山分四季,十里不同天”就是群众对山区气候变化无常的生动描述,即使在雨季的晴天,同样也要提防泥石流灾害。

沿山谷徒步行走时,一旦遭遇大雨,发现山谷有异常的声音或听到警报时,一定要设法到开阔地带,尽可能防止发生泥石流后被埋压。要立即向坚固的高地或泥石流的旁侧山坡跑去,不要在谷地停留。要迅速向与泥石流成垂直方向一边的山坡上面爬,爬得越高越好,跑得越快越好,绝对不能向泥石流的流动方向走。发生山体滑坡时,同样要向垂直于滑坡的方向逃生。

三、沼泽和流沙

在湿地开展户外活动,不论在高地还是低地,都有可能遇到危险的沼泽,不小心掉进去,很有可能造成生命危险。要学会识别危险的泥潭。

泥潭一般在沼泽或潮湿松软泥泞的荒野地带。看见寸草不生的黑色平地,就更要小心了。同时,应留意青色的泥炭藓沼泽。有时,水苔藓满布泥沼,表面像地毯一样,但这是最危险的陷阱。

如非要走过满布泥潭的地方,应沿着有树木生长的高地走,或踩在石楠草丛上,因为树木和石楠都长在硬地上。如不能确定走哪条路,可向前投下几块大石,试试地面是否坚硬;或用力跺脚,假如地面颤动,很可能是泥潭,应绕道而行。

万一陷入沼泽,自救的方法与身陷流沙时的情形是一样的:不要挣扎,应采取平卧姿势,尽量扩大身体与泥潭的接触面积,可先将一条腿拔出泥潭,然后使另一条腿脱困,再慢慢游动到安全地带而脱险。

要在广阔的沼泽地维持生命,最大的威胁是潮湿寒冷的天气。若弄湿了衣服,又暴露在寒风之中,就会很容易冻坏造成失温。应尽快寻找能够躲避风雨的地方,如树林、矮树丛、洞穴、岩石、堤岩等。沼泽地上的羊圈、牛棚也是避风的好地点。

四、沙尘暴

沙尘暴是指强风将地面尘沙吹起使空气很混浊,水平能见度小于1

公里的天气现象。沙尘暴是风蚀荒漠化中的一种天气现象，它的形成受自然因素和人类活动因素的共同影响。自然因素包括大风、降水减少及沙源。沙尘暴天气主要发生在冬、春季节，这是由于冬、春季节半干旱和干旱区降水甚少，地表极其干燥松散，抗风蚀能力很弱，当有大风刮过时，就会有大量沙尘被卷入空中，形成沙尘暴天气。

（一）沙尘暴的特征

（1）风沙墙耸立。大陆强沙尘暴多从西北方向或西部推移过来，也有少数从东部推移过来。几乎所有的沙尘暴来临时，我们都可以看到远方风刮来的方向上有黑色或深黄的风沙墙快速地移动着，越来越近、越来越高。远看风沙墙高耸如山，极像一道城墙，是沙尘暴到来的前锋。

（2）满天昏黑。强沙尘暴发生时通常会刮起 8 级以上大风，风力非常大，能将石头和沙土卷起。随着飞到空中的沙尘越来越多，浓密的沙尘铺天盖地，遮住了阳光，使人在一段时间内看不见任何东西，就像在夜晚一样。

（3）翻滚冲腾。刮黑风时，靠近地面的空气很不稳定，下面受热的空气向上升，周围的空气流过来补充，以至于空气携带大量沙尘上下翻滚不息，形成无数大小不一的沙尘团在空中交汇冲腾。

（4）颜色多变。风沙墙的上层常显黄至红色，中层呈灰黑色，下层为黑色。上层发黄、发红是由于上层的沙尘稀薄，颗粒细，阳光几乎能穿过沙尘射下来之故。而下层沙尘浓度大，颗粒粗，阳光几乎全被沙尘吸收或散射，所以发黑。风沙墙移过之地，天色时亮时暗，不断变化。这是光线穿过厚薄不一、浓稀也不一致的沙尘带时所造成的。

（二）遭遇沙尘暴时的防护

沙尘暴中大量的细微的沙尘，会对人体的呼吸道、眼睛等器官会造成伤害，因此在户外活动遇到沙尘暴时要及时做好防护工作。主要应做到以下方面。

（1）寻找避风处：当发现沙尘暴已经生成并正在接近时，要迅速观察四周寻找避风的地方，如有避风处，立刻前去躲避。

（2）卧倒遮脸：当沙尘暴已经到达或周围没有避风处时，应立即卧倒，戴上口罩。如果您没有口罩，可在鼻子和嘴巴周围缠上一条手帕或其他布块，衬衫袖子或中等大小的床单效果很好。如果有水，把它弄湿一点。在鼻孔内侧涂抹少量凡士林，以防止黏膜干燥。

（3）保护眼睛：眼镜对灰尘或沙子的防护作用很小，但密封护目镜效果很好。如果没有护目镜，手臂遮住脸，然后用一块布紧紧包住头，保护眼睛和耳朵。若有沙尘进入眼睛，切忌用手搓揉，应尽快用随身携带的清水冲洗。

（4）寻找庇护场所：即使是停着的汽车也可以，如果没有庇护所，躲在一块巨大的岩石后面。如果无法躲避，也可以蹲下，最大限度地减少被大风吹起而在空中飞行的石块等物体击中的机会。不要在沙尘暴里奔跑，这样会加大呼吸力度，吸入更多的沙尘。应面部朝下，等待沙尘暴过去。

五、雷击

雷击，指打雷时电流通过人、畜、树木、建筑物等而造成的杀伤或破坏。雷电对人体的伤害，有电流的直接作用和超压或动力作用，以及高温作用。当人遭受雷电击的一瞬间，电流迅速通过人体，重者可导致心跳、呼吸停止，脑组织缺氧，从而导致死亡。另外，雷击时产生的火花，也会造成不同程度的皮肤烧灼伤。雷电击伤，亦可使人体出现树枝状雷击纹，导致表皮剥脱、皮内出血，也能造成耳鼓膜或内脏破裂等。此外，雷电还可能给建筑物、电力系统等带来破坏。

（一）在开展户外活动遇到雷雨天气时，应及时做好防护工作

（1）为防止雷击事故和跨步电压伤人，应远离建筑物的避雷针及其接地引下线，尽快离开铁丝网、金属晒衣绳。

（2）要远离孤立的大树、高塔、电线杆、广告牌、烟囱、旗杆等物体。

（3）应尽量离开海滨、河边，立即停止室外游泳、划船、钓鱼等水上

活动。

(4) 雷雨天气尽量不要在雷雨中行走,如有急事需要赶路,要穿塑料等不透水的雨衣;要走慢点、步子小点;不要骑在牲畜背上、不要骑自行车;不要使用金属杆的雨伞,不要把带有金属杆的工具如铁锹、锄头等扛在肩上。

(二) 遭遇雷击的救治方法

人在遭受雷击前,会突然有头发竖起或皮肤颤动的感觉,这时应立刻躺倒在地上,或选择在低洼处蹲下。双脚并拢,双手抱膝,头部下俯,尽量缩小身体的暴露面。一旦遭遇雷击,人体会出现以下症状:皮肤被烧焦、鼓膜或内脏被震裂、心室颤动、心跳停止、呼吸麻痹。这时要立即进行救治。

(1) 伤者就地平卧,松解衣扣、乳罩、腰带等。

(2) 立即进行胸外挤压和口对口呼吸,坚持到伤者醒来为止。

(3) 用手指点压或针刺人中、十宣、涌泉、命门等穴位。

(4) 送医院急救。

六、滑坠

滑坠发生的基本原因是山陡路滑,主要是自然的地形和冰雪状况引发滑坠,但另一方面滑坠大多数均有人为的因素。人为因素主要是指技术装备的不安全、不齐全和登山技术不过硬、操作失误。安全的装备一般应包括两个因素:一是装备符合规格达到安全要求;二是必须正确使用,尤其是现代登山,装备越来越精密,对于技术装备的使用逐渐成为一门学问。

从滑坠原因分析,安全保护装备使用不当大致有以下几种可能:一是应该结组通过的路段没有进行结组;二是结组中个人技术参差不齐,保护操作不正确,有人起不到保护作用。

发生滑坠,不要惊慌,要冷静地观察滑坠的路线及周围的环境和滑坠人员的伤情,是否有人员出现大出血或骨折的情况。尽量将受伤者搬至安全地带,不能搬移者应原地等待。如有大出血现象应首先止血,并用通信工具求救或让同行者帮忙发出信息,直到救援者到来。

七、雪崩

当山坡积雪,内部的内聚力抗拒不了它所受到的重力拉引时,便向下滑动,引起大量雪体崩塌,人们把这种自然现象称作雪崩。

雪崩具有突然性、运动速度快、破坏力大等特点。雪崩首先从覆盖着白雪的山坡上部开始。先是出现一条裂缝,接着,巨大的雪体开始滑动。雪体在向下滑动的过程中,迅速获得速度,向山下冲去。崩塌时速度可以达 20 ~ 30 米/秒,随着雪体的不断下降,速度也会突飞猛涨,最快可接近 100 米/秒。它能摧毁大片森林,掩埋房舍、交通线路、通信设施和车辆,甚至能堵截河流,发生临时性的涨水,同时,它还能引起山体滑坡、山崩和泥石流等可怕的自然现象。因此,雪崩被人们认为是积雪山区的一种严重自然灾害,是在山区雪地开展户外探险运动的主要威胁。

人们可能察觉不到,其实在雪山上一直都进行着一种较量:重力一定要将雪向下拉,而积雪的内聚力却希望能把雪留在原地。当这种较量达到高潮的时候,哪怕是一点点外界的力量,比如动物的奔跑、滚落的石块、刮风、轻微的震动,甚至在山谷中大喊一声,只要压力超过了将雪粒凝结成团的内聚力,就足以引发一场灾难性雪崩。因此,雪崩在很大程度上还是取决于人类活动。滑雪、徒步旅行或其他冬季运动爱好者经常会在不经意间成为雪崩的导火索。而人被雪堆掩埋后,如果半个小时不能获救,生还希望就很渺茫了。

(一)在山区雪地活动的注意事项

(1)探险者应避免走雪崩区。实在无法避免时,应采取横穿路线,切不可顺着雪崩槽攀登。在横穿时要以最快的速度走过,并设立专门的瞭望哨紧盯雪崩可能发生的区域,一有雪崩迹象或已发生雪崩要大声警告,以便赶紧采取自救措施。

(2)大雪刚过,或连续下几场雪后切勿上山。此时,新下的雪或上层的积雪很不牢固,稍有扰动都足以触发雪崩。如必须穿越雪崩区,应在上午 10 时以后再穿越。因此时太阳已照射雪山一段时间,若有雪崩发生也多在此时以前，这样也可以减少危险。天气时冷时暖，天气转晴，或春天开始融雪时，积雪变得很不稳固，都很容易发生雪崩。

（3）不要在陡坡上活动。因为雪崩通常是向下移动，在超过30°的斜坡上即可发生雪崩。高山探险时，无论是选择登山路线或营地，应尽量避免背风坡。因为背风坡容易积累从迎风坡吹来的积雪，也容易发生雪崩。

（4）行进时如有可能应尽量走山脊线，走在山体最高处。在选择行进路线或营地时，要警惕所选择的平地。因为在陡峻的高山区，雪崩堆积区最容易表现为相对平坦之地。如必须穿越斜坡地带，切勿单独行动，也不要挤在一起行动，应一个接一个地走，后一个出发的人应与前一个保持一段可观察到的安全距离。

（5）注意雪崩的先兆，例如冰雪破裂声或低沉的轰鸣声，雪球下滚或仰望山上见有云状的灰白尘埃。雪崩经过的道路，可依据峭壁、比较光滑的地带或极少有树的山坡的断层等地形特征辨认出来。

（6）在高山雪地行进和休息时，不要大声说话，以减少因空气震动而触发雪崩。行进中最好每一个队员身上系一根红布条，遭雪崩时易于被发现。

（二）急救措施

（1）一旦发现有雪崩发生的迹象，应迅速判断当时的形势并做出判断，不论发生哪一种情况，迅速远离雪崩的路线。一般向两边跑较为安全，这样可以避开雪崩的路线，或者能跑到较高的地方。

（2）抛弃身上所有笨重物品，如背包、滑雪板、滑雪杖等。带着这些物品，倘若陷在雪中，活动起来会显得更加困难。切勿用滑雪的办法逃生。不过，如处于雪崩路线的边缘，则可快跑逃出险境。

（3）如雪崩面积很大，且离得很近无法摆脱时，可就近找一掩体，如岩石等躲在其后。可抓紧山坡旁任何稳固的东西，如矗立的岩石之类。在无任何物可依时，身体前倾，双手捂脸以免冰雪涌入咽喉和肺引发窒息。

（4）如果被雪崩冲下山坡，要尽力爬上雪堆表面，平躺，用爬行姿势在雪崩面的底部活动，休息时尽可能在身边造一个大的洞穴。在雪凝固前，试着到达表面。

（5）节省力气，当听到有人来时大声呼叫。同时以俯泳、仰泳的姿势或狗爬法逆流而上，逃向雪流的边缘。

（6）被雪掩埋时，要冷静下来。让口水流出从而判断上下方，然后奋力向上挖掘。逆流而上时，也许要用双手挡住石头和冰块，但一定要设法爬上雪堆表面。如果不能从雪堆中爬出，要减少活动，放慢呼吸，节省体能。据奥地利因斯布鲁克大学最新研究报告，75%的人在被雪埋后35分钟死亡，被埋130分钟后获救成功的只有3%。所以要尽可能自救，冲出雪层。

第四节　户外探险运动的风险与法律责任

户外探险运动因其项目本身的刺激性，挑战自我极限的特殊性，受到广大青年的追捧，参与的人数迅速增长。根据有关方面的统计，至2021年年底全国参与户外运动的人数达1.6亿人次，其中6千余万人参与到较为专业的探险活动中，并以每年10%的速度增长。由于该项运动所具有的高风险性，加上许多运动项目在我国的起步较晚，在法律制度、组织管理、训练水平、装备保障等方面还处于起步发展阶段。这种参与人数激增、运动水平低下与管理保障体系滞后的现状，导致各类伤亡事故频发。目前，国家正不断完善和健全相关政策和法律制度，各级政府也逐步加强对户外探险运动的管理，加强规范和引导，以保证户外探险运动健康有序的发展。

一、户外探险运动的风险类型

（一）从组织管理的风险分类

1. 组织者的风险

组织者或领队管理水平的高低是户外探险运动成败的关键。如果是民间自行组织的活动，组织者（不论是集体推荐的还是主动承担的）都应具有优秀的户外运动技能和组织管理能力。户外俱乐部或网站必须具备合法的资质，成功组织多次活动的案例。从近年不断发生的户外运动伤亡事故案例看，大多是因为组织者自身的水平和能力低下，无法驾驭活动中突发的各种情况。一些户外机构缺乏合法的资质，缺乏组织管理经验，一旦发生险情无从应对。

2. 参与者的风险

户外运动参与者综合素质的高低决定了该活动风险度的高低。如果在队员招募阶段不认真严格把关，一些思想道德素质差、缺乏组织纪律性、毫无户外运动技能和经验、心理素质低下、身体上有不适合户外探险运动的疾病的人员进入团队，将直接加大活动的风险。

3. 人文环境的风险

户外探险活动所涉及的地域广泛，经常会进入少数民族地区开展活动。如果组织者不了解当地民族习俗，在活动须知中没有重点说明。而有的参与者不尊重当地的风俗政策，加上语言沟通、感情交流等方面存在的问题，很容易引发矛盾，甚至导致冲突。有些活动地区位于数省交界地，管理相对松散，这些地区往往治安情况较差，极易发生安全、治安事故。

（二）从致害因素来源分类

1. 自然力致害风险

自然力致害风险包括气象灾害、地质灾害、野生动物攻击造成的伤害。这是户外探险致害最常见、最多发、最不可准确预见的突发侵害。如雷击致害、雪崩致害、山洪致害、坠崖致害、毒蛇咬伤、野兽致害等。

2. 人为致害风险

活动的组织者、参加者因故意或过失过错所造成的危害，包括对自身或他人造成的危害。如恶作剧使他人跌伤，开玩笑不当致对方遭到伤害、过涧跳跃过猛将其他人碰倒致伤，自己失稳跌坠伤等。

3. 第三方致害风险

活动组织者、参加者以外的人或事件所造成的危害。如活动过程中因交通、住宿、饮食、向导、人畜纷争等由第三方原因造成的危害。如包车事故伤亡、饮食不洁致病、过村穿寨被狗咬伤等。为防止此类风险的发生,作为户外探险活动的参与者应尽量做到以下方面:

(1)不要单独上路,尽量结伴而行,不做“独行侠”;

(2)不要带过多的现金和贵重物品,在外不要“露富”;

(3)不要跟陌生人去偏僻的地方,遇到歹徒以保全生命为第一原则;

(4)如必须与陌生人结伴时,问清对方的身份,把信息发给亲人、朋友备案,让对方有所忌讳;

(5)入乡随俗,不与当地人发生冲突。

(三)从致害性质分类

1. 内在致害风险(或称首要致害风险)

内在致害风险指探险活动本身潜在的、可预见或所特有的、固有的致害风险。包括了自然力及部分人为的风险。不同的探险项目有其不同的内在致害风险。如在登极高雪山中,大雪、大风、冰雹、雪崩、严寒、滑坠、高反病、致盲、失温、虚脱、迷失、导向失误、气象预报失误、救援失败等都属于内在风险;在峡谷激流漂流中,山洪、覆舟、撞岩、溺水、失踪、失温、虚脱、舟友错误判断或操控失误导致两舟相撞、救援失败等均属内在风险。

2. 外来致害风险(或称次要致害风险)

外来致害风险指内在致害风险之外的、由他人外加带来的风险。如漂流中舟艇提供者提供了漏气舟艇,登山协作方提供了漏气的气瓶,溯溪中领队使用了有断裂的扁带,出租方提供了有断裂隐患的登山索具等。

3. 意外致害风险

意外致害风险指不在内在和外来致害风险之内的,突发的、根本不能合理预见的致害风险。如岩降时突然石缝里蹿出一条蛇,被惊吓松开绳索而坠落撞伤。

户外探险的风险主要就是上述几种,其中很多都是不可抗拒、无法预测的危害。针对户外探险的高风险性，在出发前需做好各项安全保障工作，而购买户外运动保险是探险者转移风险的有效手段。

二、在户外探险运动中法律责任的主体及应承担的义务

（一）户外探险运动中法律责任的主体

这里所说的法律责任，是指不同活动主体在承担法律责任时的具体划分。就目前社会上开展的户外探险活动的情况看，主要有以下几种。

1. 单个人

单个人即所谓的“独行侠”，不从属任何团队和组织。独来独往，不受任何约束，风险及责任自负。

2. 自然人组合

自然人组合分为非营利性组合和营利性组合。

（1）非营利性组合也就是通常所说的AA制自助组合，即由两个以上的自然人按照“费用大伙平摊、任务自助完成、风险责任自负”规则自愿组成的活动组合。

（2）营利性组合就是以个人（一个或者多个人）为活动发起人或组织者，事先公示在活动公共费用之外再向参加者另外收取其他费用，或者约定收取定额款项并不进行结算的组合，例如收取领队费、组织费、器材使用费，或者由参加者分摊领队公摊费，以及定额收费不退补的方式形成的组合。

3. 经营性组合

经营性组合即由经营性法人或社团组织如户外用品商店、运动用品销售商、户外运动俱乐部、经营性户外网站等为发起人、组织者，公开向不特定相对人召集活动形成的组合。经营性组合包括定额收费或者不定额收费两种情形，不管最终是否盈亏。

4. 争议性组合

这种类型的组织形式其性质是有一定争议的。常见的有以下几种。

（1）经营性户外网站不以网站自己的名义，而是以其授权或者委任

的版主的个人名义向不特定相对人发起的户外活动。

(2) 经营性户外俱乐部不以俱乐部名义,而是以与其有聘用、挂靠关系的人的个人名义到各个网站、论坛上发帖召集活动(网上钓鱼),实际上由俱乐部策划实施活动。

(3) 有商品广告收益(有外挂广告代理或者虚待广告位)的户外活动QQ群群主以个人名义向"群众"发起的户外活动。这种类型的组织活动,虽然其收费不一定都具有营利性,甚至有的还具有公益性,但在法理上,这类形式的组合因涉嫌经营或营利,或者具有实际或潜在商业利益。如为了聚集潜在消费人气,宣传网站或某一品牌户外用品,一般会推定为具有商业目的的组织活动。除非发起人能够提供足够可信的证据证明自己与网站之间、与俱乐部之间、与广告商之间没有任何形式的利益关系。实际上这种自证是非常困难的,包括证据采集困难、与出证人的利害关联性、证据的单一性等,很难让法官采信。

所以,大家在今后参加户外活动时,首先要分清法律责任的主体,再根据自身的实际情况做出选择。而不同的法律责任主体,其组织活动的安全性是有很大差别的。(图9-2)

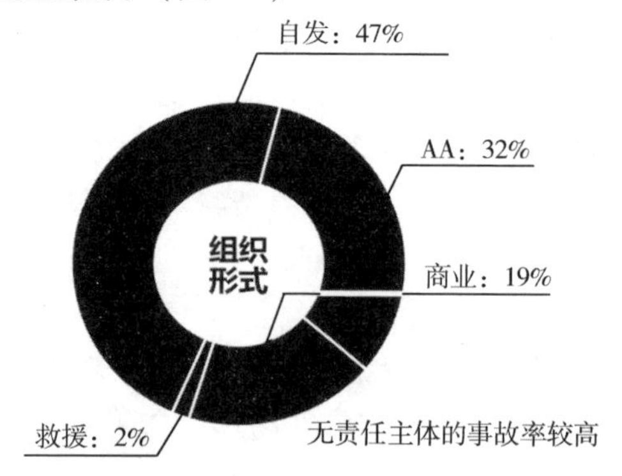

图9-2　不同法律责任主体事故率

(二) 不同法律责任主体应承担的义务

(1) 单个人进行的户外探险活动。个人自行开展户外探险活动,其责任承担的原则是风险自担。就是已经知道有风险,而且自己愿意冒风险,那么发生风险的时候,应当自己承担责任,负担损害。因此作为个人在开展户外探险活动时,应充分了解和认识活动的危险性,事先做好承担责任的约定,最好的办法就是事先投保。只有这样,才能在发生危险造成损害时有适当的救济方法。

(2)非营利性户外探险运动。在非营利性户外探险运动中组织者应如实向参与者进行必要的风险提示,告知风险的程度。参与者作为民事行为能力人,应知晓该项活动的风险,对自身的行为负责。如发生意外,是因为组织者的错误指挥而导致参与者受到伤害的,则组织者应该按照侵权原则对参与者受到的伤害承担责任。如果不是组织者的原因,而是其他原因,参与者作为完全民事行为能力人,在诉讼时,法官则会根据《民法典》中的“自甘风险原则”进行判决。

(3)商业性的户外探险活动。商业性的户外活动,参与者向组织者缴纳活动费用,则参与者与组织者之间形成了旅游合同关系或委托合同关系。组织者对参与者应承担合同约定的必要义务与责任,例如保障户外运动的安全性、保障户外运动的顺利进行,保障参与者的人身安全等。如因组织者而发生安全事故,则组织者应该承担相关的违约责任。

(4)户外探险活动组织者和参与者需遵循的义务。户外探险活动的组织者、经营者、召集者,不论是盈利性团队还是非营利性团队,自然人组合还是经营性组合,在组织活动过程中都应当履行必要的向导与联络、准备应急与救护等工具和设备,并以明示的方式告知可能危及参与者人身、财产安全的注意事项,这是《民法典》明文规定的安全保障义务的要求。在野外遇险时,参与者有权依法请求相关主体及时履行安全保障义务和法定救助义务,对自身安全履行注意义务。若参与者未履行对自身安全的注意义务,则应承受相应不利后果。

三、“自甘风险原则”在户外探险运动中的适用

(一)自甘风险的含义

2021年1月1日起施行的《民法典》首次引入了“自甘风险原则”,被认为是填补了这方面法律的空白,是我国法制史上的重大进步,它为

体育活动尤其是风险度较高的户外探险运动中的相关伤害提供了一个重要的免责事由。

“自甘风险”是受害人已经意识到某种风险的存在,或者明知将遭受某种风险,却依然冒险行事,致使自己受到伤害。“自甘风险”在体育活动中普遍存在,因为体育运动所具有的竞争性、对抗性和对参与者身体伤害程度的不确定性等特点,使参与者在运动过程中始终蕴含着风险,这种风险在户外探险运动中显得尤为突出。

在此前体育领域中的伤害行为案例判定基本是通过体育行业协会章程、《学生伤害事故处理办法》以及《中华人民共和国民法通则》和最高人民法院的有关司法解释的规定,按照行为过错原则和非过错原则兼顾公平责任原则来进行责任认定和赔偿划分。而这种侵权责任的认定在一定程度上忽视了体育运动尤其是户外探险运动的特殊性,导致在司法实践中经常出现即使被告没有过错,出于人道主义,也要给予原告一定补偿的情况。有时为了达到息事宁人的社会效果,往往采用公平责任原则进行判定。因此,在以往的户外探险事故的案例中,经常会看到作为活动的组织者不论有无过错,都要承担一定的赔偿责任以体现“公平”的情况。这样的判定案例使得“公平责任原则”被滥用,使得户外探险活动的组织者和参与者畏首畏尾,阻碍了这项运动的健康发展。

因此,《民法典》中的“自甘风险原则”就是法律依据,使得在户外探险运动中的侵权行为责任确定有据可依,让该项活动的开展更加有章可循。

(二)“自甘风险原则”的适用原则

《民法典》第1176条第一款规定:自愿参加具有一定风险的文体活动,因其他参加者的行为受到损害的,受害人不得请求其他参加者承担侵权责任;但是,其他参加者对损害的发生有故意或者重大过失的除外。根据以上表述,“自甘风险原则”在具体使用中应把握以下原则。

(1)自愿参与的原则。首先,活动主体是自己主动参与,或是在接受训练或教育活动的过程中参与。行为人应明知参与此活动存在一定的风险,仍自愿参加。自愿包括口头明确同意或签订条约、合同等书面明示方式,也包括当事人以自愿参加活动的行为而表示的默示方式。

(2) 风险预知的原则。以与参与者年龄相适应的智力水平可以预见所参与活动的危险性。同时作为组织者应主动告知,如实介绍活动本身的危险性,让参与者知晓该活动可以预知的以及不可预知的危险。

(3) 损失自担的原则。只要其他参与者没有对参与者的损害存在故意或者重大的过失行为,参与者就应自己承担损失,而不得请求其他参加者承担侵权赔偿责任。

作为"自甘风险"的危险活动的组织者,如果组织者自身因过错,未尽到安全保障义务造成受害人损害的,应当承担赔偿责任。同时组织者因过错,致使第三人造成受害人损害的,承担相应的补充责任,承担责任后可以向第三人追偿。因此,作为活动的组织者,从筹备活动之初就应把握以上原则。从计划制订,内容设定,人员招募,前期训练,到活动的具体实施的过程中,都要注意适时的宣传、告知、提醒。让参与者对于危险的发生具备高度的警惕,对于事故发生的防范处于积极主动的状态,使安全工作成为每一个参与者的自觉,从而最大限度地防止安全责任事故的发生,保证户外探险活动安全顺利地进行。

(三)"自甘风险原则"的适用条件

按照《民法典》的规定,"自甘风险原则"适用于具有一定风险的文体活动。户外探险运动属于体育活动,具有一定的风险。因此,户外探险运动在"自甘风险原则"适用范围内。虽然"自甘风险原则"在体育活动中适用,但这并不意味着体育活动中的所有行为都可适用"自甘风险原则"。

(1) 参与活动具有合法性。参与合法的体育活动是"自甘风险原则"的先决条件,若活动本身是非法的,则就失去了免责的根基。如擅自进入当地政府明令禁止进入的保护区开展户外活动、不听劝阻穿越国家禁止进入的地区等,就不具备活动的合法性。因此,行为本身不可违反法律法规、公序良俗,必须符合社会善良风俗、日常习惯和行业规则,否则就失去了免责的充分要件。

(2) 行为本身具有风险性。体育活动种类繁多,风险不一。参与体育活动过程中存在有可能产生，但并非一定产生损害结果的风险，且该风险是自始至终客观存在的。比如冰球、橄榄球由于项目的本身所带来的经常性身体对抗，有对自己或者他人身体造成伤害的风险；参加拳击比赛，参加者身体直接对抗，正常的出拳动作就可能致使对方身体遭受伤害，拳击动作行为本身具有固有伤害风险。

(3) 参与主体的适格性。在体育活动中，参与主体不仅仅包括参与者本身，可能还包括其他人或组织，如同伴、对手、裁判员、观众、主办者等，这些都是体育活动中的主体。行为主体必须具有认识风险的相应民事行为能力。对于无民事行为能力人和限制民事行为能力人，如果对自己所参与体育活动的危险性缺乏判断力与识别力，则其行为不适用“自甘风险原则”，除非事先得到了其监护人的知情同意。

(4) 行为人主观自愿性。行为人明明知道参与这一活动存有风险，仍然以口头同意、签订合同、行为默示等方式表示自愿参加。对于一些露天体育活动，由于进行的体育活动(如击球使棒球飞出场外)导致路人受伤就不适用“自甘风险原则”，因为路人本非自愿参与到该赛事，没有表现出本人真实意愿就不能适用“自甘风险原则”。

民法典确立的“自甘风险原则”对引导民众积极参与文体活动具有重要意义，明确只要没有故意或者重大过失的，无须承担责任。“自甘风险原则”解除了民众参与文体活动的疑虑，从而有利于提高参加相关文体活动的积极性。而活动组织者是否承担责任，关键在于是否尽到合理的安全保障义务，具体包括活动安排、风险告知、事发后的积极救助等。

四、组织和参与户外探险运动致害责任的合理规避

户外探险运动自身具有的高风险性，大大增加了意外风险发生的概率。尽管《民法典》中“自甘风险原则”降低了组织者承担责任的风险，在组织活动时，仍要注意合理地规避不必要的风险责任，维护自身的正当权益。因此要注意以下环节。

（一）AA 制自主户外探险活动发起人

（1）只在本人经常发布倡议帖的网站发帖，注明为非召集帖，即不向特定人群发出活动召集。

（2）最好只约经常一起同行的户外活动爱好者出行，或是相互熟悉的同事、同学参加活动。坚决谢绝未成年人，尤其是未满 16 岁的少年儿童参加活动。

（3）简单提示本次活动的基本情况和初拟的线路及行程安排，注明活动最终执行方案由同行人共同商定。

（4）特别提示本次活动的性质（AA 制自助探险）以及基本风险（包括但不仅限于），建议有意同行的参与者自己收集与活动相关的信息（天气、地理、地质、水文、地图、线路、民俗风情等），提醒同行人携带必要的户外装备、工具、辅助器材，以及同行人自我判断是否中途退出活动的权利。

（5）以临时选举和公推的方式确定具有代理性质的活动领队。

（6）特别警示活动过程中发生风险意外时适用的责任承担方式，提醒同行人必须购买自身人身意外伤害保险。

（二）营利性自然人召集户外探险活动

（1）明示活动参加者的基本条件和要求，详细列出本次活动的主要风险，坚决谢绝未成年人参加。

（2）公开、详细制定好活动方案（强度、难度、线路、日程），明确要求参加者出示健康（体检合格）证明，谨慎判断其自身的健康状况和户外技能状态是否适合本次活动。

（3）公示收取活动费用的方式及费用构成，特别明示除公共费用之外收费的数额和项目，如领队费、组织费、管理费等；允许参加者中途退出，并承诺可退还除公摊费用以外的费用。

（4）特别提示额外费用所覆盖的相对合理限度范围内的安全保障义务事项，以及发生安全保障义务范围内损害事故时的赔偿责任或补偿责任。

（5）明示不承担安全保障义务的事项（如自然力致害、第三方致害、不听从领队指挥擅自行动致害、个人自身因素致害等），要求参加者自购人身意外伤害保险并提供代购服务。

（6）召开行前预备会，再次告知活动风险和相关安全细则。

五、组织（参与）户外探险活动应注意的具体事项

（一）组织户外探险活动时还应注意把握的环节

尽管《民法典》中“自甘风险原则”条款的设立，避免了过去“公平责任原则”被不合理使用对户外探险运动造成的伤害，为体育侵权领域的责任纠纷提供了直接的法律依据，为维护参与者自身的正当权益提供了可靠保证。消除了当事人参与活动时在法律上的顾虑，有力地保证了户外探险运动的健康发展。但是，“自甘风险原则”并不应成为组织者“逃避”责任的依据，在具体组织户外探险活动时还应注意把握以下环节。

（1）计划严谨，安全度高。活动计划集体研究，并得到全体队员的认可。无特殊情况不随意更改计划，若要改变必经大家同意。

（2）组织周密，纪律严明。要合理分配任务，包括组织体系的建立、人员的搭配、任务分解。要制定活动纪律，并认真执行。

（3）认真培训，提高技能。根据活动内容有针对性地组织有关培训，努力提高参与人员的运动技能，注意做好重点人员的心理疏导工作。

（4）财务公开，不图盈利。实行AA的费用开支方法。

（5）签署协议，责任自负。包括免责协议、个人承诺书等，个人必须购买保险。

（6）文明参与，注重安全。杜绝故意或过失伤害事故。发生意外，积极抢救，力争把损失和伤害降到最低。

（二）签署相关协议和免责承诺书

活动前，所有参与者应签署相关协议和免责承诺书。组织者可根据活动的特点和危险程度，有针对性地与参与者进行约定。安全协议通常包括：安全免责承诺书、越野自驾活动拼车协议等。其内容一般包括以

下方面(以某非营利俱乐部的范例说明)。

范例一:户外探险活动免责承诺书

自愿参加“ ____________活动”免责承诺书

一、本人为完全民事行为能力人,自愿参加于 年 月 日至 月 日进行的“____________ 活动”。本次活动是由________组织的,非商业性、非营利性的,由爱好者自行发起的活动。活动的召集人由参与者推举产生,负责在全体人员共同参与下制订一份全体人员认可的活动计划并组织开展活动。

二、根据《民法典》“自甘风险原则”,本人认识到该活动具有一定的危险性,因此如在本次活动中发生人身损害后果,或因各种因素造成的线路变化及行程调整而造成的一切损失均由本人负责,召集人不承担赔偿责任。本声明中关于免除召集人赔偿责任之约定效力,同样适用于本次活动中其他队员。

三、本人已详细阅读过本次活动的计划文件《__________活动方案》,且事先参与了本次活动行程计划的协商、制订。自愿全程参加本次活动,未经全体参加本次活动的队员同意,不中途自行退出(因身体出现严重疾病或受伤除外),并不做出任何影响团队活动的行为。

四、本次活动为自助 AA 制活动,本人在此次活动中发生的任何费用,包括活动中应分摊的集体费用、个人保险费和其他个人费用均由本人自行负责。

五、本人在出发前已经过体格检查,身体健康,没有影响本次活动的疾病和机能障碍。在本次活动中因各种原因而导致的疾病或由疾病产生的任何后果均由本人负责,与活动召集人和参与本次活动的其他队员无关。

六、本人在出发前已自行购买相关保险,如在活动中因各种原因造成人身伤害后果,将由本人所购买保险的保险公司按相互约定的协议进行保险赔偿。

七、本人已事先了解存在如道路因洪水、塌方等灾害性自然事件或其他不可抗逆的原因可能导致活动计划需要调整、修改。在遇到此种情况时，将由全体队员讨论更改活动计划、决定新的路线，本人不得因发生路线、行程的改变而放弃上述各款声明的承诺。

八、本人在活动中自觉遵守团队的活动安排，服从命令、听从指挥、遵守活动纪律，不擅自离队活动、尊重全体队员的时间安排。

身份证号码：　　　　　　　　承诺人姓名(签字)：

年　月　日

范例二：自驾越野拼车协议

××越野车友俱乐部自驾拼车协议

A. 车主“驾车人”姓名：______身份证号码：____________________

B. 拼(搭)车人姓名：________身份证号码：____________________

C. 拼(搭)车人姓名：________身份证号码：____________________

D. 拼(搭)车人姓名：________身份证号码：____________________

一、活动名称、时间和路程

1. 本次活动的名称为________自驾越野活动。

2. 活动时间：本次活动自　　年　月　日出发，于　月　日返回，共计　天。

3. 活动行驶路线详见《________自驾越野活动方案》。

二、定义

车主即“驾车人”是指在参加自发组织的活动中拥有所驾车辆或对所驾车辆有合法使用权，并具有合法驾驶资格的人。

“拼(搭)车人”是指参加自发组织活动中没有自主交通工具，为完成活动的目的，自愿免费拼(搭)驾车人的车辆，帮助自己完成活动过程的人。

“免费拼(搭)车”是指驾车人不收取拼(搭)车人劳务费用的行为。

三、驾车人陈述与保证

1. 拥有合法驾驶资格。

2. 所驾车辆(车型: 车牌号:)具备合法的上路行驶条件。

3. 不收取拼(搭)车人的劳务费用。

4. 在驾驶车辆过程中对自身及拼(搭)车人员的人身安全已尽合理注意义务。

5. 不在身体不适或酒后不允许驾车的情况下驾驶车辆。

6. 经协商后,同意拼(搭)车人在拥有合法驾驶资格的情况下,协助自己共同完成本次活动的驾驶任务。

7. 如果因拼(搭)车人驾驶车辆发生事故导致自身伤害,除从第三方或保险公司取得赔偿外,放弃对拼(搭)车人的赔偿请求,配合拼(搭)车人向第三方或保险公司进行索偿。

四、拼(搭)车人陈述与保证

1. 自愿参加自发组织的自驾活动,自愿拼(搭)驾车人的车辆、委托驾车人帮助自己完成本次活动过程。

2. 车辆行驶过程中,不得干扰驾车人驾驶车辆并有义务提醒驾车人不得酒后驾车或在身体不适、疲劳状态下驾驶车辆。

3. 在有合法驾驶资格,并与驾车人达成共同驾车的协议后,严格执行交通法规,安全驾驶,协助驾车人共同完成活动的驾驶任务。

4. 自愿分摊活动过程中车辆发生的一切费用。

5. 车辆行驶过程中发生故障应积极配合驾车人排除故障。

6. 发生交通事故后,协助驾车人报警、维护现场,配合解决与第三方的纠纷。

7. 如果车辆事故导致自身伤害,除从第三方或保险公司取得赔偿外,拼(搭)车人放弃对驾驶人的赔偿请求,配合驾车人向第三方或保险公司进行索偿。

五、费用说明

活动中由驾车人与拼(搭)车人共同分摊车辆的汽油费、过路费、过桥费、停车费，以及活动过程中的车辆修理、保养费等费用。上述费用一般以车辆为单位进行结算。

六、纠纷解决

驾车人与拼（搭）车人发生争议，应及时告知活动的组织者或临时负责人进行协调解决。

七、驾车人与拼（搭）车人在每次活动集结时签署该协议，至每次活动结束时该协议自行失效；如发生人身损害或其他争议，该协议有效期自动顺延至争议处理完毕之日。

八、为规范自驾活动过程中参加者的拼（搭）车行为，减少因此带来的纠纷，特制定本协议，双方共同遵照执行。本协议经车主和拼（搭）车人签字后生效，并各执一份，由驾车人与拼（搭）车人委托活动组织者保存。

A 方（签字）：

B 方（签字）：

C 方（签字）：

D 方（签字）：

签订日期：　　　年　月　日

主要参考文献

崔铁成.野外旅游探险考察教程[M].北京:中国林业出版社,北京大学出版社,2008.

丁绍虎.野外生存手册[M].石家庄:河北科学技术出版社,2004.

董范,刘华荣,国伟.户外运动组织与管理[M].武汉:中国地质大学出版社,2009.

黄静,熊昌进.攀岩运动[M].上海:上海科学普及出版社,2005.

雷·米尔斯.野外生存基本技能[M].北京未名千语翻译有限公司,译.重庆:重庆出版社,2006.

李一新.最新野外生存手册[M].北京:石油工业出版社,2007.

梁传成,梁传声.野外生存教程[M].北京:高等教育出版社,2003.

皮特·希尔.完全攀登指南:图解攀岩、登山实用技巧[M].龚海宁,蒙娃,译.北京:人民邮电出版社,2010.

朱寒笑.登山和攀岩技巧[M].北京:中国社会出版社,2008.

附录　国内十大户外探险线路

1. 雅鲁藏布江大峡谷探险——进入人类最后的秘境(探险地:西藏)

雅鲁藏布江大峡谷是世界上海拔最高的峡谷,也是世界最深和最长的峡谷,堪称世界峡谷之最,被誉为“人类最后的秘境”。到这样的地方去探险,除了体力、毅力外,还需要科学的计划,而这些都是人类不断探险、进取所需要的。

2. 楼兰古城—罗布泊丝路探险——踏着前人的足迹前进(探险地:新疆)

同样是在新疆,与塔克拉玛干沙漠相比,对于探险者来说,罗布泊—楼兰一线,也许是因为发生了太多的故事,就更具吸引力。如果把罗布泊的故事来个年历排序,将会有一长串,远有楼兰古国和楼兰美女,近有余纯顺。

3. 塔克拉玛干沙漠探险——穿越“死海”(探险地:新疆)

塔克拉玛干沙漠是中国最大的沙漠,一望无垠的沙漠和充满艰险的环境,吸引了许多探险旅游者。塔克拉玛干沙漠中最让人浮想联翩的莫过于“死海”,如果穿越了“死海”,无疑将是一次成功的探险。

4. 高黎贡山—怒江探险——走进人类文化公园(探险地:云南)

在中国的西南角,地形复杂,民族众多,自然环境独特,造就了众多适合探险旅游的地方。这里有许多地方神秘莫测,探险者的脚步、摄影家的镜头都期望在这里有新的发现。

5. 西藏阿里探险——探访世界屋脊的屋脊(探险地:西藏阿里)

西藏是世界的屋脊,而阿里则是屋脊上的屋脊。尽管阿里的海拔非常高,探险路途异常艰险,交通不便,补给不足,但它奇特的高原风貌吸引着无数探险者去征服它、体验它、欣赏它。该地区人烟稀少，有众多美丽绝伦的雪山，且险峻多姿，气势磅礴；有数不清的湖泊和走不到尽头的宽阔草原，各种高原珍奇动物和名贵的植物让你观览而不知疲倦。被佛教信徒视为“世界中心”的神山冈仁波齐和圣湖玛旁雍错，不管你从哪个角度去审视，都会产生一种无形的肃穆和敬畏。还有古格王国遗址、托林寺、班公湖自然风景区、鸟岛、科加寺、独特的地貌扎达土林、东嘎皮央石窟壁画、“古象雄文化”以及具有500年历史的“普兰国际市场”等，都宛如一颗颗璀璨的明珠，镶嵌在阿里高原上，让你流连忘返。这里有四条著名的河，即狮泉河、孔雀河、象泉河和马泉河，分别是印度河、恒河、萨特累季河、雅鲁藏布江的源头。阿里堪称探险者的天堂！

6. 穿越大海道——体验从西域进入中原（探险地：敦煌、吐鲁番）

从敦煌往西，到吐鲁番，共500多千米的路途，构成了丝绸之路上最富传奇色彩的一段——大海道。这里汇集了古城堡、烽燧、驿站、史前人类居住遗址、化石山、海市蜃楼、沙漠野骆驼群，以及众多罕见的地形地貌和民族风情。

7. 秦岭探险——穿越中国气候的南北分界线（探险地：陕西）

自古就因秦岭割断了关中与蜀和楚的往来，人们便在崇山峻岭中修建了众多栈道。这里山高林密，生态完整。从关中出发，穿越秦岭，能横跨中国气候南北分界线，走过中国最大的自然保护区群，踏着羚羊、孤狼的足迹步入无人的苍原，这些都是秦岭探险的独特之处。

8. 茶马古道探险——滇藏地区的“丝绸之路”（探险地：云南、西藏）

茶马古道是古代联系云南与西藏的一条通道，在历史的演化中曾经拥有辉煌的一页，然而时过境迁，今日的茶马古道只剩下众多的遗址和古迹。滇藏复杂的地形，将为茶马古道的探索带来不小的困难，但是像丽江这样的古道明珠，则是探险路上的最大动力。

9. 两江源头科考探险——为了我们的母亲河（探险地：青藏高原）

中华民族的母亲河黄河和长江都发源于青藏高原的巴颜喀拉山，大片的冰塔林就是它们的源头，在源头几十平方千米的范围内，分布着100多个小水泊，有着诱人的自然风光。现在这里的生态已经开始恶化，沙化正在蔓延，因此，每一个人都应该了解母亲河的源头，保护母亲河。

10. 泸沽湖女儿国探险——寻找奇异的风俗民情（探险地：四川）

如果当你知道有一个地方现在还继续维持着母系社会，生命的延续是通过一种叫作“走婚”的方式，你会是什么反应？这个地方叫泸沽湖，她还有另一个美丽的名字——女儿国。因为这里的道路坎坷不平，民俗风情浓厚，到这里来旅游当然可以冠上探险的名义。